素粒子論の
ランドスケープ

大栗博司 著

数学書房

はじめに

　私は，カリフォルニアの大学で教鞭をとるようになってから 18 年になります．カリフォルニアに引越してから最初の 10 年ほどの間は，日本には 1 年に 1 回帰る程度でした．しかし，2004 年からは日米国際交流プログラムのおかげで東京大学の素粒子論研究室を定期的に訪問するようになり，このプログラムの締めくくりの 2007 年の春には本郷に 2 ヵ月滞在して研究をしました．この年には，文部科学省から「世界トップレベル研究拠点プログラム」の公募があり，東京大学からの「数物連携宇宙研究機構 (IPMU[*1])」の提案をするお手伝いをすることもできました．その秋に設立された IPMU には，私も主任研究員として参加することになり，超弦理論を中心とする理論物理学と数学の研究に取り組んでいます．ロサンゼルスと東京の往復のため，昨年は 1 年間で 10 万マイル以上飛行機に乗りました．

　日本に定期的に戻るようになってから，科学解説記事の執筆を依頼される機会が増え，また IPMU が設立されてからは，科学アウトリーチの一環として記事の執筆を積極的に引き受けてきました．これらの記事をご覧になった数学書房の横山伸さんから，単行本として出版したいとのご提案をいただきました．すでに手に入りにくくなっているものもあるので，まとめておくことにも意義があるかと思い，お願いすることにしました．

　いろいろな場所に書いた記事を集めたので，読者の便宜のために，☆の数で難易度を表すことにしました．

- ☆　：高校生や文科系の学部学生程度を念頭において書いた読み物。
- ☆☆　：理科系の学部学生が気楽に読める読み物。
- ☆☆☆: 数式が遠慮なく出てくる解説記事。

　各々の記事のはじめには，記事の背景についての解説をつけました．また，本書の末尾に専門用語の解説を書きましたので，よろしければご参考になさってください．

　記事の執筆の際に有益なコメントをいただいた皆さん，ここに全員の名前をあげることはできませんが，ありがとうございます．また，第7章の対談や第8章の記事の共著者の青木秀夫さんは，本書への転載を快く了承してくださいました．本書への記事の転載を許可してくださった出版社の皆さんにも感謝します．IPMUの広報誌『IPMU News』に掲載された記事については，印税の相当額をIPMUに寄付し，IPMUの活動に役立てていただきます．

　本書第10章の「超弦をめぐる冒険」にも書きましたが，研究室の帰りに夜空の星をながめながら，この答を知っているのは世界に自分しかいないという感動を覚えるというようなことは，研究者なら誰しも経験することです．しかし，その後には，その感動をできるだけ多くの人に伝えたくなる．その意味で，アウトリーチというのは，研究者にとって自然な活動だと思います．自分の発見した真実を知ってもらうことは楽しい．また，このような活動を通じて，自分の研究の意義を反省することも大切なことだと思います．日本には普通の書店で手軽に購入できる科学雑誌が数多くあり，アウトリーチ活動を支えていることは，社会の科学への関心の高さを表しています．

　最後になりましたが，本書のご提案をいただき，丁寧に編集をしてくださった横山伸さん，ありがとうございました．

　　2011年8月 柏キャンパスにて　　　　　　　　　　大栗博司

---

*1 米国のカブリ財団による寄付基金の設立に伴い，2012年4月より「カブリIPMU」と改称になりました．

目次

素粒子論年表

目次
第Ⅰ部　素粒子論の展望

第 1 章	素粒子論のランドスケープ ☆	003
第 2 章	素粒子物理学の50年 ——「対称性の破れ」を中心に ☆	027
第 3 章	一般相対論と量子力学の統合に向けて ☆ ——素粒子物理学と現代数学の新しい関係	056
第 4 章	幾何学から物理学へ、物理学から幾何学へ ☆☆	062
第 5 章	場の量子論と数学 ——くりこみ可能性の判定条件 ☆☆☆	076
第 6 章	力は統一されるべきか ☆	091
第 7 章	多様性と統一 ——2つの世界像についての対話 ☆	096
第 8 章	IPMUシンポジウム「素粒子と物性との出会い」の報告 ☆☆	137
第 9 章	素粒子論ことはじめ ——『湯川秀樹日記』書評 ☆	145

第Ⅱ部　超弦理論の現在

第10章	超弦をめぐる冒険 ☆	151
第11章	素粒子の統一理論としての超弦理論 ☆☆	155
第12章	超弦理論 ☆☆☆	169

素粒子論年表

- ■1609 ガリレオが望遠鏡を宇宙に向ける
- ■1687 ニュートンが『力学の体系』を出版
- ■1784,1795 ミッチェルとラプラスが、ブラックホールの存在を予言
- ■1789 ラボアジェが質量の保存則を発見
- ■1798 キャベンディッシュが実験室内の質量間の万有引力を測定
- ■1808 ドルトンが『化学の新体系』を出版
- ■1861 電磁気のマックスウェル方程式
- ■1877 ボルツマンがエントロピーの統計的解釈を与える
- ■1897 トンプソンが電子を発見
- ■1900 黒体放射のプランクの法則
- ■1904 長岡の原子模型
- ■1905 アインシュタインの奇跡の年
  - ①特殊相対性理論
  - ②光電効果を説明する光量子仮説
  - ③ブラウン運動の理論
- ■1915 一般相対性理論の完成
- ■1925 ハイゼンベルクの量子力学
- ■1926 シュレディンガー方程式
- ■1928 ディラック方程式
- ■1934 湯川の中間子論

| 1600 | 1700 | 1800 | 1900 | 1930 | 1950 |

第13章	数理物理学、この10年（1991年 – 2001年）☆☆	194
	——超弦理論からの展望	
第14章	超弦理論、その後の10年（2001年 – 2011年）☆☆	205
第15章	トポロジカルな弦理論とその応用 ☆☆☆	210
第16章	ディビット・グロス教授に聞く ☆	242

第Ⅲ部　宇宙の数学

第17章	宇宙の数学とは何か ☆	255
第18章	重力のホログラフィー ☆	270
第19章	量子ブラックホールと創発する時空間 ☆	277
第20章	素粒子論と宇宙論の現在 ☆	300
	——リサ・ランドール教授、村山斉教授との鼎談	

用語解説	308
人名索引	320
事項索引	325
初出一覧	332

- ■1948 ファインマン、シュビンガー、朝永によるくりこみ理論の完成
- ■1957 超伝導のBCS理論
- ■1960 南部の自発的対称性の破れの理論
- ■1964 ゲルマンとツバイク、クォーク模型を独立に提唱
- ■1971 トフーフトとベルトマンによる非可換ゲージ理論のくりこみ可能性の証明
- ■1973 小林 - 益川理論
- ■1973 グロス、ウィルチェック、ポリツァーによるゲージ理論の漸近的自由性の発見
- ■1974 米谷とシャーク、シュワルツが、弦理論が重力理論を含むことを発見
- ■1974 ホーキングがブラックホールの蒸発機構を発見
- ■1984 第1次超弦理論革命
  - ①アノマリー相殺機構
  - ②ヘテロ型弦理論の構成
  - ③カラビ-ヤウ多様体を使ったコンパクト化による素粒子の統一模型の構成
- ■1995 第2次超弦理論革命
  - ①超弦理論の双対性の発見
  - ②D-ブレーン構成法の発見
  - ③ブラックホールの量子状態の数え上げ
- ■1997 マルダセナが AdS/CFT 対応を提案
- ■1999 暗黒エネルギーの存在が確認される
- ■2010 LHC 稼動を始める

1950　　1970　　1980　　1990　　2000

第I部

素粒子論の展望

第1章
素粒子論のランドスケープ

> この解説記事は，青土社の雑誌『現代思想』の 2010 年 9 月の特集「現代数学の思考法」に掲載されたものです。『現代思想』というと，私が大学生のころには浅田彰さんなどのいわゆるニュー・アカデミズムの舞台となっていたので，理系の私が記事を書くようになるとは思いませんでした。最近は，1 年に 1 回ぐらい科学や数学関係の特集をしているそうで，今回は「数学それ自身の発展と他の分野との連携という二重のダイナミズムを思想の言葉で捉える」ことを狙いとしたのだそうです。私には，素粒子論，特に超弦理論と現代数学の関係についての解説を依頼されました。
>
> 文科系の読者を想定して，超弦理論のめざすものと，それに必要となる新しい数学について書きました。 (難易度: ☆)

1.1 Tシャツに書ける基本法則

筆者はカリフォルニアの理工系の大学で教鞭を執っており，構内を歩くと理系オタクと呼ぶべき学生によく出会う。彼らの特徴の 1 つとして，理系テーマの T シャツを誇らしげに着ていることが挙げられる。たとえば，大学の購買部では 100 種類以上の原子を整理して並べたドミトリ・メンデレーエフの周期表を印刷した T シャツが売られている。また，『旧約聖書』の創世記の有名なくだり，

　神はいわれた。「光あれ」。こうして，光があった。

の「光あれ」の部分を，ジェームス・クラーク・マックスウェルが発見した電磁気の基本方程式に置き換えたものを着ている

学生も見かける。

マックスウェル理論のすばらしさは，電気，磁気，光の伝播といった様々な現象を，Tシャツに書けるほどの短い式で説明できる簡潔さだけではない。電磁気の性質を説明できる方程式は，特殊相対性を仮定すると，これしかありえないという必然性も魅力である。

アルバート・アインシュタインの重力方程式も，Tシャツに書ける簡潔な式の典型である。しかもこの方程式は，重力が時空間のリーマン幾何学によって記述されることを仮定すると，これしかありえない。アインシュタインの理論は，全宇宙の進化を支配する一方で，カーナビゲーション等に使われる全地球測位システム (GPS) の運用などにも応用されている。このように強力な理論が簡潔さと必然性を兼ね備えているときに，物理学者は美を感じる。

1.2　美と混沌

自然法則の探求の歴史では，美の追求と混沌の中の模索が交互にくりかえされてきた。古代エジプトやギリシャでは幾何学は自然科学の一部であった。古代人は地面の測量などを通じて平面図形の性質を収集し，その中に秩序を発見したのである。彼らは直線と円が最も美しい図形であると考えていたので，惑星の運動も円を使って説明しようとした。しかし，天体観測データが精密になるにつれ，円運動の上に円運動を重ねる周転円が必要になり，ニコラス・コペルニクスの時代には，80もの周転円が使われていたといわれている。1601年のティコ・ブラーエの死によって膨大な観測データを相続したヨハネス・ケプラーが，その混沌の中から惑星の軌道が楕円であることを理解し，面積速度一定の法則を定式化することによって，天

文学はようやく円の呪縛から解かれた.そして,惑星の楕円軌道はアイザック・ニュートンの運動方程式から導かれることになる.

物質の構造の理解も,美と混沌のくりかえしによって発展してきた.すべての物質が原子からできているという考え方は古代ギリシャに遡るが,近代の原子論は 1808 年に出版されたジョン・ドルトンの『化学の新体系』によって始まったとされる.しかし,その半世紀後に発表されたメンデレーエフの周期表には,すでに 66 もの原子が記載されており,原子が物質の基本単位とは考えられない状況にあった.原子論に美と秩序が回復するのは,1920 年代半ばの量子力学の創設による.周期表に記載されている原子の性質が,原子核の周りの電子の量子力学的運動によって統一的に説明されたのである.エルビン・シュレディンガー の発見した量子力学の波動方程式も,T シャツに書くことができる簡潔で強力な式である (実際に,チロル地方のアルプバッハにあるシュレディンガーの墓には,この方程式が書かれている).

しかし,これもつかの間の平穏であった.1930 年代に原子核の人工破壊が可能になり,原子核の陽子と中性子がパイ中間子の媒介する強い相互作用によって硬く結びつけられていることがわかる.さらに,第 2 次世界大戦後の加速器技術の発達により,膨大な種類の素粒子が発見された.この混乱に終止符が打たれたのは,陽子,中性子や中間子などのいわゆるハドロン粒子がより基本的な粒子であるクォークからできているとする,「素粒子の標準模型」が完成する 1970 年代のことである.標準模型は現在知られているすべての素粒子現象を高い精度で説明することができる.

筆者は素粒子の標準模型の基本式が書かれた T シャツを見たことがあるが,複雑な式を T シャツに収めるために無理を

して小さいサイズの活字を使っていた。また，標準模型にはクォークの質量などの20個以上のパラメータがある。これらのパラメータの値を決める原理は知られておらず，実験と比較して値が定められている。さらに，クォークなどの基本粒子の数にも任意性がある。このように，簡潔さの面からも必然性の面からも，標準模型は美しい理論とは呼びにくい。このため，多くの素粒子物理学者は標準模型はより基本的な理論の近似であると考えている。

最近，ジュネーブ近郊の欧州原子核研究機構 (CERN) で稼動を始めた大ハドロン衝突型加速器 (LHC) 実験の目的の1つは，標準模型の中で唯一確認されていないヒッグス粒子を発見することであるが，標準模型を越える基本理論のヒントを見つける可能性も期待されている。この実験は，我々をより美しい理論の建設に導くのであろうか。それとも，素粒子物理学にさらなる混乱をもたらすことになるのか。

1.3 10億の階段

自然界の基本法則の理解が美と混沌のくりかえしを経て深化してきたのは，自然界の階層構造のためである。物理学的世界は現象のサイズによって垂直的に分けることができ，各々のサイズの世界には特有な現象とそれらを支配する規則があることが経験的に知られている。これが階層構造である。その一方で，この階層構造を貫き，すべてのサイズの現象を説明する基本法則があるとも考えられている。このことを具体例を使って説明することにしよう。

筆者は子供の頃に，科学博物館で「パワーズ・オブ・テン (10のべき乗)」と呼ばれる短編映画を観て，強い印象を得たことがある。映画は芝生の上で昼寝をしている若い男性の映像から

始まり，視野の直径が10メートル，100メートルと10桁ごとに大きくなっていく．そして，地球から太陽系，銀河系，銀河団とズームアウトを続けて，ついには宇宙の果てに至る．次に映画は芝生の上の男性にもどり，視野の直径が10分の1メートル，100分の1メートルと縮小して，ミクロの世界に突入するのである．

この記事では，紙面の都合により，10のべき乗でなく，10億のべき乗で宇宙を輪切りにしてみよう．1桁程度の数値のずれは気にしない大まかな話である．我々の大きさをおよそ1メートルとして，それを10億倍したところから話を始めよう．

10億メートル

このサイズの現象として典型的なものに，地球の周りの月の運動がある．ニュートンの力学は，リンゴが木から落下するという1メートル程度の現象から，月が地球の周りを回るという10億メートル程度の現象までを，1つの体系で記述できるという画期的な理論であった．それ以前には別々の法則に支配されていると考えられていた地上と天界という2つの世界が，ニュートンの理論によって統一されたのである．

さらに10億倍してみよう．

100京メートル

我々の銀河系の直径と厚みをならすとこの程度の大きさである．最近の天文観測によって，銀河中心には太陽の200万倍の質量をもつ巨大ブラックホールがあることが明らかになった．このように極端な重力現象はニュートン理論では説明できず，アインシュタインの一般相対性理論が必要になる．

ブラックホールの存在は18世紀の終わりにジョン・ミッチェルとピエール＝シモン・ラプラスによって予想されてい

た。地球上から空に向けて投げられたボールは放物線を描いて戻ってくる。しかし，秒速 11 メートルの速さでボールを投げ上げると，宇宙に飛び立ったまま帰ってこない (空気抵抗を考えに入れると，もう少し速く投げる必要がある)。一般に星の表面からの脱出速度は，星の質量の平方根に比例し，星の半径の平方根に反比例する。つまり，星が重いほど，また星の半径が短いほど，脱出に必要な速度は速くなるのである。ミッチェルとラプラスは，この脱出速度が光の速さになるような重くて緻密な星があるのではないかと想像した。それは，光さえも逃れることができない暗黒の星 (ブラックホール) である。彼らの推論はニュートンの理論に基づいた不完全なものであったが，ブラックホールの概念はアインシュタインの重力理論によって確立し，今日では宇宙に数多くのブラックホールが見つかっている。

さらに 10 億倍してみよう。

1000 秭(じょ)メートル

秭は数の単位で，1 秭は 1 兆 × 1 兆に対応する。光で見ることができる宇宙の果てまでの距離が 500 秭メートルであることを説明しよう。光の速さは有限なので，遠方から地球までに光が届くには時間がかかる。遠くを見るということは，宇宙の過去を見るということである。500 秭メートルの彼方から発せられた光が現在の我々のところに届くのには，宇宙の膨張の効果を考えに入れると，およそ 140 億年の歳月がかかる。

ビッグバン宇宙論によると初期宇宙は高温のプラズマ状態，つまり光を通さない曇り空の状態にあった。しかし，宇宙が膨張し温度が下がるにつれて，宇宙は透明になった。この「宇宙の晴れ上がり」は，今から 137 億年前に起きたと考えられてい

る．したがって，光で見ることのできる最も遠い場所は地球からおよそ 500 秭メートル先ということになる．

初期宇宙のインフレーション理論では，「晴れ上がり」よりさらに以前に宇宙が指数関数的に膨張した時期があったとする．この時期には，物質の分布，さらには時間や空間までが量子力学の不確定原理によってゆらいでおり，このゆらぎが宇宙の膨張によって固定された．さらにこれが宇宙全体と共鳴することで，ビッグバンの残り火に 10 万分の 1 程度の小さなゆらぎが生まれたと考えられている．このゆらぎの存在は最近の観測によって精密に検証され，インフレーション宇宙論の有力な証拠になった [1]．500 秭メートルという宇宙の最も大きな構造を理解するためには，量子力学と重力理論の両方が必要になるのである．

宇宙の果てまで行ったので，次は短いスケールに向かうことにしよう．1 メートルの世界に戻って，10 億で割ってみる．

10 億分の 1 メートル

10 億分の 1 メートルはナノ・メートルとも呼ばれる．この長さは，たとえば DNA の二重らせんの半径程度であり，原子を 10 個程度並べた長さに相当する．このサイズの世界では量子力学に特有な現象が重要になる．最近注目を浴びているナノ・テクノロジーは物質を原子レベルで制御する技術のことである．

さらに 10 億で割ってみよう．

100 京分の 1 メートル

CERN で稼動を始めた最先端の素粒子加速器 LHC を使うと，1000 京分の 1 メートルという極微の世界を直接観測することができる．LHC は世界で最も強力な顕微鏡であるといえる．

量子力学によると，すべての粒子は波でもあり，その波長は粒子の運動量に反比例する。一般に顕微鏡の分解能は波長で決まり，波長が短いほど，すなわち運動量が大きいほど，よりミクロな世界を見ることができる。LHCは陽子を加速して，その中にあるクォークの波長を1000京分の1メートルまで短くすることができるのである。素粒子の標準模型の適応限界は100京分の1メートルぐらいまでと考えられているので，LHC実験によって標準模型をこえる，より基本的な理論の痕跡が見つかるのではないかと期待されている。

　このように，長さのスケールを変えるごとに物理的世界は異なる様相を見せる。その一方で，こうした現象の背景には，それらをすべて支配する基本法則があると考えられている。階層構造のより広い部分を説明できる理論は，より基本的であるといえる。20世紀の物理学の進歩の1つの方向が，原子の世界から，原子核の世界，陽子や中性子，そして標準模型と，より微小な世界の探求に向かったのはそのためである。

1.4　偶然と必然

　自然界には階層構造があって，より基本的な理論はより広い階層の現象を説明できる。しかし，すべての現象が基本理論から一意的に演繹できるとは限らない。偶然に左右される現象もあるからである。

　古代ギリシャの時代には，太陽系の惑星の運動のように基本的な現象は，音楽や幾何学などの美しい理論によって説明できるはずだと考えられていた。ケプラーですら，惑星の楕円軌道模型に到達する前には，プラトンの正多面体を組み合わせた模型を使って惑星の公転半径を導出しようとした。しかし，ニュートンの法則の発見によって，惑星の軌道を基本原理から

説明しようとする試みは無駄であることが明らかになった。惑星の運動は，太陽系ができたときの初期条件によって偶然に決まっているに過ぎない。実際，過去10数年の間に，宇宙には惑星をもつ恒星が数多くあることが明らかになった。これらの惑星は，それぞれ歴史的な偶然によって決まった軌道で親星の周りを回っている。

一方で，基本法則から導出できる現象もある。たとえば，メンデレーエフの周期表に記載された原子の性質は，原子の中の電子系のシュレディンガー方程式を解くことで一意的に導出できる。また，陽子や中性子のように，クォークから構成されている素粒子の質量についても，標準模型に基づく精密な数値計算がなされている。

では，どのような現象が基本法則から演繹され，どのような現象が偶然によって決まっているのであろうか。現在我々が知っている最も基本的な理論である素粒子の標準模型には，20個以上のパラメータがある。これらのパラメータのすべては，より基本的な理論から導出できるのだろうか。それとも，そのいくつかは宇宙の歴史的偶然によって決まっているのだろうか。この問題については，この記事の後半でさらに議論することにしよう。

1.5 宇宙のたまねぎはどこまでむけるか

英国の素粒子物理学者フランク・クローズの啓蒙書『宇宙のたまねぎ』では，自然界の階層構造をたまねぎにたとえている。一番外側の皮は我々が日常経験する世界，一皮むくと原子の世界，もう一皮むくと原子核の世界，そして原子核は陽子と中性子に分解される。さらに陽子や中性子の皮をむくと，その中にクォークの世界があるという具合である。では，クォークの中

には何があるのか。このたまねぎの皮は限りなく重なっているのか。それともどこかで芯にたどりつくのか。

クォークがそれ以上分解することのできない「素」の粒子なのか，それともまだ知られていないより基本的な物質から構成されているのかは，実験によって決着すべき問題である。しかし，宇宙のたまねぎに芯があるのかどうかという究極の問いには，理論的に答えることができる。たまねぎの皮には限りがあり，皮をむき続けるといつかは芯にたどり着くと考えられているのである。

1.3節の「100京分の1メートル」の項で説明したように，量子力学では粒子は波でもあり，粒子の運動量が大きくなると波長が短くなる。素粒子の加速器は，粒子を加速してその波長を短くすることで高い分解能を達成するのである。では，いくらでも大きな加速器をつくることができれば，いくらでも微小な世界を見ることができるのであろうか。

波長が短い粒子同士を衝突させると，大きなエネルギーが生じる。アインシュタインの相対性理論によるとエネルギーと質量は同じものであり，これを式で書くと，

$$E = Mc^2$$

となる。質量が重力のもととなるのなら，エネルギーも重力を引き起こすはずである。1.3節の「100京メートル」の項で説明したように，ある半径の内側に質量が集中しているときに，その半径からの脱出速度は半径の平方根に反比例する。したがって，どのような質量であっても，半径が十分小さければ脱出速度が光の速さを超え，ブラックホールが生まれる。脱出速度が光の速さを超える半径をシュバルツシルト半径と呼び，これはブラックホールの大きさと考えてよい。

たとえば，LHCで加速された粒子同士を衝突させたときに

生まれるエネルギーを，$E=Mc^2$ を使って質量に換算し，衝突領域につくられるブラックホールの大きさを計算すると 1000 京×1 京×1 京分の 1 メートルになる。一方，LHC の分解能は 1000 京分の 1 メートルなので，LHC 実験でつくられるブラックホールは実験の分解能に比べて 32 桁も小さく，その効果は無視できる。

しかし，加速器のエネルギーをさらに大きくすると，粒子の波長が短くなる一方で，衝突領域につくられるブラックホールは大きくなり，重力の効果が無視できなくなる。LHC の 1 京倍のエネルギーの加速器が建設できたとしよう[*1]。このような加速器を使うと，粒子の波長を 1000 溝分の 1 メートルまで短くすることができる。溝とは数の単位で，1 溝は 1 京×1 京に対応する。この波長の粒子を衝突させると，生成されるブラックホールの大きさもちょうど 1000 溝分の 1 メートルとなる。

加速器のエネルギーをさらに高めて 1000 溝分の 1 メートルより小さい世界を見ようとすると，粒子の波長よりブラックホールの方が大きくなる。粒子を加速して分解能を高めようとしたのに，大きなブラックホールができて観測すべき領域が覆い隠されてしまったのである。ブラックホールからは光さえも逃れることはできないので，その中で何が起きているのかはわからない。つまり，このような実験の分解能は，ブラックホールの大きさで制限されてしまうのである。

したがって，加速器実験による短距離の分解能には，1000 溝分の 1 メートルという原理的な限界があることになる。波長をこれより短くしても，大きなブラックホールができるだけで，

[*1] LHC と同じ技術を使ったとすると，このような加速器は銀河系程度のサイズになると見積もられるので，あくまで思考実験である。

分解能を改善することはできない。この分解能の限界はプランクの長さとして知られている。ここでは加速器を例にとって思考実験を行ったが，この他の様々な思考実験を行ってもプランクの長さが分解能の原理的な限界であることがわかる。

ウェルナー・ハイゼンベルクは量子力学の思考実験によって，位置の測定が必然的に運動量の測定に影響を及ぼすことを示し，不確定性原理を導いた。同様に，ここで解説した思考実験ではプランクの長さより短い距離の観測に限界があることがわかる。短距離物理のフロンティアはプランクの長さで終焉する。自然科学の基礎である還元主義が少なくともこれまで考えられてきた意味では完結する。これが宇宙のたまねぎの芯である。

(ここでは，重力の強さを表すニュートン定数 (万有引力定数) がいかなる実験でも同じ値を取ることを仮定した。しかし，高エネルギー実験でニュートン定数が大きくなるような素粒子の模型もある [2]。プランクの長さが1000京分の1メートル程度になる可能性も，理論的に完全に排除されているわけではない。その場合には，LHC実験でブラックホールが観測されて，短距離物理のフロンティアが閉じてしまうことになる。いずれにしても，宇宙のたまねぎに芯があるという結論には変わりない)。

1.6 究極の理論

宇宙のたまねぎに芯があるとするのなら，それを記述する理論が究極の物理法則であると考えられる。それは，還元主義の極北である。前節の最後に述べた特別な場合を除けば，加速器実験によるたまねぎの芯の観測は難しいであろう。しかし，初期宇宙は非常な高エネルギーの状態にあったので，その様子が

観測できれば究極の理論についてのヒントが得られるはずである。1.3節の「1000杼メートル」の項で説明したように，137億年前の「晴れ上がり」よりさらに以前の宇宙の状態は光を使って直接見ることはできないが，初期宇宙からの重力波が観測できれば，それ以前の宇宙の状態も解明できると考えられている。実際，米国航空宇宙局の将来計画「ビッグバン観測機」は，重力波によってインフレーション時代の宇宙の様子を直接観測することを目指している。ただし，その実現はかなり先のことになりそうである。

　実験による直接観測が現在のところ困難であっても，究極の理論が簡潔かつ必然的なものなら，数学的整合性の要請から理論の可能性を絞ることができるかもしれない。人類が究極の理論を理解できるというのは夢物語かもしれないが，我々は奇跡的にその有力な候補に遭遇した。超弦理論である。

　前節で宇宙のたまねぎに芯があることを説明する際には，量子力学(粒子が波でもあり，その波長が運動量に反比例すること)と重力(エネルギーが重力を引き起こし，場合によってはブラックホールを生み出すこと)の両者を使った。この議論は非常に一般的なものであり，量子力学と重力を統合する理論が存在すれば，それがいかなるものであっても成り立つはずのものである。しかし，超弦理論以前には，量子力学と重力の両者を含み，なおかつ整合性のある理論は存在しなかった。

　逆に，量子力学と重力を統合する理論は，必然的に究極の理論でなければならないともいえる。1.3節で見たように，物理的世界には階層構造があり，あるサイズの現象に当てはまる法則はより短いサイズの世界の法則から演繹される。このために，物理学の基本法則の探求は，短距離すなわち高エネルギーのフロンティアの開拓を目指してきたのである。しかし，アインシュタインの重力理論では距離を決める時空間の構造自身が

運動をするので，距離のスケールをあらかじめ決めておいて，重力場に量子力学の原理をあてはめることはできない。つまり，量子力学と重力を統合する理論は，どのような短距離の現象も一挙に記述できるものでなければならない。自然界の階層構造は量子重力理論で打ち止めになる。それゆえ，このような理論の候補が1つでも存在することは驚きに値する。

超弦理論では，物質の基本単位が素粒子のような点ではなく，1次元に伸びたひものようなものであると考える。超ひも理論，また英語をカタカナ書きしてスーパーストリング理論と呼ばれることもあるが，同じものである。このひもは，バイオリンの弦のように振動し，その音色の1つ1つが様々な素粒子に対応するのである。米谷民明は大学院在学中に，この振動の1つが重力を伝えることを発見し，超弦理論が重力理論を含んでいることを示した。超弦理論では，重力はオプションではなく理論の整合性から必然的に導かれるのである。これを独立に発見したジョエル・シャークとジョン・シュワルツは，超弦理論を使ってすべての力を説明する究極の統一理論を構成することを提案した。

しかし，その後の10年間，超弦理論は素粒子論の傍流に留まっていた。その理由の1つは，素粒子の世界に特徴的な「パリティの破れ」を超弦理論に組み込むことができなかったことである。シュワルツはその後10年間，人気のなかった超弦理論をこつこつと研究し続け，1984年にマイケル・グリーンとの共同研究でパリティの問題を解決して，超弦理論から現実的な素粒子の模型をつくる道筋をつけることに成功した。この発見は，いわゆる「第1次超弦理論革命」の発端となった。その後の研究により，超弦理論は素粒子の標準模型を構成するために必要なすべての要素を含んでいることがわかった。今日では，超弦理論は素粒子論の主要な研究分野の1つになっている。

超弦理論はニュートン理論やマックスウェル理論のように完成した理論ではなく、その全貌は明らかになっていない。群盲象を評すの喩えにあるように、我々は理論の特別な側面を理解しているに過ぎない。この理論の完成には新しい数学を開発する必要があると思われる。実は、超弦理論はおろか、素粒子の標準模型ですら数学的にきちんと定式化されていない。超弦理論の数学を語る前に、標準模型の数学を反省してみよう。

1.7　場の量子論の数学

　量子力学の数学的基礎は 1930 年代にジョン・フォン・ノイマンらによって築かれ、この定式化が原子の中の複数の電子の運動の記述に使えることは 1951 年に加藤敏夫によって数学的に証明された。粒子の数があらかじめ定められている状況に適用する限りでは、量子力学には数学的瑕疵はない。

　しかし、素粒子物理学では高エネルギーの物理現象を扱うので、量子力学に加えて、特殊相対性理論の効果を考える必要がある。アインシュタインの関係式 $E = Mc^2$ によると、粒子の質量 M に対応するエネルギー E を集めることができれば、何もなかった真空から粒子を発生させることができる。一方、量子力学におけるハイゼンベルクの不確定性原理によると、短時間で計ることのできるエネルギーの値には不確定性がある。エネルギーの値がゆらぐということは、$E = Mc^2$ によって、粒子が常に生成や消滅を起こしているということである。量子力学と特殊相対性理論を組み合わせると、もはや粒子の数をあらかじめ固定しておくことはできない。任意の数の粒子を一度に扱える理論が必要になる。

　粒子が 1 つあるときには、その状態は粒子の位置とスピンなどの量子数で指定できる。これを粒子の自由度と呼ぶ。粒子の

数が有限ならば，その自由度も有限である。フォン・ノイマンなどによる量子力学の数学的定式化が使えるのはこのような場合である。しかし，量子力学を特殊相対性理論と組み合わせようとすると，任意の数の粒子を扱うことが必要になり，その自由度は無限大になる。そして，無限自由度の量子力学の数学的定式化はまだ完成していないのである。

素粒子の標準模型も，量子力学と特殊相対性理論に基づいているので，無限自由度の量子力学系となる。物理学者はこれを記述するために「場の量子論」と呼ばれるものを考えた。ここで「場」とは，たとえば電磁場というときの場の意味である。電磁場は空間の各点で任意の値を取ることができるので，無限の自由度をもつ。1929 年にハイゼンベルクとボルフガング・パウリは，電磁場に量子力学の原理を適応し，これが任意の数の光子 (光の最小単位を表す粒子) を考えるのと同等であることを示した。しかし，無限自由度をもつ「場」を量子化することで様々な計算に発散が現れ，朝永振一郎，リチャード・ファインマンとジュリアン・シュビンガーによって，それを扱うためのくりこみ理論が整備されるのには 20 年を要した。場の量子論の計算規則は物理学者に広く受け入れられており，素粒子物理学のみならず，物性物理学や天体物理学でも中心的役割をはたしている現代物理学の基礎である。しかし，ハイゼンベルクとパウリの論文から 80 年，くりこみ理論の完成から 60 年以上が経過した今日でも，場の量子論は数学的に定式化されていない (本書第 5 章参照)。

2000 年にクレイ数学研究所は千年紀を記念して 7 つの「ミレニアム問題」を提起した。その中の 1 問に，「ヤン–ミルズ場の量子論を数学的に定式化せよ」というものがある [3]。ヤン–ミルズ場とはマックスウェルの電磁場を拡張したもので，素粒子の標準模型の基礎となる概念である。このいわゆるヤン–ミ

ルズ問題が，リーマン予想や最近解決されたポアンカレ予想と並んでミレニアム問題の1つに選ばれた理由は，場の量子論を数学的に定式化し，これを数学の一分野として確立することで，数学の発展に新しい方向が開かれることを期待するからだという．実際，場の量子論に関する数学の発展は，物理学者に重要な計算手法を提供するとともに，数学にも大きなインパクトを与えている (本書第4章参照)．このことは，1990年以来のフィールズ賞受賞数学者の多くが，量子論に関連する数学の研究に深く関わっていることからもわかる[*2]．

　場の量子論に触発されて発展した数学の例として，ヤン–ミルズ場のインスタントン解の幾何学がある．ヤン–ミルズ場の自由度の空間は無限次元であるが，その中の有限次元の部分空間に相当する「インスタントン解」の空間の理解は過去数十年の間に急速な進歩を遂げている．超対称性をもつ場の量子論では，ヤン–ミルズ場の量子効果の計算をインスタントン解の空間に制限して行うことができる場合があり，その場合には有限次元の対象を扱うので数学的に厳密な定式化が可能になる．たとえば，ヤン–ミルズ理論を「4次元時空間で最大限の超対称性」をもつように拡張した理論では，真空のエネルギーは，インスタントン解の空間のオイラー数と呼ばれる位相不変量を使って計算される．この理論は，強結合展開と弱結合展開を入れ替える双対性と呼ばれる対称性をもつと予想されていたが，

[*2] 1990年から2006年の間の5回の国際数学者会議における受賞者18名のうちで4割がこれに当てはまる．名前を挙げると，ウラジーミル・ドリンフェルト，ボン・ジョーンズ，エドワード・ウィッテン (1990年)，リチャード・ボーシャーズ，マキシム・コンツェビッチ (1998年)，アンドレイ・オクンコフ，ウェンデリン・ウェルナー (2006年)．また，この原稿の校了直後に発表された2010年度の受賞者4名の中でも，スタニスラフ・スミルノフやセドリック・ビラニは，物理学と深いかかわりのある研究をしている．

1994年にカムラン・バッファとエドワード・ウィッテンは，インスタントン解の空間についての中島啓らの数学的結果を使ってこの予想の重要な証拠を発見し，翌年の「第2次超弦理論革命(双対性革命)」の布石を打った．

しかし，インスタントン解はヤン–ミルズ場の無限自由度のある特別な側面を捉えているのみで，ヤン–ミルズ理論の全貌は数学的には未開拓のままである．場の量子論のさらなる発展のためには無限自由度の問題に正面から向き合う必要があると思われる．

1.8 超弦理論の数学

量子力学と特殊相対性理論の統合の試みですら数学的に完成していないので，量子力学と一般相対性理論の統合にはさらに革新的なアイディアが必要であると予想される．超弦理論は，まさしくそのようなアイディアを提案している．ユークリッドの原論の第1巻が「点は部分をもたないものである」という主張から始まるように，2300年以上に渡って幾何学は大きさや構造をもたない「数学的点」を基礎としてきた．超弦理論は1次元的に拡がったひもを基本単位にするので，我々の空間概念を根本的に変革する可能性がある．「ひもの幾何学」は，数の概念の実数から複素数への拡張に匹敵するインパクトをもたらすと考える数学者もいる．

たとえば超弦理論の予言する「ミラー対称性」は，幾何学的対象のシンプレクティック構造(ものの大きさのめやす)と複素構造(ものの形のめやす)を入れ替える新しい対称性である．この対称性は，6次元の多様体のグロモフ–ウィッテン不変量についての様々な予想を生み出し，そのいくつかは数学的にも証明されている．また数学的点は構造をもたないのに，ひもは

無数の形状を取ることができるので，これを使ってひもに様々な代数的性質をあたえることができる．これからリーマン面に関する幾何学と無限次元代数の間の深い関係が予想され，その一部については数学的基礎づけがなされている．このように，この方面の数学と物理学の関係は，物理学者が場の量子論や超弦理論を使って得た結果を数学的予想として提示し，数学者はそのいわく因縁は問わないで数学的にパッケージされた予想の証明に取り組むというかたちをとることが多い．数学者にとっては，場の量子論や超弦理論自身はブラックボックスのままである．

超弦理論のある側面を丸ごと数学的に定式化しようとする試みとして，「トポロジカルな弦理論」がある (本書第 15 章参照)．トポロジカルな弦理論は，超弦理論を簡単化した演習問題としてウィッテンによって出題され，その 5 年後に筆者らはこの理論が超弦理論のある種の物理量の計算に応用できることを発見した．この方面では，数学者と物理学者の連携が特に活発であり，様々な物理的概念の数学的な定式化が進んでいる．またその結果として，物理学の諸問題に新しい数学的手法をもたらしている．たとえば，筆者らは数年前にトポロジカルな弦理論を使ってブラックホールの量子力学的な状態数を数えることができることを示した (本書第 19 章参照)．超弦理論におけるトポロジカルな弦理論の役割は，前節で解説したヤン–ミルズ理論におけるインスタントン解の幾何学の役割に似ている．いずれも，無限次元の自由度の力学が，特別な場合には有限次元の問題に帰着することを利用して，厳密な計算を可能にしているのである．

超弦理論は，幾何学はもとより，整数論や有限群から組み合わせ論や確率・統計にいたる数学の幅広い分野の間に，既存の垣根を越えた新しい関係を示唆し，各分野での画期的な発見を

触発している。

　しかし，超弦理論の理解は場の量子論よりもさらに未熟な段階にある。場の量子論の数学的定式化は完成していないが，少なくとも物理学者はその基本方程式を書くことができる。これに対し，超弦理論では基本方程式に対応するものがわかっておらず，様々な極限における計算規則が知られているに過ぎない。これは超弦理論の予言能力を著しく制限している。

　ここ 10 年の間に理解が進んだ重力のホログラフィーの思想によると，超弦理論のような量子重力理論の現象は，プラトンの洞窟の比喩のように，空間の果てに置かれたスクリーンに投影して記述することができる。超弦理論は，スクリーンの上に定義された重力を含まない場の量子論と等価であるとされる (本書第 18 章参照)。これが量子重力の一般的な原理であるとすると，場の量子論と超弦理論は独立に存在する理論ではなく，この 2 つを止揚したより大きな枠組みの中に定式化されるべきものなのかもしれない。

1.9　この世界と可能な世界

　超弦理論は素粒子の標準模型を越える理論として提案されているので，標準模型の 20 個以上のパラメータが超弦理論からどのように演繹されるのかを理解するのは重要である。超弦理論は，そのある極限では，9 次元の空間と 1 次元の時間を使って理解されており，我々が日常経験する縦・横・高さの 3 次元の空間を再現するためには，6 次元の空間が隠されている必要がある。この 6 次元は余計なものではなく，標準模型の構造は 6 次元の幾何学に依存していると考えられている (本書第 11 章参照)。たとえば，クォークの世代数は 6 次元空間のオイラー数で決まる。

しかし，このために使える6次元空間は1種類ではなく，多くの選択肢がある。また，6次元空間の上で様々な場の配置を考えることができて，これも可能性を増やす。超弦理論の理論的技術が未熟であるために正確な推定は難しいが，10の500乗程度の選択肢があるとする暫定的な計算もある。超弦理論から導くことが可能な理論の全体は，ランドスケープと呼ばれている。しかしながら，ランドスケープの中に標準模型のような理論がどのくらい存在するのか，20個以上のパラメータが様々な値を取りうるのかはわかっていない。そもそも，10の500乗もの可能な理論があるのかどうかについても，研究者の間で意見が分かれている。

　仮に，ランドスケープがあるとして，可能な理論のどれが実現しているのであろうか。初期宇宙を記述するインフレーション理論のあるバージョン (永久インフレーション理論) では，量子ゆらぎのために親宇宙の各部分で次々にインフレーションが起き，子宇宙，孫宇宙と無限個の宇宙が生まれるので，可能な理論はすべてどれかの宇宙で実現されているとされる。1.4節では，自然界の現象の中には，基本理論から演繹できるもの (たとえば，原子の性質) と偶然によって決まるもの (たとえば，太陽系の惑星の軌道半径) があることを説明した。ランドスケープの中に，素粒子の標準模型に似た理論がたくさんあって，そのすべてが多重宇宙のどこかで実現しているとするならば，標準模型の20個以上のパラメータのいくつかは，偶然によって定まっているのかもしれない。

　このような考え方をさらに押し進めたものに「人間原理」がある。この原理が正しくあてはまる例として，太陽からの地球の距離がある。地球は太陽から1500億メートル離れているが，これが10億メートルや10兆メートルでない理由は明確である。もし地球がこのような位置にあったら，地上の気候が

寒すぎるか暑すぎるかして，人類のような知的生命体はそもそも存在できなかったからである。このように，ある現象が起きている理由を，それを観測し認識できる知的生命体の存在条件によって説明しようとする考え方を人間原理と呼ぶ。太陽から地球までの距離に人間原理を当てはめることができるのは，太陽系内に地球以外の惑星があり，また宇宙全体に太陽系に似た惑星系がたくさんあって，惑星の軌道は歴史的偶然によって決まっていることを知っているからである。

同様に，素粒子の標準模型のパラメータは，人間原理で説明できるとする意見がある [4]。もしランドスケープが存在し，可能な理論が多重宇宙の中ですべて実現しているのなら，標準模型のパラメータが，その中で知的生命体が存在できるように調節されていることも考えられる。たとえば陽子の電荷が今の値より大きければ，原子核はクーロン斥力で壊れてしまって，複雑な原子は存在できない。一方電荷が小さすぎると，化学結合のエネルギーが小さくなって，生物のもととなる高分子がつくれない。したがって，電荷の許される範囲は，人間原理で定まっているという主張がなされる。このような推論に意味があるかどうかを判定するためには，超弦理論の理解を深めて，そもそも超弦理論にランドスケープが存在するかどうかを見極める必要がある。

1.10　宇宙は数学の言葉で書かれている

ガリレオ・ガリレイは，その科学観を表明した著書『偽金鑑識官』に，「(宇宙という) 偉大な書物を読むためには，そこに書いてある言葉を学び，文字を習得しておかなければならない。この書物は数学の言葉で書かれている」と記している。そもそも人間の脳が生物進化の偶然の産物だとすると，1000 杼メー

トルにわたる宇宙の大規模構造から 100 京分の 1 メートルのミクロな世界までを理解できるということは奇跡のように思える．そのような能力が，地球上での生存競争で有利に働いたとは考えにくい．ガリレオから今日に至る 400 年間に起きた宇宙の理解の飛躍的進歩を可能にしたのは数学の力である．日本語のような自然言語は我々が普段経験する出来事を表現することには長けているが，物理学の対象とする非日常の現象の記述には適していない．物理学のフロンティアが拡がるにつれて，我々はこれまで経験したことのない現象に触れることになる．それを語るためには新しい言葉，新しい数学が必要になるのである．

　このガリレオの文章は自然科学における数学の重要性を表しているものとしてしばしば引用されるが，これが，「その文字は三角形や円などの幾何学図形である」と続くことはあまり知られていない．ガリレオは実験と観測に基づく近代科学の方法を確立し，またそれによって物体の運動の本質を見抜いていたものの，その数学は初等幾何や比例の概念に基づくものであり，古代ギリシャの域を超えることはなかった [5]．力学の体系の構築は，無限小の概念を精密化し解析学を創設したニュートンによってなされたのである．

　場の量子論や超弦理論の数学の現状は，物質の運動を「三角形や円などの幾何学図形」によって理解しようとしたガリレオの状況に似ている．太陽系の惑星の軌道半径が，幾何学的な理由で決まっているのではなく歴史的な偶然の産物であることは，ニュートン方程式が定式化されて初めて明らかになった．同様に，素粒子の標準模型のパラメータが必然であるか偶然であるかという問いに答えるためには，無限自由度の量子力学やひもの幾何学を正面から扱える数学的手法を開発し，超弦理論の全貌を明らかにする必要がある．

物理学のフロンティアが拡がるにつれ，必要な数学はますます高度になる．しかし，現在のところこのような進歩の速度は衰えを感じさせない．たとえば，素粒子論の大学院に進学した学生は，私が大学院生だった四半世紀前でも，現在でも，2年間程度の学習で最先端の研究に取り組めるようになる．学ぶべき内容は高度になっているが，理解の仕方も進歩しているのである．自然界の基本法則の解明のためには，数学と物理学との連携がますます重要になる．そして，それは数学と物理学の双方に実り多いものとなるであろう．

参考文献

[1] 佐藤勝彦,『宇宙論入門―誕生から未来へ』, 岩波新書 (2008年).

[2] L. ランドール,『ワープする宇宙―5次元の謎を解く』, 向山信治・塩原通緒共訳, 日本放送出版協会 (2007年).

[3] ヤン–ミルズ問題の正確な定式化については，クレイ数学研究所のウェッブサイト http://www.claymath.org を参照されたい．

[4] L. サスキンド,『宇宙のランドスケープ―宇宙のなぞにひも理論が答えを出す』, 林田陽子訳, 日経BP社 (2006年).

[5] S. ドレイク,『ガリレオの生涯』, 田中一郎訳, 共立出版 (1985年).

第 2 章
素粒子物理学の 50 年
——「対称性の破れ」を中心に

　2008 年のノーベル物理学賞は，南部陽一郎さん，小林誠さん，益川俊英さんに授与されました。これを記念した岩波書店の雑誌『科学』の 2009 年 1 月の特集「ノーベル賞と学問の系譜」のために，3 氏の業績を解説した記事を依頼されました。

　この記事を書くために，3 氏の回顧記事やインタビューを読んで，いくつか勉強になったことがあります。たとえば，小林さんはあるインタビューで，CP の破れの機構を提案された論文について，「知られている 4 番目の粒子だけではだめだということは，非常に強い結果だったから，ちゃんとやらなければいけないなという気はありました」と語っておられます。4 番目の粒子というのはチャーム・クォークのことです。この粒子は小林–益川理論の発表された翌年の 1974 年に，スタンフォード線型加速器センターとブルックヘブン国立研究所で発見されたというのが通説なので，小林さんがどうして「知られている 4 番目の粒子だけでは」とおっしゃったのか不思議に思いました。そこで文献を調べてみると，すでに 1971 年に名古屋大学の丹生潔さんが宇宙線実験で新粒子を発見されていて，小川修三さんはこれが 4 番目のクォークであると解釈されていたそうです。当時は広く認められてはいなかったようで，私もこの解説記事を書くまでは知りませんでした。小林さんは，ノーベル賞受賞講演で，丹生実験を紹介されています。

　この解説記事は，歴史学者の加藤陽子さんが毎日新聞の雑誌評に取り上げてくださいました。　　　　　　　　　　　　　　(難易度: ☆)

　自然界の基本法則の発見は，科学の重要な使命の 1 つである。人類は過去数世紀にわたって，より微小な世界を探求することで，自然のより根源的な姿を明らかにしてきた。私たちの周りにあるすべての物質が原子からできているという考え方は，古代ギリシャに遡る。しかし，近代の科学的原子論の始まりを告げたのは，今から 2 世紀前の 1808 年に出版されたドル

トンの『化学の新体系』である。19世紀の半ば過ぎには，原子の半径がおよそ 10^{-10} メートル (1 オングストローム) であると，正しく見積もられた。

19世紀の終わりになると，電子の発見や放射能の研究から，原子は物質の最小単位ではなく，その中に構造があると考えられるようになった。1904 年に長岡半太郎は，原子が原子核とそれを回る電子からできているという原子模型を提唱した。長岡模型が予言した原子核の存在は，金の薄膜によって α 粒子が予想外に大きく散乱されるというガイガーとマースデンの発見 (1909 年) と，それに基づくラザフォードの理論的研究 (1911 年) によって証明された。金の原子核の半径はおよそ 10^{-14} メートルである。

さらに 1930 年代には，チャドウィックによる中性子の発見，コッククロフトとワルトンによる原子核の人工破壊，湯川秀樹の中間子論によって，原子核は陽子と中性子から成り，それらは π 中間子の媒介する強い相互作用 [*1] によって固く結びつけられていると理解されるようになった。陽子や中性子の半径はおよそ 10^{-15} メートル (1 フェムトメートル) である。

近代科学の基礎である還元主義は，対象を構成要素に分解し，ひとつひとつの要素を詳しく調べた後，その結果を再び集めることにより，もとの対象が理解できるという考え方である。過去半世紀の素粒子物理学の進歩はこの要素還元をさらに一歩推し進め，実験的に検出されているすべての粒子はクォーク[*2]とレプトン[*3]からできており，その間の相互作用はゲー

[*1] 素粒子の間に働く力には，電磁気力と重力のほかに，2 種類の核力である「強い相互作用」と「弱い相互作用」がある。

[*2] 強い相互作用をする粒子の構成要素。陽子や中性子などは 3 個のクォークから，中間子はクォークと反クォークの対からできている。

[*3] 電子やニュートリノなど，強い相互作用をしない粒子。

ジ場[*4]が媒介していることを明らかにした。クォーク，レプトンとゲージ場を支配する法則は素粒子の「標準模型」と呼ばれる理論にまとめられており，標準模型は 10^{-18} メートル (1 アトメートル) までのすべての素粒子現象を高い精度で説明している[*5]。

2008 年度のノーベル物理学賞は，南部陽一郎の「素粒子物理学における対称性の自発的破れの機構の発見」と，小林誠，益川敏英の「自然界に少なくとも 3 世代のクォークが存在することを予言する対称性の破れの起源の発見」に対して与えられた[1]。対称性とその破れは，現代素粒子論においてゲージ理論とならぶ基本概念であり，特に標準模型の確立に大きな役割を果たした。そこで，「対称性の破れ」を中心に過去 50 年間の素粒子物理学の発展を振り返り，今回の受賞業績が現在の研究の最前線においてどのような意義をもつのかを解説する。(一般読者向けの解説なので，敬称や敬語は省略します。)

2.1 対称性の自発的破れの誕生

南部は，「真空」の構造の解明によって，素粒子の質量の起源を説明した。広辞苑によると真空とは「物質のない空間」のことである。空虚な空間がなぜ構造をもつのか。そしてそれがなぜ素粒子の質量と関係があるのか。

いくつかの粒子が自由に飛び交っている状態を考えてみよう。アインシュタインの特殊相対性理論によると，質量 m で運動量 p をもつ粒子のエネルギー E は $E = \sqrt{m^2c^4 + p^2c^2}$

[*4] 電磁場はゲージ場の例である。標準模型では，この他に強い相互作用と弱い相互作用を媒介するゲージ場がある。

[*5] 標準模型で予言されていてまだ実験的に検出されていない唯一の粒子はヒッグス粒子である。これについては次の節で詳しく解説する。

(c:光速) である。全体のエネルギーは個々の粒子のエネルギーの総和であるから、粒子がまったく存在しない状態が最も低いエネルギーをもつ (図 2.1)。そこで、最低エネルギー状態のことを真空と呼ぶことにすると、この場合には、「物質のない空間」という辞書の定義と一致する。

2 粒子状態
$$E = \sqrt{m_1^2 c^4 + p_1^2 c^2} + \sqrt{m_2^2 c^4 + p_2^2 c^2}$$

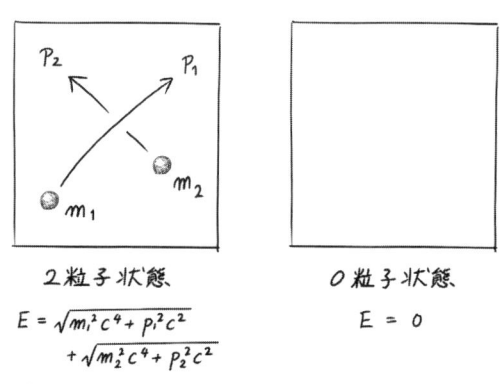

0 粒子状態
$$E = 0$$

図 2.1 粒子の相互作用を無視すると、粒子のない状態のエネルギーが一番低い。この場合には、物質のない空間が真空になる。

1957 年にバーディーン、クーパー、シュリーファー (以下では 3 氏の名前の頭文字をとって BCS と呼ぶ) は、超伝導の原理を説明する画期的な理論を発表した。電子の間に働く力を計算にいれると、通常考えられている真空よりもさらにエネルギーの低い別な状態が存在し、これが超伝導の状態を表しているというのである。超伝導体は辞書の定義に沿わない真空をもっていたことになる。

今回のノーベル賞の受賞対象となった南部の業績は、BCS 理論についての疑問に端を発している。そこで、南部の発見の原点となった超伝導理論についてまず解説しよう。

金属の中を運動している電子に着目する。パウリの排他律により、1 つの電子軌道には 1 つの電子しか入れない。したがっ

て，電子間の力を無視すると，エネルギーの低い電子軌道から電子を順番に詰めていった状態が電子系全体の最低エネルギー状態になる。しかし実際には，電子の間にはクーロン場による斥力と，金属結晶格子の振動が媒介する引力が働いている。クーロン斥力は金属中の他の電荷によって遮られて弱くなるので，格子振動が媒介する引力が勝って，電子の間に働く力が全体で引力になることがある。この場合に，電子数の異なる状態を量子力学的に重ね合わせることで，エネルギーのより低い状態を構成し，それを使って超伝導を説明するのが BCS 理論である。

「シュレディンガーの猫」[*6]の思考実験では，生きている猫と死んでいる猫の量子的重ね合わせを考える。同様に，BCSの提案する超伝導状態では，電子数が異なる状態が重ね合わされている。南部はこの点に注目した。本人の言葉を引用しよう[2]。「何より私をいらだたせたのは BCS の波動関数が電子の数を保存しないことである。こんな近似に何の意味があるのかと疑った。しかし一方彼らの大胆さに魅惑されて BCS 理論を理解しようと努力した結果，私はその虜になってしまったわけである。……私の関心はゲージ不変性など純粋に理論的な問題にあり，自分に納得がいく解釈に到達して論文にするまで2年ほどかかった。その間にボゴリューボフ，アンダーソンなどの専門家がどんどん BCS 理論を精密化していったが，私はでき

[*6] 量子力学の創始者の一人であるシュレディンガーが，量子力学の確率解釈 (コペンハーゲン解釈) を批判するために考えた思考実験。外界から隔離された箱の中に，数時間に 1 個の放射線を発する微量の放射性物質，放射線を引き金に致死量のシアン化水素を発する装置，そして生きた猫を入れる。箱の中身全体が量子力学の法則に従うとしよう。コペンハーゲン解釈によると，箱を開けるまでは，猫の生きている状態と死んでいる状態が量子力学的に重ね合わされており，箱を開けたとたんにその生死が決定されることになる。

るだけ独立に仕事を進めた」。

　ゲージ対称性は電磁相互作用の重要な性質であり，特に量子電磁気学では理論の整合性のためになくてはならない。たとえば，朝永振一郎，ファインマン，シュビンガーのくりこみ理論は，ゲージ対称性が保たれて初めて成り立つ。ところが電子数が一定でない BCS の波動関数はゲージ対称性を破る。このような波動関数を使うことで，はたしてマイスナー効果[*7]のような電磁的性質が説明できるのだろうかというのが，南部の疑問であった。南部は，2年間におよぶ研究によって以下の3つの事実を明らかにし，この疑問を解決した。

(1) 対称性が破れると，無限個の真空が現れる。

　たとえとして南部が使った，大きな体育館の中にたくさんの人が並んで立っている状況を考えよう。この人たちは，おのおのの前後左右の人たちと同じ方角を向きたがるとする。この場合，誰か一人がある方角を向くと，残りの人も同じ方角を向くのが一番安定である (図 2.2)。最初の人がどの方角を向くかは勝手なので，人々の向き方には無限個の選択肢がある。どの方向を向いていても安定な状態があるので，真空が無限個あることになる。システム全体は回転対称性をもっているのに，安定な状態では1つの方角が選ばれるので，回転対称性が自然に破れる。外的な理由によるのでなく，人々が集団現象として1つの方角を選ぶ。これが「対称性の自発的破れ」である。

　このたとえでは，体育館が超伝導体の空間を表している。また，各々の人が回転する様子は，空間の各点における電子のゲージ変換に対応する。

　量子力学では状態はベクトルで表わされ，電子数などの物理

[*7] 磁力線が超伝導体の中に侵入できないという効果。超伝導体の最も重要な特性の1つである。

図 2.2 隣と同じ方角を向きたがる人の集まりでは，会場の設定が回転対称であっても，一人がある方角を向くと残りの人も同じ方角を向く。これが対称性の自発的破れである。

量はそこに作用する行列である。BCS の波動関数 Ψ_{BCS} も 1 つのベクトルである。電子数が一定の値をもたないということは，電子数に対応する行列を BCS 波動関数にかけると別な波動関数になるということである。行列をどんどんかけていくと，どんどん新しい波動関数ができる。パラメータ θ を導入することで，これらの波動関数をまとめて $\Psi_{\text{BCS}}(\theta)$ と書くことができる。このパラメータ θ は，上記の体育館のたとえでは人々の向く方角のようなものである。BCS 理論は $\Psi_{\text{BCS}}(\theta)$ で表わされる無限個の真空をもっていたのである。

(2) 真空が無限個あると，ゼロ質量の粒子が現れる[*8]。

アインシュタイン関係式 $E = \sqrt{m^2c^4 + p^2c^2}$ をもう一度見てみよう。量子力学では粒子は波であり，運動量 p が波長に反比例していることはよく知られている。質量のある波では，どんなに波長を長くしてもエネルギーは mc^2 より小さくならない。しかし，ゼロ質量の波では $E = |p|c$ となって，波長を長

[*8] ゼロ質量の粒子の存在については，ボゴリューゴフとアンダーソンも，それぞれ独立の研究で指摘している。

くするとエネルギーをいくらでも小さくできる。逆に、このような波が見つかれば、ゼロ質量の粒子があるとわかる。

体育館のたとえで、ゼロ質量の波を見つけよう。みんなが同じ方角を向いているときに、一人だけ違う方角を向くことは難しいが、隣同士で少しずつ向きを変えていくことは簡単である (図 2.3, 図 2.4)。隣同士の相対角度を θ にするためには、θ^2 に比例するエネルギーがかかるとしよう。もちろんエネルギーが一番低く安定なのは $\theta = 0$, すなわち隣の人と同じ方向を向いている状態である。しかし、一人だけ θ の方向を向くのではなく、隣同士で θ/N ずつ順番に角度を変えて行くと N 人目で θ だけ回転したことになる。この状態のエネルギーは $N \times (\theta/N)^2 = \theta^2/N$ であり、N を大きくすればエネルギーをいくらでも小さくできる。この N を波長と思うと、この波は上の段落で考えたゼロ質量の粒子に対応することがわかる。対称性が自発的に破れるときに現れるゼロ質量の粒子は、南部-ゴールドストーン[*9]粒子と呼ばれている。

図 2.3 周りの人に逆らって、一人だけで違う方角を向くのには、エネルギーが必要である。

[*9] ゴールドストーンは、南部の仕事に触発されて、対称性の自発的破れか

$$N \times (\theta/N)^2 = \theta^2/N$$

図 2.4 隣同士で徐々に角度を変えていくと，少しのエネルギーで人の波が起きる。これが南部–ゴールドストーン粒子に対応する。

これと同様に BCS 理論では，真空の波動関数 $\Psi_{\mathrm{BCS}}(\theta)$ のパラメータ θ の値を金属内でゆっくり変えていくと，南部–ゴールドストーン粒子が現れる。

実は，(1) と (2) の結果を導く際には，電子間の電磁相互作用を無視していた。南部のそもそもの疑問は，BCS 理論で超伝導体の電磁的性質がどのように記述できるかというものであった。その解決の鍵は，南部–ゴールドストーン粒子が与えた。この粒子が電磁場と混合することで，ゲージ対称性が回復するのである。場の量子論を使って，ゲージ対称性を正確に取り扱うことで，次の結果が得られた。

(3) クーロン場の効果を取り入れると，南部–ゴールドストーン粒子は質量をもつプラズマ波になる [*10]。

らゼロ質量の粒子が現れるわかりやすい模型を構成した。その後，ゴールドストーン，サラム，ワインバーグは，場の量子論において対称性が自発的に破れたときにゼロ質量の粒子が現れるという定理の一般証明を与えた。

*10 超伝導体における南部–ゴールドストーン粒子と電磁場の混合や，そのマイスナー効果との関係は，アンダーソンも独立の研究で指摘している。

質量をもたない南部–ゴールドストーン粒子は，電磁場と組み合わせると質量をもつ粒子に変身するのである。この機構によって，マイスナー効果が明快に説明された。南部は，超伝導理論の透徹した理解に達したのである。

　統計物理学では対称性の自発的破れはこれ以前から知られており，たとえば1928年のハイゼンベルクの強磁性の理論にも現れる。南部は，超伝導理論についての論文[3]で，これが場の量子論でも起きることを示した。「……実質的に同じ説明を与えた物性論の人たちもいたが，私は量子場の理論を使ってこれを数学的に明確な形で示すことができたことを非常に満足に思った」[4]。

　さらに南部は，対称性の自発的破れが超伝導に限らない普遍的な物理現象であることを認識し，この点で他の研究者と一線を画した。そして，これが次に来る偉大な飛躍の出発点となったのである。

2.2　素粒子はなぜ質量をもつのか

　素粒子の質量のような基本的特性を普遍的原理から導出することは理論物理学者の夢である。南部は，素粒子の理論でも対称性の自発的破れが起こり，これによって素粒子の質量の起源が理解できると看破した。再び，本人の言葉を引用しよう[5]。「(超伝導理論の)エネルギーギャップの項が，ディラック方程式の質量の項に形式的に非常に似ていることに気がつきました。それならばいっそのこと，素粒子にもBCS理論を使ったらどうかということを考えました」。

　BCS理論では，最低エネルギーの超伝導状態とその上の励起状態の間にエネルギーのギャップが存在するために，超伝導状態が安定して存在できると説明する。一方，ディラック方程

式は，相対論的な場の量子論で質量をもつ粒子 (たとえば陽子や中性子) が従う運動方程式である。南部は超伝導体のエネルギーのギャップを表す式とディラック方程式の質量項に類似点があることに気がついた。「一方は電荷の違った状態，他方はカイラリティの違った状態の混合になっていて，混合のためにエネルギーのギャップが生ずる」[4]。

ここで，カイラル対称性について解説する必要がある。陽子，中性子，電子のようにディラック方程式に従う素粒子はスピンと呼ばれる量子数をもつ。素粒子が自転をしていて，角運動量をもっているとイメージしてもよい (実際には素粒子は大きさをもたないので，これはあくまでたとえである)[6]。このスピンには素粒子の進行方向に向かって右巻きと左巻きの2通りがある。しかし，素粒子が質量をもっている場合には，右巻きと左巻きの区別は観測の仕方に依存する。右巻きの素粒子が一定の速度で進んでいるとしよう。質量をもつ素粒子の速度は光速よりも遅いので，同じ方向により速く走っている観測者を考えることができる。この観測者から見ると，素粒子は逆方向に進んでおり，スピンはその方向に向かっては反対の左巻きになる (図 2.5)。

これに対し，ゼロ質量の素粒子は常に光速で走るので，それを追い越すことはできない。この場合にはスピンの巻き方は素粒子の固有な特性と考えられるので，右巻きスピンの素粒子の数と左巻きスピンの素粒子の数を別々に数えることができる。この数の差を保存量とする対称性が，カイラル対称性である。ゼロ質量の粒子にはカイラル対称性があり，質量のある粒子はこの対称性をもたない。

この当時，ゴールドバーガーとトリーマンは，π中間子の性質を記述する関係式を経験的に発見していた。この式は実験をうまく説明するが，その理論的起源は不明であった。南部

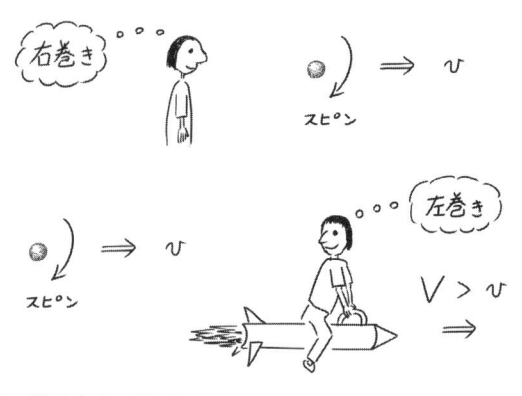

図 2.5　質量をもつ粒子のスピンの右巻きと左巻きの区別は観測者に依存する。

は，超伝導理論の論文を発表した半年後に，π中間子をカイラル対称性の破れに伴う南部–ゴールドストーン粒子と考えることで，この関係式を理論的に導くことに成功した [7]。これが素粒子物理学における対称性の自発的破れの発見の端緒となった。「これから先は……一足飛びである」[3]。

カイラル対称性のある理論では，素粒子はあらかじめ質量をもつことはできない。南部は，素粒子の質量の起源がカイラル対称性の自発的破れによって説明できると考えた。「少なくとも核子に関しては質量の起源の問題にも答えてくれる。まことにうまい話だ」[4]。南部は 1960 年に，助手のイオナ・ラシニオと共同でこのアイディアを実現する素粒子の模型を構成することに成功した [8]。その後，カイラル対称性とその自発的破れの思想は，カイラル力学と呼ばれる体系に昇華し，素粒子の強い相互作用を理解する上での指導原理となった。今日でも，強い相互作用の低エネルギー現象の理解にはカイラル力学は依然として強力な手法であり，また有限温度での相転移や高密度でのカラー超伝導などの現象の解析には南部とイオナ・ラシニ

オの模型が活躍している。

　カイラル対称性の自発的破れによって素粒子の質量が基本原理から導出できるという南部の思想は，クォーク模型で素粒子の質量を説明するときにも有効である。クォークの世界ではカイラル対称性が近似的に成り立っている。たとえば，陽子の構成要素であるクォークの質量は陽子自身の質量のたった2%程度にすぎない。このため，陽子の質量の98%はカイラル対称性の自発的破れによって生成されていると考えられており，これは格子ゲージ理論の大規模計算機シミュレーションによって実証されつつある [9]。

　以上の話は，対称性の自発的破れとそれに伴う南部–ゴールドストーン粒子の出現を，素粒子物理学，特に強い相互作用に関する現象に応用したものである。前節の (3) で見たように，電磁場の効果を考えると，南部–ゴールドストーン粒子は質量をもつプラズマ波になる。1964 年に，ブロウとアングレア，またこれと独立にヒッグスは，この現象を相対論的なゲージ理論に拡張した。ゲージ場は本来質量をもたないが，ゲージ対称性が自発的に破れると質量をもつ。相対論的場の量子論ではこの現象はヒッグス機構と呼ばれ，素粒子の標準模型における電磁相互作用と弱い相互作用の統一に本質的な役割を果たした。

　素粒子の間に働く電磁相互作用と弱い相互作用は，遠方でまったく異なる振る舞いをする。電磁相互作用が逆 2 乗の法則によって遠方まで伝わるのに対し，弱い相互作用は距離について指数関数的に減衰する短距離力である。この一見異なる 2 つの相互作用が統一できるのは，ヒッグス機構のおかげである。標準模型では，弱い相互作用に対応するゲージ対称性が自発的に破れると考えられている。このとき，ヒッグス機構のためにゲージ場が質量を得るので，その力は長距離で指数関数的に減衰することになる。その一方で，高エネルギーではゲージ対称

性が回復するので，弱い相互作用と電磁相互作用の統一が可能になるのである。

では，弱い相互作用のゲージ対称性はなぜ破れるのか。実は，その鍵を握ると考えられているヒッグス粒子は，標準模型の粒子の中で唯一未発見である。2008 年から欧州原子核研究機構 (CERN) で稼働を始めた大ハドロン衝突型加速器 (LHC) では，ヒッグス粒子の発見が期待されている。

今回のノーベル賞の受賞対象になった対称性の自発的破れの発見のほかにも，南部は素粒子物理学の広範な領域にわたって顕著な業績をあげている。たとえば:

(1) 強い相互作用の基本理論である量子色力学 (Quantum Chromo-Dynamics の頭文字をとって QCD と呼ぶ) では，クォークは 3 つの「色の自由度」をもつと考えられており，この色が電磁気学における電荷に対応する役割を果たしている。クォークに色の自由度を導入したのは南部である。南部はさらに，この色に反応するゲージ場を考えて，これによって生成される強い引力のために，クォークが陽子，中性子，中間子などの複合粒子をつくると提案している。1965 年のことである [10, 11]。その 8 年後の 1973 年に，グロスとウィルチェック，またこれと独立にポリツァーが漸近的自由性[*11]を発見したことで，QCD は強い相互作用の基本理論として確立した[*12]。

[*11] QCD によるクォーク間の力が短距離になると弱くなり，高エネルギー粒子衝突実験ではクォークが「自由」粒子のように振る舞うという性質。

[*12] グロス，ウィルチェック，ポリツァーの 2004 年度ノーベル物理学賞受賞の際のスウェーデン王立科学アカデミーの公式発表には，南部の業績についての長文の記述があり，「南部の理論は正しかったが，時代を先取りしすぎた」との異例の言及がある。

(2) 南部は，QCDにおけるクォークの閉じ込め[*13]が超伝導体のマイスナー効果との類似によって導かれるとの考えを1974年に発表している [12]。20年後の1994年にザイバーグとウィッテンは，超対称性をもつ場の量子論のいくつかの模型では，南部のクォーク閉じ込めについてのアイディアが，理論的に実現されていることを示した [13]。さらに，このザイバーグとウィッテンの結果は，2002年にネクラソフによって数学的に証明された [14]。本来のQCDの場合にクォークの閉じ込めの数学的証明を与えることは，理論物理学の最も重要な課題の1つであり，クレイ数学研究所のミレニアム問題 [15] の1つにも選ばれている。

(3) 量子力学と一般相対性理論を統一する理論の最有力候補として現在活発に研究されている超弦理論も，南部が提案した強い相互作用の弦模型に端を発している [16]。

南部は，革新的なアイディアと強力な数学的手法で，前人未到の分野を開拓し，素粒子物理学の流れを変え新しい基礎を築く数々の偉大な業績をあげた。

[*13] QCDによるクォークと反クォークの間の引力は長距離で減衰することがなく，その間のポテンシャルは距離に比例して増加するという主張。QCDの漸近的自由性と表裏の関係にある。クォークは陽子，中性子，中間子などの複合粒子の中に閉じ込められていて，単体では検出されていないという実験事実を説明する。南部が1965年に提唱したように，クォークには，光の3原色である赤，青，緑に対応する3種類の状態があると考えられている (色は比喩であり，クォークが光学的な意味の色をもっているわけではない)。陽子や中性子は3個のクォークからなり，「3原色」が合わさって「無色」になっている。また中間子はクォークと反クォークの対からできているので，たとえば「赤」と「赤の補色」が合わさって「無色」になる。このようにクォークは「無色」の組み合わせでしか存在できないと考えられている。

2.3 C, P, T: あからさまに破れている対称性

　カイラル対称性は状態を連続的に変化させる対称性である。空間の回転対称性も連続的な対称性の例である。これに対して，離散的な対称性を考えることもできる。たとえば鏡像反転のもとでの対称性がこの例である。私たちが日常的に経験する世界の現象は，鏡に映しても同じ物理法則にしたがっているように見える。また，時間の向きを反転させる操作も離散的な対称性の例である。物理現象を映画にとってそれを逆回しに映写したものも，同じ物理法則で説明できるはずであるというのがこの対称性である。

　ニュートンの運動の法則は時間の向きの反転に対して不変であるのに，熱力学の第 2 法則 (エントロピー増大の法則) は時間の向きを選んでいるように見える。たとえば，生卵を床に落として割れる様子を映画にとってこれを逆回しに映写すると，非日常的な現象が起きているように見える。しかし，「マクスウェルの悪魔」の思考実験が例示するように，これは基本法則から巨視的な現象を導出する際の問題であり，基本法則自身が時間反転対称性を破っているからではないと考えられている。

　李政道 (リー・ジュヨンダオ) と楊振寧 (ヤン・ジェンニーン) は，1956 年に，K 中間子の崩壊現象を説明するために弱い相互作用が鏡像対称性を破っていることを予想し，これは呉健雄 (ウー・ジエンシオーン) によるコバルト 60 のベータ崩壊の実験によって確認された。素粒子の法則が鏡像対称性を破っているとの発見は驚きをもって迎えられた。(これ以前にも，鏡像反転や時間反転の対称性は必然ではないと考える人はいた。ディラックはその一人である [17]。鏡像反転や時間反転のもとでの対称性は，相対論的場の量子論の整合性からは要求されないというのが理由である。しかし，以下に解説するように，

CPT の組み合わせについての不変性は要求される。)

粒子と反粒子の入れ替えを離散的な対称性として考えることもできる。以下では，

P: 鏡像反転対称性 (**P**arity)

T: 時間反転対称性 (**T**ime reversal)

C: 粒子 ↔ 反粒子対称性 (**C**harge conjugation)

と書くことにしよう。弱い相互作用は P と C の両方を破っている。では T についてはどうであろうか。

素粒子物理学の基本言語である相対論的場の量子論では，CPT を続けて行う対称性は決して破れることがない。このCPT 定理は，次のように考えると理解できる。空間に直交座標 (x, y, z) を導入しよう。x-方向の鏡像反転と y-方向の鏡像反転を続けて行うと，$(x, y) \to (-x, -y)$ となり，これは xy 平面での 180 度の回転に他ならない。したがって，回転対称性をもつ模型は，鏡像反転を 2 枚の異なる面について続けて行っても不変である。場の量子論の CPT 不変性を示すためには，同様に鏡像反転 (P) と時間反転 (T) を続けて行うと，ローレンツ変換になることを使う。ただし，この場合には，ある数学的手続き (時間座標の複素数への解析接続) をする必要があり，この手続きを場の量子論を使ってきちんと行うと，粒子と反粒子が入れ替わることがわかる。したがって，ローレンツ不変性をもつ理論では，PT の組み合わせは C になる。C は 2 回行うともとに戻るので CPT = C^2 = 1。これで，相対論的場の量子論が，CPT の組み合わせで不変であることが示された[*14]。

素粒子の反応を表すのに使われるファインマン図では，粒子

[*14] 超弦理論のように場の量子論の公理に従わない理論では CPT 定理が成り立たない可能性がある。ただし，超弦理論でも弱結合展開ではすべての次数で CPT が保存されていることが知られている。

図 2.6　右に向かって未来に進んでいる粒子にPとTの変換をすると、左に向かって過去に進む粒子になる。ファインマン図では過去に向かう粒子は反粒子と解釈する。したがってPT＝Cであり、ファインマン図の規則はCPT不変性である。

は未来に向かう矢印によって、反粒子は過去に向かう矢印によって表される。図 2.6 からわかるように、未来に向かって進んでいる粒子の状態にPとTを作用すると、同じ軌跡に沿って過去に向かう粒子になる。これを反粒子とみなすファインマン図の規則はPT＝Cを使っているのである。

標準模型の相互作用はPとCを破っているので、CPT定理を使うと、PTやTCの組み合わせも破れていることになる。したがって、この段階で残された離散対称性はCPとTのみであった。しかし、1964年にクローニンとフィッチはK中間子の崩壊現象がCPも破っていることを実験的に示した。CPT定理を使うと、Tも破れていることになる[*15]。素粒子の世界ではC、P、Tの離散対称性はすべて破れていたのである。小林と益川は、標準模型の枠組みの中で、このCPの破れが起こる仕組みを提案した。

[*15] その後、Tの破れの直接的観測も行われている。

南部の対称性の自発的破れの理論とは異なり，小林–益川理論ではCP対称性は基礎理論の段階で破れている．自発的破れに対して，これを「あからさまな破れ」と呼ぶ．この記事の前半で登場した体育館のたとえでは，回転対称性があっても，一人の人がある方角を向くと残りの人も同じ方角を向くというのが対称性の自発的破れであった．これに対し，たとえば体育館の前方にスクリーンがあって，そこに評判の映画が映し出されているとすると，人々が前方を向く傾向が強くなる．この場合には，体育館の設備自身が回転対称性をもたないので，対称性は自発的にではなく，外的理由によってあからさまに破れている．これが南部理論における対称性の破れと小林–益川理論における対称性の破れの違いである．しかし，これは現在理解されている標準模型のレベルの話であり，標準模型を超えるより基本的な理論ではCPの破れが対称性の自発的破れとして説明されるかもしれない．

2.4　小林と益川の大胆な予言

　小林–益川理論の前に，素粒子の「世代」の概念についてまず解説する．標準模型では，2種類のクォークと2種類のレプトンをひと組にして考え，この組を「世代」と呼ぶ．たとえば，第1世代のクォークはアップ (u) とダウン (d) の2種類，レプトンは電子とニュートリノからなっている．

　第2世代の中で最初に発見されたのはミューオンであり，これは第1世代では電子にあたる粒子である．ミューオンは1937年に宇宙線の中に発見された．当初は湯川秀樹の予言したπ中間子であると思われていたが，強い相互作用をするはずのπ中間子がなぜ高空から地上まで到達できたのかが謎であった．坂田昌一と井上健は第二次世界大戦中にこれがπ中

間子とは別の素粒子であることを提唱した。この説は，戦後の1947年にパウエルの実験によって検証された。空気が希薄で宇宙線の強度の強いアンデス山脈やピレネー山脈などの高地に設置された写真乾板に，π中間子がミューオンに，ミューオンが電子に崩壊する様子が美しい軌跡を描いて捉えられていたのである。ミューオンが別の粒子であることが明らかになったとき，著名な物理学者であるラビは，「こんなもの，誰が注文したのだ!」と嘆いたという。第2世代のクォークはストレンジ (s) とチャーム (c) である。そのうち s-クォークを含む K 中間子は1947年に発見され，その後 Λ や Σ などの新粒子が相次いで発見された。1953年に西島和彦とゲルマンは，それぞれ独立の研究によって，この一群の粒子の振る舞いを説明するためにストレンジネスという量子数を導入した。これが後に s-クォークの数と解釈されることになる。

　小林と益川が CP の破れの機構の解明に取り組んだ1970年代初頭は，第2世代のクォークがようやく揃い始めた時期であった。益川は，「クォークも u, d, s の3つの自由度しか見えておらず，かつ強い相互作用についてもまったく暗中模索の時代であった」と書いている [18]。名古屋大学の丹生潔らはすでに1971年の宇宙線実験で c-クォークを含むと思われる粒子を検出していたが，その存在が加速器実験による J/ψ 中間子の発見によって確認されるのは小林–益川理論発表の翌年の1974年である。しかし，牧二郎と原康夫が独立に提案した素粒子の四元模型と，丹生実験が新粒子の証拠であるとの小川修三の解釈のため，名古屋大学の「坂田スクール」の出身である小林と益川にとっては第2世代のクォークの存在はほぼ既定の事実であったようである。このような状況の下で発表された小林–益川理論 [19] では次の2つのことが示されている。

(1) 2世代までの標準模型では，CPの破れは起こりえない。

この「不可能性定理」の証明について，小林は，「知られている4番目の粒子だけではだめだというのは，非常に強い結論だったから，ちゃんとやらなければいけないなという気はありました」と語っている [20]。K中間子の崩壊でCPが破れていることはすでに知られていたので，2世代標準模型は変更を受けなければならない。そこで，次の可能性が提案された。

(2) 第3世代のクォークがあると，CPを破る相互作用が導入できる。

u, d, sの3種類のクォークしか実験的に確認されていなかった時代に，大胆にも6種類のクォークを必要とする理論を提唱したのである。「その時点では，5, 6番目の粒子はなく，1つのスペキュレーションでしかなかったんですが，自分たちとしてはちょっと面白い論文だとはおもっていました」[19]。

この予言のとおりに，第3世代のボトム(b)-クォークは1977年に，トップ(t)-クォークは1994年に発見された。また，第3世代のレプトンとしては，τ粒子が1975年に，τニュートリノが2000年に発見された。これによって3世代のクォークとレプトンがすべて揃った[*16]。

2.5 小林–益川理論を実証した三角形

クォークの数についての予言は的中した。では，小林–益川理論はCPの破れの説明になっているのであろうか。クローニンとフィッチが発見したK中間子のCPの破れは0.2%程度の

[*16] 第4世代があるかというのは自然な疑問である。弱い相互作用を媒介するゲージ場の1つであるZボゾンが崩壊する速さの測定から，Zボゾンの半分以下の質量をもつニュートリノは3種類しかないことがわかっている。

小さな効果であり，しかも強い相互作用の影響を計算する際の理論的不定性が大きく，これから小林–益川理論の定量的な検証をすることは困難であった。

B中間子は第3世代のb-クォークを含む複合粒子である。1981年に三田一郎らは，B中間子のある種の崩壊過程には大きなCPの破れが現れ，しかも強い相互作用による理論的不定性が相殺されていることを，小林–益川理論に基づいて示した[21]。しかしこのような崩壊は1000回に1回しか起きないまれな現象であり，この効果を測定するためにはB中間子を大量につくる装置であるBファクトリー(B中間子の工場)が必要になる。

日本の高エネルギー加速器研究機構 (KEK) と米国のスタンフォード線型加速器センター (SLAC) に建設されたBファクトリーは，B中間子におけるCPの破れの発見と小林–益川理論の検証を目指して熾烈な競争を繰り広げた。筆者の所属するカリフォルニア工科大学の素粒子実験グループはSLACのBファクトリーにおける実験の主要メンバーであり，ライバルである日本チームの健闘ぶりは学内でもしばしば話題になった。図2.7はKEKのBファクトリーに設置されたBelle粒子検出器の写真である。2001年に日米両グループが同時に発表したCPの破れの効果は，小林–益川理論の予言と見事に一致するものであった。日本人が構築した基礎理論に基づいて，日本人が予言した現象が，日本の実験施設で実証された輝かしい瞬間である。

ユニタリティ三角形 は，小林–益川理論の検証のために，様々な実験結果をまとめて表示する便利な方法である。初等幾何学でよく知られているように，平面上の三角形では3つの辺の長さを決めると3つの頂点の角度が一意的に決まる。つまり，辺の長さと頂点の角度の間には3つの関係式があることを思い出

図 2.7 KEK の B ファクトリーに設置された Belle 粒子検出器。
(高エネルギー加速器研究機構素粒子原子核研究所提供)

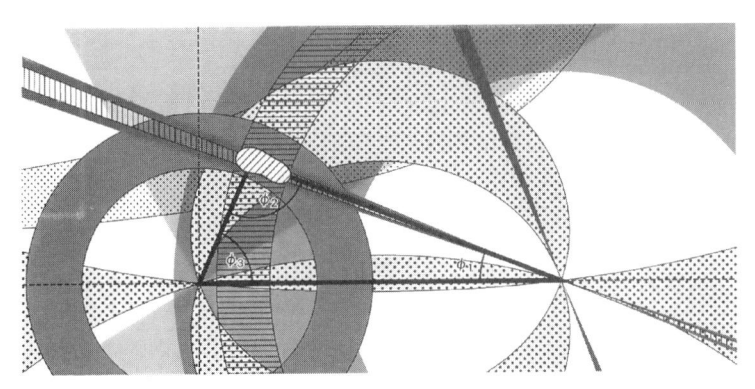

図 2.8 小林–益川理論を実証したユニタリティ三角形。CKM-fitter グループが，世界中の実験施設の最新のデータを組み合わせて作成した図を使用した。(カビボ–小林–益川行列に関する最新の実験結果や図は，http://ckmfitter.in2p3.fr/ で見ることができる。)

していただきたい。小林–益川理論によると，K 中間子や B 中間子の様々な実験データを図 2.8 のような三角形にまとめることができる。これがユニタリティ三角形である[*17]。三角形の高さは K 中間子の崩壊における CP の破れの大きさ，3 つの頂点の角度は B 中間子の異なる崩壊モードで観測される CP の破れの効果，辺の長さは b-クォークが u や c-クォークに崩壊する速さや B 中間子と反 B 中間子の混合の強さによって決まる。小林–益川理論はこのユニタリティ三角形がきちんと閉じていることを要求し，数多くの独立な実験データの間に強い相関関係があることを予言した。図 2.8 では最新の実験データとその誤差が斜線や網点の帯で示されており，これらはすべて三角形上の頂点近くの領域で交わっている。ユニタリティ三角形が誤差の範囲できちんと閉じている。これが小林–益川理論の決定的な証拠となった。

2.6 なぜ宇宙には物質があるのか

我々の宇宙は約 140 億年前のビッグバンで誕生したと考えられている。初期宇宙には粒子と反粒子が高い密度で存在していたが，宇宙が膨張してその温度が下がるにつれて，粒子と反粒子は対消滅していった。もし，初期宇宙の粒子の数と反粒子

[*17] 小林–益川理論では，ユニタリティ条件 $U^\dagger U = 1$ をみたす 3 行 3 列の行列 U が，CP の破れや 3 世代のクォークの混合を支配する。この行列は，カビボ–小林–益川行列と呼ばれる。(カビボは，ストレンジネスをもつ粒子の崩壊現象を説明するために，カビボ角を導入した。これは，今日の言葉では，2 世代のクォークの混合を記述する 2 行 2 列の行列に対応する。小林–益川理論の要点は，標準模型の枠内で CP 対称性を破るためには 3 行 3 列が必要であることを示したことである。) この行列のユニタリティ条件を使うと，様々な実験データが三角形の辺の長さや頂点の角度に対応することが導かれ，それを表した図をユニタリティ三角形と呼ぶ。

の数が厳密に同じで、これらがすべて対消滅したならば、宇宙には電磁波などのエネルギーしか残らなかったはずである[*18]。では、我々を構成している粒子はどうして生き残ったのか。観測によると、現在の宇宙には、初期宇宙にあったと考えられているクォークの10億分の1が存在している。これを説明する1つの考え方は、対消滅が始まる前の宇宙において粒子の数と反粒子の数に非対称性があり、10億個の反クォークに対してクォークが10億と1個あったとするものである。では、このように微妙な非対称性はどのようなからくりで生じたのであろうか。

1967年にサハロフ[*19]は、宇宙開闢直後にはクォークと反クォークの密度がまったく同じであったが、時間が経つにつれて物理法則の非対称性によって密度に違いが生まれたのだと考え、このシナリオを実現するためには次の3つの条件が必要であることを示した。

(1) クォークの数を保存しない物理過程がある。

クォークと反クォークが対称な状態から始まったと仮定しているので、このような過程が必要なことは当然である。1979年に吉村太彦は、大統一理論[*20]が自然界で実現されているとすると、この理論ではクォークの数が保存されないので、宇宙の物質創成が説明できるはずであると提案した。これは、サハ

[*18] 実際には、粒子と反粒子の数が同じであっても対消滅は完全には起こらず、宇宙膨張の効果などによって初期宇宙にあったクォークのうち100京分の1が生き残ると見積もられている。しかし、この値は本文の以下で引用する観測値よりはるかに少ない。
[*19] 旧ソビエト連邦の水爆開発計画の指導者。人権活動によってノーベル平和賞を受賞している。
[*20] 重力以外の素粒子間の相互作用、すなわち電磁相互作用、強い相互作用、弱い相互作用の3つの力を統一する理論。

ロフの条件が素粒子の基本法則でみたされる可能性を初めて指摘したものであり，その後の素粒子物理学の宇宙論への応用に大きな影響を与えた。神岡宇宙素粒子研究施設の陽子崩壊の実験は，この大統一理論におけるクォーク数の非保存を観測するために行われている。標準模型の相互作用はクォークの数を保存する。しかし，宇宙初期の高温状態で起こる標準模型の非摂動現象がクォークの数の保存を破り，これが物質創成に必要な条件をみたしている可能性も指摘されている。

(2) 宇宙初期には熱平衡にない状態があった。

CPT定理を使うとクォークと反クォークの質量は厳密に等しいことが導かれるので，クォークと反クォークの数が等しい状態がエントロピー最大になる。熱平衡ではエントロピーの最も大きい状態が実現されるので，素粒子反応がクォーク数の非保存を起こしても，熱平衡になるとせっかく生成したクォークと反クォークの非対称が失われてしまう。したがって，熱平衡の進行よりも速く宇宙が膨張して温度が急激に下がり，クォークと反クォークの非対称性が凍結される必要がある。

(3) CとCPが破れている。

宇宙の状態が鏡像反転不変であるとすると，クォークと反クォークが同じ密度である状態はCでもCPでも不変である[*21]。一方，密度が異なる状態ではCもCPも破れている。したがって，対称な状態から非対称な状態に移るためには，CとCPの両方が破れている必要がある。小林−益川理論は実験的に確認されている唯一のCP破れの機構である。しかし，この理論の枠内ではクォーク数非対称を説明するのに十分な効果

[*21] 宇宙膨張が時間反転対称性を破っているので，宇宙の状態はCPTでは不変でない。

が生まれないとの指摘もあり，標準模型を超えた未知の素粒子や相互作用が必要であると考えられている[*22]。小林–益川理論が標準模型で可能な CP の破れを定量的に定めたことは，標準模型を超えるより根源的な理論を探求するために，宇宙全体を巨大な実験室とする手がかりとなった。また，標準模型を超える理論においても，素粒子の混合を使って CP を破るという小林–益川理論の考え方はしばしば活用されている。

先に，第 2 世代の素粒子としてミューオンが存在することが明らかになったときのラビの言葉を引用した。複数世代の素粒子に基づいた CP の破れの機構が宇宙の物質創成に関わっているのなら，ラビの質問には，「〈私〉が注文しました。〈私〉がこの宇宙に存在するために必要だったのです」と答えてもよいかもしれない。

2.7 おわりに

「対称性の破れ」というような，自然の最も基本的な構造について深く考えることで，素粒子の質量の起源を説明し，新しい素粒子現象を予言し，宇宙の謎を解明できることが，素粒子論のすばらしさである。南部の思想は現代の素粒子論の中にまさに空気のように満ち溢れており，小林と益川の理論は日米の加速器実験によって見事に実証された。

筆者は京都大学の大学院生のとき，当時基礎物理学研究所教授であった益川先生の講義を受ける機会に恵まれ，あふれる冒険心と想像力に強い印象を受けました。また，1990 年代の初

[*22] たとえば，福来正孝と柳田勉は，ニュートリノの物理を使ってレプトン数の非対称性を生成し，これをクォーク数の非対称性に転化する可能性を提案している。

めにシカゴ大学に助教授として雇っていただいたときには，南部先生の類まれなる知性と高潔な人柄に接する幸運を得ました。南部先生，小林先生，益川先生，おめでとうございます。

参考文献

[1] スウェーデン王立科学アカデミーの公式発表は，
http://nobelprize.org/nobel_prizes/physics/laureates/2008/index.html で読むことができる。

[2] 南部陽一郎，「素粒子論研究 (わが研究の思い出)」，日本物理学会誌，**32**, 773 (1977).

[3] Y. Nambu, Phys. Rev., **117**, 648 (1960).

[4] 南部陽一郎，「素粒子物理の青春時代を回顧する」，日本物理学会誌，**57**, 2 (2002).

[5] 南部陽一郎，「基礎物理学―過去と未来」，素粒子論研究，2006年3月号 (口述筆記).

[6] 素粒子のスピンについての本誌レベルの読み物としては，朝永振一郎，『スピンはめぐる―成熟期の量子力学』，みすず書房 (2008年) をお勧めする.

[7] Y. Nambu, Phys. Rev. Lett. **4**, 380 (1960).

[8] Y. Nambu & G. Jona-Lasinio, Phys. Rev., **122**, 345 (1961); Phys. Rev., **124**, 862 (1962).

[9] この方面の日本の研究チーム JLQCD の最近の成果として，H. Fukaya et al., Phys. Rev. Lett., **98**, 172001 (2007) をあげる．

[10] Y. Nambu, "A Systematics of Hadrons in Subnuclear Physics," in 'Preludes in Theoretical Physics,' A. De-Shalit et al. eds. (1965).

[11] M. Y. Han & Y. Nambu, Phys. Rev., **139**, B1006(1965).

[12] Y. Nambu, Phys. Rev. D, **10**, 310 (1974).

[13] N. Seiberg & E. Witten, Nucl. Phys., **B426**, 19 (1994).

[14] N. Nekrasov, Adv. Theor. Math. Phys., **7**, 831 (2004).

[15] クレイ数学研究所が 2000 年に提示した 7 つの懸賞問題。純粋数学のポアンカレ予想やリーマン予想，流体力学のナビエ＝ストー

クス方程式の大域解の存在や情報科学の P 対 NP 問題も含まれている。詳しくは，http://www.claymath.org/millennium を参照．

[16] Y. Nambu, "Duality and Hadrodynamics," コペンハーゲン・シンポジウム (1970 年) の講義録のための原稿．in 'Broken Symmetry, Selected Papers of Y. Nambu,' T. Eguchi & K. Nishijima eds., World Scientific (1995) に再録．この選集は，手に入りにくい原稿がいくつも収録された貴重な資料である．

[17] P. A. M. Dirac, Rev. Mod. Phys., **21**, 392 (1949).

[18] 益川敏英,『いま, もう一つの素粒子論入門』, 丸善出版 (1998 年).

[19] M. Kobayashi & K. Masukawa, Prog. Theor. Phys., **49**, 652 (1973); http://www2.yukawa.kyoto-u.ac.jp/

[20] 小林誠,「小林–益川理論はどのようにして生まれたのか」, 総研大ジャーナル 2002 年 2 号 (口述筆記, 聞き手: 辻篤子).

[21] 三田一郎,『CP 非保存と時間反転—失われた反世界』, 岩波書店 (2001 年).

第3章
一般相対論と量子力学の統合に向けて
―素粒子物理学と現代数学の新しい関係

> この記事は，1994年に高校生向けの数学雑誌『大学への数学』に掲載されたものです．当時，この雑誌には京都大学の数理解析研究所の所員が交代で最先端の数学や物理学の紹介をする連載記事を書いており，着任したばかりだった私にも依頼が来ました．
>
> 20年前の記事ですが，今回の再録にあたって，あえて加筆訂正はしませんでした．記事の前半で説明した問題意識は，現在でも当てはまるものだと思います．しかし，当時の研究の現状を書いた最後の段落は，さすがに隔世の感があります．1995年の第2次超弦理論革命(双対性革命)によって超弦理論の研究は大きく様変わりしました．4次元のブラックホールの深い謎などに，超弦理論が直接切り込むことができるようになったことはすばらしいと思います． (難易度: ☆)

京都大学の数理解析研究所では，純粋および応用数学，コンピュータ・サイエンス，数理物理など数理科学の諸分野で世界をリードするような理論研究が活発に行われている．いつも海外の著名な研究家が多く訪れ，また研究所に設置された大学院では研究者の養成が熱心になされている．

いま，最先端の数学や物理の周辺で何が起こっているか，数理解析研究所の活動の紹介を通じて，かいま見てみよう． (『大学への数学』編集部)

数学研究の成果は古来から自然科学の様々の分野に応用されてきました．また自然科学上の発見が数学の新しい発展を促すということも，歴史上しばしば見られるようです．私は素粒子物理学の理論を研究していますが，この分野でも特に1980年代の半ばごろから数学の最新の成果を取り入れた研究が活発になり，今世紀の理論物理学の最大の課題の1つである一般相対論の量子化(後述)に手が届きそうになってきました．

数学は自律的な学問で，外部の世界とは独立に存在しているといわれます。たとえば皆さんが高校で習うユークリッドの幾何学は，地球以外のどの星にもっていっても成り立つことが保証されています。このようにそれ自身で存在する数学の世界のことを，数学的イデアと呼ぶこともあります。しかし数学の発展が外部の世界とまったく独立に起きているというわけではありません。自然科学の研究が数学的イデアの中の未開拓の領域の存在を示唆し，そこから新しい数学が開花することも少なくありません。たとえば幾何学 = geometry という言葉が地面 (geo) の測量 (metria) に由来していることからもわかるように，ユークリッド幾何学は地面の測量という自然科学を通じて発見されました。またニュートンの物体の運動の研究が微分積分学の創設をもたらしたことも，自然科学の研究が数学の発展を促す例であるといえます。

　ニュートンの力学について話を続けましょう。ニュートンは，力 F を受けて運動する質量 m の物体の時刻 t における位置 $x(t)$ は，運動方程式

$$m\frac{d^2x}{dt^2} = F \tag{1}$$

に従うことを発見しました。力 F が物体の位置 x の関数として $F = F(x)$ と与えられているときには，(1) 式で与えられる運動方程式は $x(t)$ に関する二階の微分方程式になります。したがって，ある特定の時刻 t_0 における物体の位置 $x(t_0)$ と速度 $(dx/dt)|_{t=t_0}$ を指定すると，それ以外の任意の時刻 t の物体の位置 $x(t)$ は (1) 式によって一意的に定まることになります。ある時刻の世界の状態を知ればその後の時間発展が一意的に定まってしまうというこの考え方は，古典力学的世界観と呼ばれ，今世紀の初頭の量子力学の登場に到るまで物理学を支配してきました。

皆さんは天気予報で「現在ここにある低気圧は明日にはこちらに移動するでしょう」などというのを聞いたことがあるでしょう。これも古典力学的世界観の例です。気象を知る上で重要な要素は大気の状態です。そして大気の状態は，地上の各点での気圧や風速・風向などで指定されます。このような大気の状態は，ナビエ–ストークスの方程式に従って時間発展することが知られています。天気予報が可能なのもそのためです。ナビエ–ストークス方程式をここで書き下すことはできませんが，気象の他にも海流の変化から飛行機の設計に到るまで，流体の運動に関わる様々な現象がこの方程式に支配されています。

　電磁気の理論も古典力学的世界観に沿って構成されました。高校の物理では時間変化を伴わない静的な電磁気現象を取り扱うことが多いと思いますが，電荷や電流の分布が変化すれば，電場や磁場の状態も一般には変化します。電磁場の時間発展の方程式はマックスウェルによって発見されました。流体のナビエ–ストークス方程式と電磁場のマックスウェル方程式はいずれも 19 世紀の物理学の成果です (マックスウェルは流体の運動を参考にして電磁場の方程式に到達したといわれています)。

　古典力学的世界観の最後を飾るのが，1915 年に完成されたアインシュタインの一般相対性理論です。この理論は物質の間の重力相互作用を記述します。物体の間の電磁気力を伝えるものが電場と磁場であるのに対し，アインシュタインの理論で重力を担うのは時空間の曲がり具合です。時空間の曲がり具合などという抽象的概念が登場するため，一般相対性理論を初等的に解説することは容易ではありませんが，次のように考えてみてください。2 次元の曲がった曲面を思い浮かべてみましょう。曲面は場所ごとに平坦であったり球面のように曲がっていたりすることでしょう。その曲がり具合は，曲面のあちらこちらに小さな三角形を描いてその内角の和を求めることで測るこ

とができます。もし内角の和が180°であれば，曲面はその三角形の近くでは平坦であるといえます。また180°より大きければ曲面は球面のように曲がっているとわかります。内角の和が180°より小さくなることもあります。どのような曲面か考えてみてください。アインシュタインの理論では，2次元の曲面の代わりに，私たちの住んでいる3次元の空間に時間の1次元をつけ加えた4次元の時空間を考え，この時空間の曲がり具合を考えます。電磁気の理論では電荷をもった物質が電場や磁場に影響を与えますが，一般相対論では物質があると時空間の曲がり具合が変化します。また逆に時空間が曲がるとその中での物質の運動の仕方に影響が現れます。このような〔物質〕→〔時空間の曲がり具合の変化〕→〔物質の運動への影響〕というプロセスを重力相互作用としてとらえるのが一般相対論の根幹です。電磁気の理論では電場や磁場の時間発展はマックスウェルの方程式に従いますが，一般相対論ではアインシュタインの方程式が時空間の曲がり具合の時間発展を定めます。この点で一般相対論は古典力学的世界観の思想圏に属するといえます。

　量子力学の誕生(1925年)は，このような古典力学的世界観に根本的な変更をもたらしました。これまで見てきたように，古典力学的世界観では対象の状態(物体の位置，大気の状態，電磁場，時空間の曲がり具合)は運動方程式(ニュートン，ナビエ–ストークス，マックスウェル，アインシュタインの方程式)によって時間発展すると考えます。これに対し量子力学では状態は一意的に発展するわけではなく，古典力学では許されないような発展の仕方も含めて考える必要があります。私たちがキャッチボールをするとき，古典力学によると球は放物線を描いて相手に届くとされますが，量子力学では球が地球の裏側のブラジルを通って届くような経路も計算に入れるのです。実際にはキャッチボールにブラジルの及ぼす効果は微々たるもの

で，古典力学と量子力学の考え方の違いは私たちが日常生活で直接経験する現象ではほとんど問題になりません。しかし原子の中の電子の運動等ミクロの世界では，量子力学の方が正しく現象を記述することが実証されています。私たちの家庭にある電子機器 (テレビ，CD プレーヤー，パソコン等) は，そのほとんどが量子力学の原理に基づいて設計されています。

量子力学的世界観は今世紀の物理学の基礎となりました。ニュートンの運動方程式 (1) 式はハイゼンベルクとシュレディンガーによって量子力学に翻訳 (量子化) されました。電磁気学の量子化には困難な問題がありましたが，シュビンガー–朝永–ファインマンのくりこみの処方によって解決されました。電磁気力や重力のほかにも，素粒子の間に短距離 ($< 10^{-15}$ m) でのみ働く相互作用がありますが，これもくりこみの処方が適用でき量子化が可能であることが 1960 年代から 1970 年代の初めにかけて明らかにされました。しかし重力の理論については，いまだに量子化が遂行されていません。ちなみに流体のナビエ–ストークス方程式は，原子レベルのより基本的な法則から導き出されるので，それ自身を量子化する必要はありません。

一般相対論を量子化しようという試みは 1960 年代ごろから始まりましたが，本格的に研究されるようになったのは 1980 年代になってからのことです。これは素粒子物理学が非常に高いエネルギー領域で起こる現象を扱うようになってきたことと関係しています。電子を 1 ボルトの電圧で加速して得られるエネルギーを 1 電子ボルトと呼びますが，素粒子の統一理論は 10^{25} 電子ボルト程度のエネルギーを問題にします。エネルギー E と質量 m との間には有名なアインシュタインの関係式 $E = mc^2$ (c:光の速度) が成り立ちますから，エネルギーが高くなるほど質量は重くしたがって重力の効果は強くなります。

そして10^{25}電子ボルト程度のエネルギーになると，重力の量子化の効果が素粒子の現象に影響を及ぼすと考えられるようになってきたのです。

　一般相対論の量子化には技術的な障害と概念的な問題があります。技術的な障害としては，4次元時空のアインシュタイン理論にはそのままではくりこみ処方が適用できないことが挙げられます。また重力の理論が時空の曲がり具合の変化を対象としているため，量子化のためには量子力学の枠組み自体を広げる必要があり，それが様々な概念的な問題を生みます。量子力学の考えを一般相対論にそのまま当てはめようとすると，アインシュタインの方程式に従わないような曲がり具合の時空もすべて勘定に入れることになりますが，たとえば空間のあちらこちらにブラックホールができたり消えたりするような異常な時空も含めることが許されるのかどうかが問題になります。

　この技術的な障害と概念的な問題を分離して解決するために，最近では4次元時空の代わりに2次元や3次元の時空での量子重力の研究が進められています。2・3次元ではくりこみが適用できる重力理論が存在するので，技術的な障害に妨げられることなく，一般相対論の量子化に関わる概念的問題の考察ができるのです。特に2次元の量子重力理論については，ここ数年の研究でその構造がかなり明らかになってきました。今回は触れることはできませんでしたが，2次元の量子重力は素粒子のスーパーストリング模型と密接な関係があります。また量子重力やスーパーストリングの研究の過程で代数幾何や整数論など，数学の思いもかけない分野とのつながりも現れてきました。素粒子物理学の研究は現代数学の成果を取り入れて進歩するとともに，ニュートン力学がそうであったように，数学の新しい展望を開くことになるかもしれません。

第4章
幾何学から物理学へ，物理学から幾何学へ

サイエンス社の雑誌『数理科学』の 2009 年 4 月の特集「現代数学はいかに使われているか［幾何編］」のために書いた記事です．幾何学が現代物理学，特に素粒子物理学や超弦理論にどのように使われているのかを解説しました．日本滞在中に，IPMU に通勤するつくばエクスプレスの車内で書きました． (難易度: ☆☆)

4.1 幾何学と物理学の交流の歴史

　　古来，人類は自然界の現象に数学的パターンを見出すことによって，自然界の法則を理解しようとしてきた．幾何学図形や音楽は，ニュートン以前の自然哲学者にとって親しみの深い数学的対象であった．プトレマイオスとコペルニクスが，宇宙の中心に何を据えるかは異なるものの，いずれもが惑星の運動を円形軌道で理解しようとしたことは，自然界は美しい幾何学図形で記述されていると考えたからであろう．また，ケプラーも 1600 年にティコ・ブラーエの観測データに接する以前には，惑星の軌道をプラトンの正多面体を使って解釈しようとした．1601 年のティコ・ブラーエの死によってその膨大なデータを相続したケプラーは，その数年後には惑星の軌道が楕円であることを理解し，面積速度一定の法則を定式化した．ガリレオもまた自然法則を幾何学で理解しようとした．1623 年に書かれた『サジアトーレ (偽金鑑識官)』の中の「(宇宙という) 偉大な書物を読むためには，そこに書いてある言葉を学び，文字を習得しておかなければならない．この書物は数学の言葉で書かれている．」というくだりは有名であるが，ガリレオはこれに続け

て,「その文字は三角形や円などの幾何学的図形であり,それを知らないと,この書物に書いてあることは一言も読めない。」と書いている。ガリレオにとっては,自然を記述する言葉は幾何学であった。

ガリレオは物質の運動について数々の重要な発見をしたが,それを数学的に定式化するには至らなかった。そのためには解析学の創設が必要であったのである。『サジアトーレ』の 14 年後に,デカルトは『方法序説』の 3 つの試論の 1 つ『幾何学』でユークリッド幾何学を解析化した [1]。そしてガリレオが他界した翌年に生まれたニュートンによって,力学が「リンゴ」にも「月」にもあてはまる普遍法則として確立し,解析学がその数学的基礎となった。19 世紀になると,代数学の物理学への応用が始まる。力学系の対称性の分析から連続群の概念が生まれ,さらに量子力学の発見によって表現論が物理学で重要な役割を果たすようになる。

さて,この記事の本題である幾何学であるが,解析学の創設後の 3 世紀の間,幾何学と物理学との関係は淡いものであった。近代における幾何学と物理学との関係において,アインシュタインの一般相対論の発見が画期的な出来事であったことはいうまでもない。しかし,一般相対論の研究で幾何学的手法が本格的に使われるようになったのは 1960 年代以降のことである。シュバルツシルト時空の大域構造が解明されたのが 1960 年であり,その後 10 年の間にホーキングとペンローズは幾何学的方法を駆使してアインシュタイン方程式の一般解について特異点定理などの重要な結果を得た。それ以前には,時空間の特異性の意味 (特に座標の取り方による見かけの特異性との区別) も物理学者には広く理解されておらず,たとえばブラックホールの事象の地平線の解釈や重力波の非線形解の存在についても誤解や混乱があった [2]。

4.2 場の量子論の困難

筆者の専門は素粒子論であるので，この分野に限ってみると，1920年代後半から1970年代後半までの半世紀の間，数学と物理学との交流はあまり密接ではなかった。その主要な理由は，素粒子論の基本言語が場の量子論だからである。場の量子論は今年 (2009年) で生誕80周年になるが，その発展は紆余曲折を経てきた。1929年にハイゼンベルクとパウリが量子力学を電磁場に適用したのが場の量子論の始まりで，湯川秀樹の中間子論 (1934年) はこれが核力の記述にも使えることを示した。しかし，無限自由度をもつ「場」を量子化することで，様々な計算に発散が現れ，それを扱うためのくりこみ理論が整備されるのには20年を要した。その後も，1960年代のS行列理論全盛の時代には，素粒子物理学における場の量子論の有用性に強い疑念が唱えられた[*1]。トフーフトとベルトマンによるゲージ理論のくりこみ可能性の証明 (1972年) と，グロス，ウィルチェックとポリツァーによるゲージ理論の漸近的自由性の発見 (1973年) によって，場の量子論はようやく素粒子の基本言語となった。しかし，80歳となった今日でも，場の量子論は数学者からは理論として認知されていない。

場の量子論の「場」とは，時空間の上の関数，もっと一般には時空間上のファイバー束の切断 (セクション) を意味する。場の量子論とは，この「場」を自由度とする力学系に量子力学の原理を当てはめようというプログラムのことである。このプログラムは数学的には完成していない。特に，物理学者が使う

[*1] 2008年度のノーベル物理学賞の授賞対象となった南部陽一郎の「素粒子物理学における対称性の自発的破れの機構の発見」は1960年代初頭の業績である。時代背景を考えると，南部の先見性はさらに驚くべきものといえる。

場の配位についての無限次元積分すなわち経路積分には，数学的な定義が与えられていない．しかしその一方で，場の量子論は，素粒子物理学のみならず，超伝導を始めとする物性現象の理解，また天体・宇宙物理学への応用など，現代物理学のいたるところで不可欠になっている．物理学者にとっては，場の量子論，少なくともヤン–ミルズ理論のように漸近的自由性をもつ場の量子論が存在することは疑いのないことである (本書第5章参照)．

2000年にクレイ数学研究所は千年紀を記念して，ポアンカレ予想やリーマン予想を含む7つの「ミレニアム問題」を提起した．その中の1問に，「ヤン–ミルズ場の量子論を数学的に定式化し，その理論の真空と励起状態のエネルギーとの間に有限の幅があることを示せ．」というものがある [3]．これがミレニアム問題の1つに選ばれた理由は，場の量子論に数学者にも納得できる定義を与えることで，この理論を数学の一分野として確立し，数学の発展に新しい方向が開かれることを期待するからだという．

このように素粒子論の基礎である場の量子論に数学的裏づけがないことが，素粒子物理学者と数学者との交流が妨げられた主要な理由であった．ハーディの薫陶のもとで数学を学び，後に物理学に転向してくりこみ理論の完成に重要な役割を果たしたダイソンは，1972年に「私がつくづく感じることは，過去数世紀にわたってすばらしい成果をもたらしてきた数学と物理学の婚姻関係が，最近になって離婚に終わってしまったということである．」と書いている [4]．

4.3 ゲージ理論の台頭

　この状況は，1970 年代後半になって著しく改善された。その第 1 の理由は素粒子論におけるゲージ理論の台頭である。ゲージ理論の最初の例はマックスウェルの電磁場理論である。マックスウェル理論では，4 次元ベクトルポテンシャルが基本的な自由度であり，その微分が電場や磁場を与える。一般のゲージ理論では，コンパクトなリー群 G について時空間上の G 主束 (プリンシパルバンドル) を考え，その接続 A が基本的自由度となる。接続が与えられるとベクトル束の共変微分 $d_A = d + A$ が決まり，それによって曲率 F が $F = dA + A \wedge A$ で定義される。(ここでは微分形式の表示法を使用している。) 素粒子の「標準模型」ではゲージ群 G を $SU(3) \times SU(2) \times U(1)$ ととる。このうち $SU(3)$ に対応する接続はクォークを結びつけ陽子や中性子をつくる強い相互作用を，$SU(2) \times U(1)$ に対応する接続は電磁相互作用と原子核のベータ崩壊のもとになる弱い相互作用を媒介する。

　一般のゲージ場についてのヤン-ミルズ理論は 1954 年に構成されたが，上記のような数学的解釈が物理学者に広く知られるようになるのは 1970 年代以降のことである[*2]。(重要な例外の 1 つとして，ゲージ理論の幾何学の深い理解に基づいてゲージ量子化手続きを確立した，ファデーフとポポフの論文 [5] がある。) アティヤーとシンガーは 1960 年代にベクトル束上の微分作用素のゼロ固有値状態の次元と位相不変量を結びつける指数定理を得たが，当時の物理学者にはほとんど知られていなかった。指数定理は，1980 年代になってゲージ理論や超弦理論の量子化の整合性の理解に重要な役割を果たすようになり，今日では理論物理学の基本的な手法の 1 つとなっている。

[*2] ゲージ理論の概念自身はワイルに遡る。

ヤン–ミルズ理論はゲージ理論の特別な場合であり，その運動方程式は曲率 F のホッジ双対を $^*F$ として，$d_A{}^*F = 0$ と書ける。曲率 F とそのホッジ双対 $^*F$ の外積から時空間 M 上の密度関数 $Tr(F \wedge {}^*F)$ を定義し[*3]，これを M 上で積分したものを S_{YM} と書くと，運動方程式 $d_A{}^*F = 0$ は S_{YM} をゲージ場について変分したときの停留値条件として得られる。この S_{YM} は作用関数と呼ばれ，物理学では大切な概念である。

場の量子論の半古典近似では，S_{YM} が停留値であるだけでなく極小値を取るような場の配位が重要になる。M が 4 次元でその上のリーマン計量が正定値の場合には，S_{YM} の極小値条件は $F = \pm{}^*F$，すなわち曲率 F が自己双対であることを要求する。自己双対ゲージ場は運動方程式 $d_A{}^*F = 0$ の特解であり，インスタントンと呼ばれる。1978 年にオックスフォードのアティヤーとヒッチン，モスクワのドリンフェルドとマニンが独立に成し遂げたインスタントンの ADHM 構成法の発見は，幾何学と物理学の交流の再興の先駆けであった。同年には，江口徹とハンソンによるアインシュタイン方程式のインスタントン解の発見もなされている。

1982 年にドナルドソンは，インスタントンのモジュライ空間を使って，4 次元ユークリッド空間に通常とは異なる微分構造が存在することを示し，数学界に衝撃を与えた。この出来事は，インスタントンのモジュライ空間が豊富な構造をもつことを印象づけた。インスタントンのモジュライ空間は 1990 年代後半のゲージ理論や超弦理論の双対性の研究に重要な役割を果たすことになる。

時空 M が 3 次元の場合には，チャーン–サイモンズ 3-形式

[*3] ここで Tr はリー環の表現空間上のトレースを適当に規格化したものである。

$Tr(AdS + \frac{2}{3}A^3)$ を M の上で積分したものを作用関数とすると，その変分から得られる運動方程式はヤン–ミルズ方程式 $d_A{}^*F = 0$ より強い条件である $F = 0$，すなわち接続が平坦であることを要求する。このチャーン–サイモンズ理論では，場の量子論であるにも関わらずヒルベルト空間が有限次元になる。このため，ファインマン図の計算でも通常の場の理論に見られるような紫外発散の問題が起きない。ウィッテンは，チャーン–サイモンズ理論を使って，3次元の組みひものジョーンズ不変量に場の理論的解釈を与えた。

4.4 超対称性の発見

1970年代に幾何学と物理学の関係が復興した第二の理由は，超対称性の発見である。ミンコフスキー時空間は並進，回転，ローレンツ変換の下で不変であり，これらの変換はポアンカレ群をなす。1960年代になり素粒子の分類に群の表現論が重要な役割を果たすようになると，素粒子を分類する対称性と時空間のポアンカレ対称性を組み合わせて，ポアンカレ群を非自明な形で含むより大きな対称性をもつ素粒子模型の構築が試みられた。しかし，コールマンとマンデュラは，3次元以上の時空間における非自明な場の量子論の連続対称性は，ポアンカレ群とその他の群との直積に限られ，ポアンカレ群の非自明な拡張は実現できないことを示して，そのような試みに終止符を打った。

コールマンとマンデュラの定理では，場の量子論の連続対称性は通常のリー環で生成され，その微小変換の生成元 a, b はすべて交換子 $[a, b] = ab - ba$ の下で閉じていると仮定していた。これに対し，超対称性の代数は，ボゾン的な元とフェルミオン的な元をもち，フェルミオン的な元どうしは反交換子

$\{a,b\} = ab + ba$ の下で閉じている (ボゾン的な元は他の任意の元と通常の交換子 $[a,b]$ の下で閉じている)。場の量子論の対称性が反交換子を含む代数として実現される場合は，コールマンとマンデュラの想定外であった。超対称性は 1970 年代初頭に弦理論研究の副産物として発見され，ジェルベと崎田文二はこれが 2 次元の場の量子論の対称性であることを示した。ベスとズミノがこれを 4 次元時空に拡張することで，素粒子の模型の構築への応用が始まった (これと同時期に，旧ソビエト連邦でも超対称性をもつ場の理論が発見されている)。

ウィッテンは超対称性理論が深い幾何学的内容をもつことに気がつき，アティヤー–シンガーの指数定理の類似から，超対称性のウィッテン指数を次のように定義した。超対称性のある模型には，フェルミオン的なエルミート作用素 Q があって，ハミルトニアンは $H = Q^2$ と書ける。このような模型のヒルベルト空間はボゾン的部分空間とフェルミオン的部分空間の直和となり，Q はこの 2 つの部分空間を入れ替えるように作用する。$H = Q^2$ の正値固有空間の上では，Q は逆をもつので，2 つの部分空間は同次元である。一方，ヒルベルト空間の内積の正値性を使うと，H のゼロ固有値状態の上では $Q = 0$ となるので，ボゾン的基底状態とフェルミオン的基底状態の次元は必ずしも一致しない。ウィッテン指数は，この差として定義される。

超対称性を保ちつつハミルトニアン H を連続的に変化させると，H の固有値が上下する。しかし，$H = 0$ の固有状態が $H > 0$ にもち上がったり，逆に $H > 0$ の状態が $H = 0$ に降りてくるときには，ボゾン的状態とフェルミオン的状態は常に対になって移動するので，ウィッテン指数は変わらない。連続変形によってハミルトニアン H を簡単化することで，場の量子論の経路積分が有限次元の積分に帰着し，ウィッテン指数の正確な計算ができる場合がある。

4.5 超対称ゲージ理論

　ウィッテン指数の計算の他にも，経路積分が有限次元の積分に帰着する例がいくつもある．ここでは，その中でも 3 つの有名な例について簡単に触れよう．いずれも 4 次元の超対称性をもつゲージ理論についての結果である．超対称性の生成子の中には時空間のローレンツ変換の下でスピノルとして振る舞うものがあり，以下に登場する N とはこのようなスピノル生成子の数のことである．4 次元のゲージ理論では $N=4$ が最大である．(重力理論では $N=8$ が最大である．)

　$N=4$ ゲージ理論では，分配関数 (真空振幅とも呼ばれる) がインスタントンのモジュライ空間上の積分，もっと具体的にはモジュライ空間のオイラー類の計算によって求められる．1994 年にバッファとウィッテンは，中島啓らの数学的結果を使って，分配関数が場の結合定数 g について保形性 (S-双対性) をもつことを示した．**S-双対性**は，ゲージ相互作用が弱くなる極限 $g \to 0$ と強くなる極限 $g \to \infty$ とを関係づける大胆な予想であり，バッファとウィッテンの計算以前には物理学者の間でも広く信じられていたわけではなかった．分配関数の S-双対性の発見は，翌年 (1995 年) の超弦理論の「双対性革命」の布石となった．

　1988 年にウィッテンは，**$N=2$ ゲージ理論**では，ある種の相関関数がインスタントンのモジュライ空間上の積分として計算できることを示した．これは，4 次元空間 M の微分構造をインスタントンのモジュライ空間の幾何学を使って理解する，ドナルドソン理論の場の量子論的表現といえる．

　$N=2$ ゲージ理論では，ハミルトニアンの基底状態がパラメータ (モジュライ) つきで現れることがあり，このモジュライ空間の計量はゲージ理論の物理の理解に重要な量である．1994

年にザイバーグとウィッテンは，物理学的要請からモジュライ空間の構造について予想を立て，それに基づいて計量を決定した。これが，いわゆるザイバーグ–ウィッテン解である。ザイバーグによると，この研究プロジェクトの初期にはウィッテンは計量が厳密に計算できることに懐疑的であったそうである。いわく，「もしそのようなことができれば，非可換ゲージ理論のドナルドソン不変量の計算が，簡単な $U(1)$ ゲージ理論の場合に帰着してしまうではないか」。ザイバーグ–ウィッテン解の発見後，ウィッテンは $U(1)$ ゲージ理論の解空間を使った 4 次元多様体の不変量を提案した。このザイバーグ–ウィッテン不変量は計算が簡単であるにも関わらず，ドナルドソン不変量と同程度強力であり，4 次元幾何学に大きな影響を与えた。ザイバーグ–ウィッテン不変量とドナルドソン不変量は，いずれも $N=2$ ゲージ理論と関連しているので，等価なものであると予想されているが，その証明はなされていない。2002 年にネクラソフは，ザイバーグ–ウィッテンが物理的要請から定めた計量をインスタントン解析から直接導出した。

このように超対称性のおかげで場の量子論の計算であっても有限次元の積分として数学的意味づけができる場合があり，これによってファインマン図を使った近似的な計算では垣間見ることのできない場の理論の深い構造が明らかになった。

4.6 超弦理論

幾何学と物理学の交流が盛んになった第 3 の理由は超弦理論の発展である。一般相対性理論と量子力学の統合は理論物理学の最も重要な課題の 1 つである。超弦理論はこの 2 つの理論を矛盾なく融合し，さらに，これまでに実験・観測されている素粒子現象を基本原理から導出するために必要なすべての材料

を含んでいるので，自然界の基本法則を記述するための数学的枠組みとして注目されている。

ユークリッドの『原論』の第 1 巻が「点は部分をもたないものである。」という主張から始まるように，幾何学の基礎は大きさや構造をもたない「数学的点」であった。弦理論は 1 次元に広がったものを基本単位とするので，幾何学にまったく新しい見方をもたらそうとしている。弦理論のミラー対称性は，幾何学対象のシンプレクティック構造と複素構造 (大きさと形) を入れ替える新しい対称性である。また，点が構造をもたないのに対し，弦は無限の多くの状態がとれるので，様々な代数の表現空間を付与することができる。超弦理論は，幾何学はもとより，整数論や有限群から組み合わせ論や確率・統計にいたる幅広い分野の間に，既存の垣根を超えた新しい関係を示唆している。

輪のように閉じた弦を考えてみよう。この弦が時空間の中を移動すると，2 次元の面ができる。そこで，弦の運動を，面から時空間への写像と考えることができる。超弦理論の計算は，すべての可能な写像のなす無限次元空間の上の積分として表される。場の量子論の経路積分と同様に，このような無限次元の積分には数学的な意味づけがなされていない。しかし，ある種の計算では写像の空間上の積分が有限次元の積分に帰着 (局在化) する。トポロジカルな弦理論がその例である。

トポロジカルな弦理論には A 模型と B 模型とがあり，**A 模型**の計算では面から時空間への写像が正則写像の場合に限られる。正則写像のモジュライ空間は有限次元であり，量子振幅はグロモフ–ウィッテン不変量で与えられる。これは $N=4$ 超対称性ゲージ理論の分配関数が，インスタントン解のモジュライ空間のオイラー類と関係づけられたのと同様の事情である。一方，**B 模型**の計算には，面全体を時空間 M の 1 点に写す定値

写像しか寄与しない．このような写像のモジュライ空間は M 自身なので，分配関数は M 上の積分として書ける．

多様体 M を時空とする A 模型と多様体 W を時空とする B 模型とが等価であるとき，M と W はミラー対称であるという．物理的な議論からミラー対称な M と W が知られており，これから M のグロモフ–ウィッテン不変量についての数学的予想が導き出せる．ある種の M については，このミラー予想はコンツェビッチやギベンタールらによって証明されている．

閉じた面の位相は種数によって分類される．球面は種数が 0 であり，トーラスは種数 1 をもつ．1993 年に，筆者は，ベルシャドスキー，チェコッティ，バッファとの共同研究で，ミラー対称性を任意の種数に拡張した．また，分配関数が，正則異常方程式と呼ばれる種数についての漸化式をみたすことを示し，その一般解を与えた．これらの結果から，様々な数学的予想が生まれた．種数 1 の場合のグロモフ–ウィッテン不変量についての予想は，M が $\mathbb{C}P^4$ 上のフェルマー 5 次超局面の場合にはジンガーによって証明された．また，種数 1 の場合に，ミラー対称な B 型で計算される BCOV トーションについての予想は吉川謙一らによって証明された．種数が 2 以上のときの予想は証明されていない．

筆者らの 1993 年の論文では，トポロジカルな弦理論の分配関数が超弦理論のある種の散乱振幅を与えることも示された．しかし，そのような振幅がどのような意味をもつのかはわからなかった．筆者は，その後 10 年の間トポロジカルな弦理論の物理的な応用を探求し，2004 年のストロミンジャーとバッファとの共同研究で，トポロジカルな弦理論の分配関数がブラックホールのエントロピーを与えることを示した (この発展についての解説は本書第 15 章を参照)．

トポロジカルな弦理論の一般の数学者向けの解説 (数学専攻

の学部最終学年から大学院初級のレベル) としては，筆者が日本数学会で行った「高木レクチャー」の記録 [6] がある。この分野についてより専門的に勉強するためには，文献 [7] がよい教科書である。

1995 年のポルチンスキーによる **D** ブレーンの発見は，ゲージ理論の研究と超弦理論の研究を深く結びつけることになった。特に，1998 年にマルダセナによって予想された **AdS/CFT** 対応は，ゲージ理論の計算 (経路積分が有限次元に帰着しない場合も含む) が，すべて 10 次元の超弦理論の計算に翻訳できることを主張している。この対応によって，ゲージ理論では直接計算することが困難な強結合の問題の多くが 10 次元の幾何学的問題として理解され，また逆に量子重力の深遠な問題，たとえばブラックホールの情報問題，にゲージ理論からの光が当てられた。この 10 年の発展から，ゲージ理論と超弦理論は独立に存在するのではなく，この 2 つを止揚した新しい枠組みの中に位置づけられるのではないかという期待が高まっている。

幾何学はゲージ理論や超弦理論の研究に重要な手法を提供してきた。その一方で，自然界の基本法則を探究する物理学者の研究は数学の新しい進展を促している。場の量子論や超弦理論の数学的な定式化が達成されれば，この実り多い交流がさらに深まることになるであろう。

参考文献

[1] R. デカルト,『幾何学』, デカルト著作集 I, 白水社 (2001 年). 原典は 1637 年.

[2] 重力波の非線形解の見かけの特異性をめぐるエピソードについては，D. ケネフィック,「アインシュタインと『フィジカルレビュー』誌の確執」, 小玉英雄訳, パリティ (2006 年 5 月号).

[3] ヤン–ミルズ問題の正確な定式化については，クレイ数学研究

所のウェッブサイト: http://www.claymath.org/millennium/Yang-Mills_Theory/yangmills.pdf を参照。

[4] F. Dyson, "Missed Opportunities," Bulletin of the American Mathematical Society, **78** (1972) 635.

[5] L. D. Faddeev and V. N. Popov, Phys. Lett. **25B** (1967) 29; Math. Phys. **10** (1970) 1.

[6] 大栗博司, "Geometry as seen by String Theory," 第 4 回高木レクチャー 2008 年 6 月 21 日, Japanese Journal of Mathematics に掲載予定.

[7] 堀健太郎他,「Mirror Symmetry」, クレイ数学研究所モノグラフ第 1 巻, アメリカ数学会 (2003).

第5章
場の量子論と数学—くりこみ可能性の判定条件

　数学書房から2009年に出版された『この定理が美しい』では，20人の研究者が各々美しいと思う数学の定理を選び，その魅力について書きました。私には，物理学者の立場から見た数学の定理について書くように依頼され，数学の方々の末席を汚すことになりました。

　依頼されたときには，「アティヤー–シンガーの指数定理」のように，現代物理学で重要な役割を果たしている定理について解説しようかと思いましたが，よく考えてみると，このような定理の深い内容は数学者に解説していただくのに限ると思い，むしろ数学者にあまり知られていない定理を紹介することにしました。こうして選んだのが「場の量子論のくりこみ可能性の判定条件」です。

　この定理は，坂田昌一，梅沢博臣，亀淵迪の3氏によって証明されたものです。場の量子論の基本的な定理ですが，日本人の発見であることはあまり知られていないように思います。ファインマン図を使ったくりこみ可能性の証明は簡単ではなく，場の量子論の学習の山場です。この定理は，ファインマン図の構造の分析を経て，簡単な判定条件に帰着するところが見事だと思います。解説の最後には，このような奇跡が起こる種明かしについても触れました。

　場の量子論自身についてはいまだに数学的定式化がなされていませんが，「くりこみ可能性の判定条件」はファインマン図の組み合わせ論的性質として数学的に意味のある定理です。私の記事では，数学者にもわかっていただけるように定理の内容を説明したつもりです。

　定理や証明の美しさを語るということは，数学者の心の琴線に触れる話題のようで，私以外の19人の数学者の文章は，数学への思いに溢れたすばらしいものです。つくばエクスプレスの車内で読んでいて，降りるはずの駅を逃して，終点の秋葉原まで行ってしまいました。

　記事の内容自身は難しいものではありませんが，数式を使っているので☆☆☆としました。　　　　　　　　　　　　　(難易度: ☆☆☆)

5.1 場の量子論と数学

　数学にとって場の量子論は未開拓の大地である。場の量子論から生まれた共形場の理論，ゲージ理論，ミラー対称性，Dブレーンなどの概念は，過去30年にわたって数学者と物理学者の活発な交流を促してきた。この交流は双方向的であり，数学が物理学の理論的技術の開発に役立つとともに，物理学の発見が数学の新しい発展を触発してきた (本書第4章参照)。しかし，この交流は皮相的でもある。場の量子論の数学的定式化がなされていないために，物理学者の発見は数学者には予想であり，その証明のためには，物理学者のもつ場の量子論に対する直感とは独立した数学的構造の構築がしばしば必要になる。

　2009年は場の量子論の生誕80周年に当たる[1]。場の量子論は，素粒子物理学の基本言語であるのみならず，超伝導など物質科学の多様な現象を説明し，天体の性質を解明し，宇宙の大規模構造の起源である宇宙マイクロ波背景放射の揺らぎを予言した。また，最近の観測で存在が明らかになった宇宙の暗黒物質や暗黒エネルギーの本性を解き明かすためにも，場の量子論は必要不可欠の技術である。物理学においてこれほど中心的な役割をはたしている理論に，数学的な基礎が存在しないというのは，近代科学史上例を見ない事態である。

　場の量子論の数学的定式化ができていない理由は，「紫外発散」が存在するため，またそれを処理する「くりこみ」の方法が数学者になじみのない考え方であるためだと思う。そこでここでは，これらの紹介をし，特に，くりこみ理論の中でも簡単に述べることができて，しかも深い内容をもつ「くりこみの判定条件」について解説したい。

　2008年度にノーベル物理学賞を受賞した3氏は，全員が日本の出身であった。南部陽一郎は，第2次世界大戦直後に，量

子電磁力学のくりこみ理論を完成しつつあった朝永振一郎のセミナーの参加者であった。一方，小林誠と益川敏英は名古屋大学の「坂田スクール」の卒業生である。坂田昌一は，「2 中間子論」や素粒子の「坂田模型」などの業績で有名であるが，くりこみ理論の先駆けとなった「凝集力の場」の理論を提唱するなど，場の量子論の基礎の確立にも重要な貢献をしている。ここで解説する「くりこみの判定条件」は，坂田昌一，梅沢博臣，亀淵迪の 1952 年の論文によるものである [2]。

5.2 ガウス積分とファインマン図

現在は流通していないドイツ連邦共和国の 10 マルク紙幣には，ガウスの肖像とともにガウス分布が描かれていた (図 5.1)。正の実数 a についてガウス積分

$$Z_0(a) = \int_{-\infty}^{\infty} d\phi \, e^{-\frac{a}{2}\phi^2} = \sqrt{\frac{2\pi}{a}} \tag{1}$$

を計算するには，たとえば $Z_0(a)$ の 2 乗を考えて，2 次元積分を極座標で表せばよい。k を自然数として，(1) 式に ϕ^{2k} を挿入した次の積分は，(1) 式を a について微分することで計算できる。

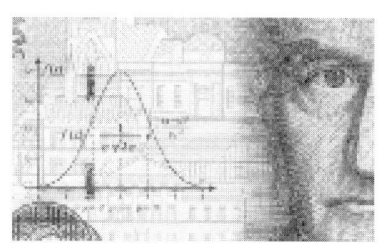

図 5.1 10 マルク紙幣にはガウス分布が描かれていた。

$$\langle \phi^{2k} \rangle_0 \equiv \frac{1}{Z_0(a)} \int_{-\infty}^{\infty} d\phi \, \phi^{2k} e^{-\frac{a}{2}\phi^2}$$
$$= \frac{1}{Z_0(a)} \left(-2\frac{\partial}{\partial a}\right)^k Z_0(a) = \frac{(2k-1)!!}{a^k} \quad (2)$$

ここで,$(2k-1)!! = 1 \cdot 3 \cdot 5 \cdots (2k-1)$ は $2k$ 個の元を k 組の対に分ける場合の数である.

ガウス積分を変形した次の積分を考えよう.
$$Z(a,g) = \int_{-\infty}^{\infty} d\phi \, e^{-\frac{a}{2}\phi^2 - \frac{g}{4!}\phi^4}. \quad (3)$$

被積分関数を g について展開すると,
$$Z(a,g) = \int_{-\infty}^{\infty} d\phi \sum_{n=0}^{\infty} \frac{1}{n!} \left(-\frac{g}{4!}\phi^4\right)^n e^{-\frac{a}{2}\phi^2}$$
$$\cong Z_0(a) \sum_{n=0}^{\infty} \frac{1}{n!} \left(-\frac{g}{4!}\right)^n \langle \phi^{4n} \rangle_0$$
$$= Z_0(a) \sum_{n=0}^{\infty} \frac{(4n-1)!!}{n!(4!)^n} \left(-\frac{g}{a^2}\right)^n \quad (4)$$

となる.$n \gg 1$ のとき,$(4n-1)!!/n!(4!)^n \sim n^n$ なので,右辺の g についての収束半径は 0 である.もとの積分 (3) 式が収束しているのに,展開式 (4) が収束しないのは,計算の途中で積分と無限和とを入れ替えたためである.しかし,(4) 式で n についての和をある自然数 N で打ち切って N までの有限和を考えると,それと計算したい積分 $Z(a,g)$ との差は,g が小さいときには g^{N+1} で抑えられる.この意味で,g が小さいときには,展開式 (4) は積分 $Z(a,g)$ のよい近似を与えている.このような展開は一般には「漸近展開」,場の量子論の文献では「摂動展開」と呼ばれる.

4 本の線が集まる頂点を n 個用意し,全部で $4n$ 本の線を 2 本ずつ対にしてつないだ図を,この漸近展開のファインマン図

と呼ぶ．対称性のある図はその位数で割って数えることにすると，$(4n-1)!!/n!(4!)^n$ はファインマン図の数に等しい．たとえば，頂点が 1 つの場合のファインマン図は 8 の字の形をしており，その対称性の位数は 8 である．実際に，$n=1$ のときには $(4n-1)!!/n!(4!)^n = 1/8$ であり，ファインマン図の重み $1/(位数)$ に一致している．場の量子論の文献では，(4) 式のような漸近展開のことを摂動展開と呼ぶ．

5.3 自由場

場の量子論の「場」とは，電場や磁場のように空間の各点に値を取るものである．空間の各点の場の値は独立なので，場は無限次元の自由度をもつ．場の量子論とはこの無限次元の空間の量子力学のことである．場の量子論は分野の総称であり，特定の例は「模型」と呼ばれるが，物理学者は「模型」のことを「理論」と呼ぶこともあるので注意が必要である．

前節のガウス積分とその変形の摂動展開の方法を場にあてはめようとすると，ただちに困難に直面する．しかし，すべてが失われるわけではない．これを見るために，(A_{ij}) を $N \times N$ の対称な正定値行列として，N 次元のガウス積分

$$Z_0(A) \equiv \int d^N\phi \, \exp\left(-\frac{1}{2}\sum_{i,j=1}^N A_{ij}\phi^i\phi^j\right) = \sqrt{\frac{(2\pi)^N}{\det A}} \quad (5)$$

$\langle \phi^{i_1}\phi^{i_2}\cdots\phi^{i_{2k}}\rangle_0$

$$\equiv \frac{1}{Z_0(A)} \int d^N\phi \, \phi^{i_1}\phi^{i_2}\cdots\phi^{i_{2k}} \exp\left(-\frac{1}{2}\sum_{i,j=1}^N A_{ij}\phi^i\phi^j\right)$$

$$= \frac{1}{2^k k!} \sum_{\sigma \in S_{2k}} A^{-1}_{\sigma(i_1)\sigma(i_2)} A^{-1}_{\sigma(i_{2k-1})\sigma(i_{2k})} \quad (6)$$

を考えよう．ここで，S_{2k} は $2k$ 個の元を入れ替える対称群で

あり，A^{-1} は A の逆行列である．ここで，$N \to \infty$ とする極限を取ると，分配関数と呼ばれる (5) 式は一般にはゼロか無限大になるが，相関関数と呼ばれる (6) 式はこの極限でも意味をもつ．場の量子論では，「分配関数」は量子状態の数を評価するために，「相関関数」はそれらの状態の波動関数の重ね合わせの様子を調べるのに便利な量である．

これで，場の量子論を議論する準備ができた．簡単のために，d 次元トーラス T^d 上の関数 $\phi : T^d \to \mathbb{R}$ を自由度とする模型を考える．まず，どのような種類の関数を考えるのかを指定しよう．トーラス T^d を商空間 $\mathbb{R}^d / \mathbb{Z}^d$ と考えて，$\mathbb{R}^d$ のデカルト座標 $(x^1, \cdots, x^d)$ を使うと，$\phi(x)$ は各々の方向について周期 1 なので，次のようにフーリエ展開することができる．

$$\phi(x) = \sum_{p \in 2\pi\mathbb{Z}^d} \varphi_p e^{ipx}, \qquad \varphi_p^* = \varphi_{-p}. \tag{7}$$

ここで $*$ は複素共役の記号であり，px は d 次元のベクトルである p と x のユークリッド空間における内積を取ることを意味する．トーラス上の関数の空間を指定するために，$2\pi\mathbb{Z}^d$ の中に半径 Λ の球

$$B_d(\Lambda) = \{p \in 2\pi\mathbb{Z}^d : p^2 \leq \Lambda^2\} \tag{8}$$

を導入する．$B_d(\Lambda)$ の元の数は有限であり，対応するフーリエ係数

$$D(\Lambda) = \{(\varphi_p)_{p \in 2\pi\mathbb{Z}^d} : p \in B_d(\Lambda) \text{ のとき } \varphi_p \in \mathbb{R},$$
$$p \notin B_d(\Lambda) \text{ のとき } \varphi_p = 0\} \tag{9}$$

は有限次元である．そこで，$D(\Lambda)$ をフーリエ係数とする関数たちを考える．すなわち，$2\pi/\Lambda$ より波長の短いフーリエ係数を $\varphi_p = 0$ と凍結するのである．紫外線が可視光より波長が短いことの類比から，Λ は紫外切断と呼ばれる．重要なこと

は，このような関数 $\phi(x)$ の空間が有限次元であるということである。

このような関数 $\phi(x)$ についての，2次の汎関数(関数の関数)

$$S_0(\phi, m) = \frac{1}{2} \int_{T^d} d^d x \left(\frac{1}{2} m^2 \phi^2 + \sum_{\mu=1}^{d} \frac{1}{2} \left(\frac{\partial \phi}{\partial x^\mu} \right)^2 \right) \quad (10)$$

が定義する模型を考える。ここで m は模型のパラメータであり，物理的には ϕ に対応する粒子の質量と解釈される。ここに (7) 式を代入すると，

$$S_0(\phi, m) = \sum_{p \in B_d(\Lambda)} \frac{1}{2}(m^2 + p^2)|\varphi_p|^2 \quad (11)$$

となり，この模型の分配関数は有限次元のガウス積分として，

$$Z_0(\Lambda) \equiv \int_{\varphi \in D(\Lambda)} d\varphi \, e^{-S_0(\phi, m)} = \prod_{p \in B_d(\Lambda)} \sqrt{\frac{2\pi}{m^2 + p^2}} \quad (12)$$

と計算できる。この分配関数は $\Lambda \to \infty$ で

$$\log Z_0(\Lambda) \sim -\frac{\Omega_{d-1}}{(2\pi)^d d} \Lambda^d \log \Lambda + O(\Lambda^d) \to -\infty \quad (13)$$

となる。ここで Ω_{d-1} は $(d-1)$ 次元単位球面の体積である。一方，(6) 式に対応する相関関数はこの極限で有限にとどまる。たとえば，2 点相関関数

$$\langle \phi(x)\phi(y) \rangle_\Lambda \equiv \frac{1}{Z_0(\Lambda)} \int_{\varphi \in D(\Lambda)} d\varphi \, \phi(x)\phi(y) e^{-S_0(\phi, m)} \quad (14)$$

は，$\Lambda \to \infty$ の極限で

$$\langle \phi(x)\phi(y) \rangle_{\Lambda=\infty} = \sum_{p \in 2\pi \mathbb{Z}^d} \frac{1}{m^2 + p^2} e^{ip(x-y)} \quad (15)$$

となり，これはクライン–ゴルドン方程式のグリーン関数である：

$$\left(m^2 - \frac{\partial^2}{\partial x^2}\right)\langle \phi(x)\phi(y)\rangle_{\Lambda=\infty} = \delta^n(x-y). \quad (16)$$

より一般の相関関数 $\langle \phi(x_1)\phi(x_2)\cdots\phi(x_{2k})\rangle_{\Lambda=\infty}$ は，$2k$ 個の点 $x_1, x_2, \cdots, x_{2k}$ を 2 点ずつの対にして，対になった点をグリーン関数でつないだものである．対の取り方には $(2k-1)!!$ 個の可能性があり，これらのすべてについて和を取る．このように相関関数がグリーン関数の積の有限和で書ける模型は，自由場，もしくは自明な模型と呼ばれる．

5.4 くりこみ可能性

相互作用を導入するために，自由場のガウス積分を変形する．具体的には，(10) 式に $\phi(x)$ について 3 次以上の積からなる項をつけ加え，

$$S(\phi; m, g_1, g_2, \cdots, g_Q)$$
$$= \int_{T^d} d^d x \left(\frac{1}{2}m^2\phi^2 + \sum_{\mu=1}^{d}\frac{1}{2}\left(\frac{\partial \phi}{\partial x^\mu}\right)^2 + g_1\phi^3 + g_2\phi^4 + \cdots\right)$$
$$(17)$$

という一般化された汎関数を考える．右辺の $g_1\phi^3 + g_2\phi^4 + \cdots$ は，変形のためにつけ加えた相互作用項の例である．これらの項の係数 $g_1, g_2, \cdots, g_Q$ を相互作用の結合定数と呼ぶ．前節のように有限次元空間 $D(\Lambda)$ に制限した積分で，分配関数と相関関数を

$$Z(\Lambda; m, g_1, g_2, \cdots, g_Q) \equiv \int_{\varphi \in D(\Lambda)} d\varphi\, e^{-S(\phi; m, g_1, g_2, \cdots, g_Q)}$$
$$(18)$$

$$\langle \phi(x_1)\phi(x_2)\cdots\phi(x_k)\rangle_{\Lambda; m, g_1, g_2, \cdots, g_Q}$$

$$\equiv \frac{1}{Z(\Lambda)} \int_{\varphi \in D(\Lambda)} d\varphi \, \phi(x_1)\phi(x_2)\cdots\phi(x_k) e^{-S(\phi;m,g_1,g_2,\cdots,g_Q)}$$
(19)

と定義する。自由場の場合には，$\Lambda \to \infty$ で発散するのは分配関数 $\log Z_0(\Lambda)$ のみであり，相関関数 $\langle \phi(x_1)\phi(x_2)\cdots\phi(x_k)\rangle_\Lambda$ はこの極限で収束する。しかし，相互作用のある模型では，相関関数 (19) 式も一般に発散する。これが場の量子論の紫外発散の問題である。

質量 m や結合定数 $g_1, g_2, \cdots, g_Q$ を固定して，$\Lambda \to \infty$ とすると紫外発散の問題が起きた。では，これらの量に Λ 依存性をもたせたらどうであろうか。さらに，Λ に依存する係数 $C(\Lambda)$ を $\phi(x)$ にかけることで，発散を吸収する可能性もある。そこで，くりこみ可能性を次のように定義する。

定義 (くりこみ可能性) 質量 m，結合定数 $g_1, g_2, \cdots, g_Q$ および $\phi(x)$ の係数 C を紫外切断 Λ の適当な関数に選んだとき，相関関数

$$C(\Lambda)^k \langle \phi(x_1)\phi(x_2)\cdots\phi(x_k)\rangle_{\Lambda; m(\Lambda), g_1(\Lambda), g_2(\Lambda), \cdots, g_Q(\Lambda)} \quad (20)$$

が $\Lambda \to \infty$ で収束し，しかもその極限が自明でなければ，その模型はくりこみ可能である。

積分 (19) 式を厳密に実行することは困難であり，物理学者は，結合定数 $g_1, g_2, \cdots, g_Q$ についての漸近展開，すなわち摂動展開による計算に頼ることが多い。そこで，摂動展開の下でのくりこみ可能性を定義する必要がある。

定義 (摂動展開の次数) 相互作用項は $\phi(x)$ について 3 次以上の積であるから，実数 ϵ に対し，

$$\epsilon^{-2}S(\epsilon\phi;m,g_1,g_2,\cdots g_Q) = S(\phi;m,\epsilon^{\lambda_1}g_1,\epsilon^{\lambda_2}g_2,\cdots,\epsilon^{\lambda_Q}g_Q) \tag{21}$$

となる自然数 $\lambda_1,\lambda_2,\cdots,\lambda_Q$ が存在する。(19) 式を結合定数 $g_1,g_2,\cdots,g_Q$ のべきで漸近展開したとき, $g_1^{n_1}g_2^{n_2}\cdots g_Q^{n_Q}$ に比例する項は摂動展開の次数 $n = \sum_i n_i\lambda_i$ をもつ。

定義 (摂動展開の下でのくりこみ可能性) (19) 式を摂動展開の次数 n の項まで計算したとき, 質量 m, 結合定数 $g_1,g_2,\cdots,g_Q$ および $\phi(x)$ の係数 C を紫外切断 Λ の適当な関数に選ぶことで, 相関関数が $\Lambda \to \infty$ で収束し, しかもその極限が自明でないようにできたとする。これが任意の自然数 n について成り立つとき, その模型は摂動展開の下でくりこみ可能である。

最後に, くりこみ可能性の判定条件を定式化するために, 質量次元の概念を導入する。

定義 (質量次元) 質量次元とは, 次の条件をみたす数のことである。

(1) 微分作用素 $\partial_\mu, \phi(x), m, g_1, g_2, \cdots, g_Q$ の各々に定められた数である。
(2) これらの積に対する質量次元は, 和で与えられるものとする。
(3) 微分作用素 ∂_μ の質量次元は 1 である。
(4) (17) 式の被積分関数の質量次元は d である。

この定義によると, $\phi(x)$ の質量次元は $(d-2)/2$, 質量 m の質量次元は 1 である。また, たとえば, (17) 式の右辺の結合定数 g_1 と g_2 の質量次元はそれぞれ $(3-d/2)$ と $(4-d)$ である。これでくりこみ可能性の判定条件に関する, 坂田・梅沢・亀淵

の定理を述べることができる．摂動展開の下での十分条件であることに注意する．

定理 (くりこみ可能性の判定条件)　質量次元が正またはゼロの可能な結合定数をすべて含み，質量次元が負の結合定数を含まない模型は，摂動展開の下でくりこみ可能である．

くりこみ可能な模型の結合定数の数は，$d > 2$ では有限である．たとえば，$d = 4$ のときには，ϕ^3 と ϕ^4 はくりこみ可能な相互作用であるが，ϕ^5 もしくはそれより高いべきの相互作用はくりこみ不可能である．一方 $d = 2$ の場合には $\phi(x)$ の質量次元がゼロになるので，くりこみ可能な相互作用が無限個ある．

この定理は，ファインマン図の組み合わせ論的な解析を使って証明された．5.2 節でみたように，ϕ^4 の相互作用を k 回使ったファインマン図の数は，$n \gg 1$ で n^n のように増加するので，これらのファインマン図のすべての発散が，結合定数と $\phi(x)$ の係数に吸収できることを示すことは容易ではない．特に，重複した部分図が両方発散する場合の取り扱いは，くりこみを初めて勉強するときの山場である．この定理は，くりこみ可能性という場の量子論の整合性に係る重要な性質が，ファインマン図の複雑な分析を経たうえで，質量次元の勘定という簡単な判定条件に帰着する点が見事である．なぜこのような奇跡が起きるのかは，ウィルソンによる低エネルギー有効理論の考え方によって明らかになった．これについては，次の節で議論する．

ここでは $\phi(x)$ という場のみからなる模型について考えたが，スピノル場やゲージ場を含むより一般の模型でも，質量次元の勘定だけでくりこみ可能性が判定できる．アインシュタインの一般相対性理論は，4 次元では結合定数 (ニュートンの重力定数) が負の質量次元をもつので，この判定条件をみたさない．

5.5 低エネルギー有効理論

　ここで解説したくりこみ理論は，結合定数についての漸近展開に基づくものである。くりこみは結合定数を紫外切断 Λ の関数とするので，注意深い読者は，$\Lambda \to \infty$ の極限で結合定数がどうなるのかが気になっているかもしれない。1955 年にランダウは，量子電磁力学 (電磁場と電子の量子論) の結合定数は，Λ の関数として増加し，Λ のある値で無限大になることを指摘した [3]。逆に，結合定数が有限の Λ で発散しないことを要請すると，量子電磁力学は自明な理論になる。このいわゆるランダウ特異点の発見により，すでに強い相互作用をする素粒子の記述に困難をきたしていた場の量子論の信頼性は一挙に失墜した。

　素粒子物理学における場の量子論の再生は，1970 年代の初めにトフーフトとベルトマン が，ゲージ場を自由度とする模型であるヤン–ミルズ理論のくりこみ可能性を証明し，1973 年にグロス，ウィルチェック，ポリツァーが，その漸近的自由性を発見したことに始まる。漸近的自由性とは，$\Lambda \to \infty$ の極限で結合定数がゼロに収束することを意味する。これは，ランダウ特異点をもつ量子電磁力学とは逆の状況である。このため，ヤン–ミルズ理論には数学的定義が可能であると期待されている。ゲージ理論のくりこみ可能性と漸近的自由性の発見に対し，トフーフトとベルトマンは 1999 年に，グロス，ウィルチェック，ポリツァーは 2004 年に，ノーベル物理学賞を受賞している。クレイ数学研究所は，2000 年に千年紀を記念して提起した 7 つの「ミレニアム問題」の 1 問として，ヤン–ミルズ理論を数学的に定式化し，その模型の真空と励起状態のエネルギーの間に有限の幅があることを証明することを求めている [4]。

　では，ランダウ特異点をもつ量子電磁力学は存在しないの

か。電子の磁気双極モーメントは最も精密に測定されている物理量の1つである。量子電磁力学を使うとこの量を10桁以上の精度で計算することができ，その結果は最新の実験と誤差の範囲で完璧に一致している。このように精緻な模型は，何らかの意味で存在しているはずである。物理学の理論は常に真実の近似である。量子電磁力学は素粒子の「標準模型」と呼ばれる場の量子論[*1]の近似であり，その「標準模型」自身はさらに根源的な模型の近似であると考えられている。このような近似的模型は，低エネルギー有効理論と呼ばれる。低エネルギー有効理論が漸近的自由性をもつ必然性はない。有効理論は高いエネルギーでは別な模型に置き換えられるので，紫外切断 Λ がそのエネルギーを超えたところまで模型が整合性を保つべきだと要求する理由がないのである。

低エネルギー有効理論の考え方を発展させたのはウィルソンである [5]。ウィルソン理論によると，有効理論は十分低いエネルギーでは必然的にくりこみ可能になる[*2]。実際に，量子電磁力学は「標準模型」の低エネルギー有効理論であるが，それ自身くりこみ可能である。また，ウィルソン理論を使うと，ファインマン図の組み合わせ論的解析を経なくても，くりこみ可能性の判定条件が質量次元の勘定に帰着することを示すことができる [6]。ハイゼンベルクは1939年の論文 [7] で，素粒子の内部構造を無視できる模型とできない模型の分類を提案していた。この解説の焦点である坂田，梅沢，亀淵の1952年の

[*1] 2008年度にノーベル物理学賞を受賞した南部，小林，益川の3氏は，「標準模型」の建設に大きく貢献した。3氏の業績と「標準理論」の関係については，本書第2章を参照されたい。

[*2] 「十分低いエネルギーでは」という条件は重要である。たとえば，中性子のベータ崩壊を記述するフェルミの理論は「標準理論」の近似であるが，くりこみ可能でない。

論文 [1] は，くりこみ可能性の判定条件を導出した後で，この条件がハイゼンベルクの分類と一致していることを指摘している。くりこみ可能な理論では，素粒子の内部構造は無視できる。これは低エネルギー有効理論の概念の萌芽となる考え方である。ウィルソン理論の約 20 年前のことであった。

くりこみ可能性は，より根源的な模型が何であるかを知らなくても，それを近似する低エネルギー有効理論を使って十分に精密な計算ができることを保証する。物理的世界には階層構造があって，各々のエネルギースケールには，それぞれ特有な現象とそれを支配する法則がある。近代科学の基礎である還元主義が成り立つのは，より高いエネルギースケールの法則がより根源的だからである。くりこみ理論は，この物理的世界の基本的事実を場の量子論の言葉で表現したものといえる。

謝辞

この解説の原稿に有益なコメントを頂いた園田英徳，土屋昭博，服部哲弥，東島清，古田幹雄の各氏に感謝します。

文献案内

くりこみ理論の教科書としてはコリンズ [8] が標準的である。さらに深く理解したい人にはワインバーグ [9]，日本語の教科書としては西島 [10] と九後 [11] を薦める。数学者にはコステロ [12] が読みやすいと思う。また，くりこみ可能な相互作用が無限個存在する $n=2$ の場合の解説としては，フリーダンの博士論文 [13] を推薦する。

参考文献

[1] W. Heisenberg, W. Pauli, "Zur Quantentheorie der Wellenfelder," Z. Phys. **56** (1929), pp.1–61.

[2] S. Sakata, H. Umezawa, S. Kamefuchi, "On the Structure of the Interaction of the Elementary Particles, I: The Renormalizability of the Interaction," Prog. Theor. Phys. **7** (1952), pp.377–390.

[3] L. D. Landau, "On the Quantum Theory of Fields" in "Niels Bohr and the Development of Physics," ed. W. Pauli, Pergamon (1955).

[4] ヤン–ミルズ問題の正確な定式化については，クレイ数学研究所のウェッブサイト: http://www.claymath.org/millennium/Yang-Mills_Theory/yangmills.pdf を参照.

[5] K. G. Wilson, "Renormalization Group and Critical Phenomena," Phys. Rev. **B4** (1971), pp.3174–3183; K. G. Wilson, J. G. Kogut, "The Renormalization Group and the epsilon Expansion," Phys. Reports **12** (1974), pp.75–200.

[6] J. Polchinski, "Renormalization and Effective Lagrangians," Nucl. Phys. **B231** (1984), pp.269–295.

[7] W. Heisenberg, Solvay Ber. Kap. III, IV (1939).

[8] J. C. Collins, "Renormalization: An Introduction to Renormalization, the Renormalization Group and the Operator Product Expansion," Cambridge(1986).

[9] S. Weinberg, "The Quantum Theory of Fields," 3 volumes, Cambridge (2005).

[10] 西島和彦, 『場の量子論』, 紀伊國屋数学叢書 (1987 年).

[11] 九後汰一郎, 『ゲージ場の量子論』全 2 巻, 培風館新物理学シリーズ (1989 年).

[12] K. Costello, "Renormalization and Effective Field Theory," American Mathematical Society (2011).

[13] D. Friedan, "Nonlinear Models in Two+Epsilon Dimensions," Annals Phys. **163** (1985), pp.318–419.

第6章
力は統一されるべきか

> サイエンス社の雑誌『数理科学』の 2010 年 8 月の特集「力の統一に向けて」のために書いた 2 ページ見開きのコラム記事です。特集号の題名を読むと，力の統一が必然であるような印象を受けるので，あえて「統一されるべきか」という疑問形の題名にしてみました。
>
> (難易度: ☆)

　物理学では，自然界には基本法則があって，すべての自然現象はそれに従うと考える．物質やその間に働く力は，すべてこのワンセットの法則に含まれていなければならない．しかし，素粒子物理学者が力の統一というときには，すべての力が単一の起源をもっているはずであるという，より強い期待を表すことが多い．

　物理学の進歩は，力の統一の歴史でもある．ニュートンがリンゴに働く力と月に働く力が同じであること，すなわち万有引力を発見したことが物理学の始まりといわれる．ファラデーの電磁誘導の発見は，電気力と磁気力が密接に関連していることを明らかにし，この2つの力はマックスウェルの方程式にまとめられた．

　ところで，ファラデーは，当時の財務大臣に「電気には実用的な価値があるのか」と問われたときに，「何の役に立つかはわからないが，あなたがそれに税金をかけるようになることは間違いない」と答えたと伝えられている．それから半世紀の間に，電気と磁気の統一により電磁波が発見され，大西洋を越える無線通信が可能になった．基礎科学の重要性を説明し続けな

ければいけないことは，今も昔も変わらない。

閑話休題。アインシュタインをして相対性理論の完成に至らしめたのも，重力を記述するニュートン理論と電磁気力を記述するマックスウェル理論の間の緊張関係を解消するためであり，力の統一への志向の現れである。

現在，素粒子の間に働く力には4種類があることが知られている。重力，電磁気力と，さらに2種類の核力である弱い相互作用と強い相互作用である。このうちで重力を除く3種類の力は，「素粒子の標準模型」に含まれている。この模型では，素粒子間の力は $U(1)$, $SU(2)$, $SU(3)$ という3つのゲージ対称性に従うゲージ場によって伝えられる。このうち $U(1)$ と $SU(2)$ のゲージ力は混ざり合って電磁気力と弱い相互作用となり，$SU(3)$ は強い相互作用の起源となる。

このように標準理論では，3つの力が1つの力として統一されているわけではない。標準理論には3種類のゲージ場があり，それらは異なる結合定数(ゲージ相互作用の強さを支配するパラメータ)をもっている。大統一理論は，この3つの力が高エネルギーで1つのゲージ力に統一されると主張する。たとえば $SU(5)$ は $U(1) \times SU(2) \times SU(3)$ を含む単純リー群であり，これをゲージ対称性とする模型はただ1つのゲージ結合定数を含む。$SO(10)$ や例外群に基づく大統一模型もある。大統一の考え方が正しいとされる根拠としては，

(1) 標準模型の物質場やゲージ場が，大統一模型の中にうまく納まる。
(2) 知られているすべての素粒子の電荷はクォークの電荷の整数倍である。この「電荷の量子化」は，標準模型では仮定の1つであるが，大統一模型では電磁場が非可換ゲージ場の一部であることから導かれる。

(3) 標準模型の 3 つのゲージ結合定数をくりこみ群を使って高エネルギーに外挿すると，3 つがほぼ同じ値になるエネルギーが存在する。

の 3 点があげられる。このうち (3) で「ほぼ」同じ値と書いたのは，1990 年代の加速器による精密実験などにより，3 つの結合定数がぴったり同じ値にはならないことが明らかになったからである。

標準模型を高エネルギーに外挿するときに，未発見の素粒子の効果がくりこみ群に影響を及ぼすかもしれない。標準模型に超対称性で期待される最小限の素粒子をつけ加えたいわゆる「ミニマルな超対称的標準模型」を使ってくりこみ群の計算を行うと，実験誤差の範囲で，あるエネルギーで 3 つの結合定数が一致することが知られている。このため，超対称性をもつ大統一模型に期待する素粒子物理学者は多い。

大統一模型は，陽子崩壊のように実験的に検証可能な予言をするという点も重要である。昨年から本格的に稼働を始めた CERN の LHC 実験が自然界の超対称性を発見すれば，超対称性に基づく大統一模型が脚光を浴びることになるであろう。

一方で，3 つの力は 1 つのゲージ力に統一されないかもしれないと考える理由もある。

超弦理論は，重力も含む究極の理論の最有力候補とされている。重力を量子化することができ，しかも標準理論の構成要素であるクォークやレプトン，その間の相互作用を媒介するゲージ場，そしてそれらの質量の起源となるヒッグス場をすべて含んでいるからである。

超弦理論は 10 次元の時空間 (時間 1 次元，空間 9 次元) に定義されているので，余分な 6 次元が観測できないほど小さくなっていて，低エネルギーでは 4 次元の場の理論で近似ができ

ると考えられている。そこで，超弦理論の低エネルギー近似から 4 次元の素粒子の標準模型がどのように現れるのかを考えてみると，それは大統一模型を通じたものになるとは限らない。

10 次元の超弦理論の段階では，相互作用は 1 種類であり，結合定数も 1 つである。しかも，その結合定数は，あらかじめ与えられたパラメータではなく，理論の真空状態によって定まるものである。その意味で，すべての力は超弦理論において統一されている。しかし，この超弦理論を 4 次元の場の理論で近似したときには，必ずしも 1 つのゲージ相互作用をもつ模型にはならない。むしろ，標準模型のように幾種類もの異なる力をもった模型になるのが一般的な状況である。

また，大統一模型の第二の利点として電荷の量子化を説明できることを挙げたが，これとて大統一模型のように電磁場を非可換ゲージ場に組み込むのが唯一の方法ではない。たとえば，超弦理論のブレーンを使った素粒子模型では，電磁場を非可換化しなくても，電荷の量子化が起きる。

ところで，この 10 年ほどの天体物理学の精密観測により，宇宙全体のエネルギーの 7 割以上が暗黒エネルギー，2 割以上が暗黒物質からなっており，標準模型で記述される素粒子は宇宙の 4 パーセント程度しか占めていないことがわかってきた。このうち，暗黒物質はまだ発見されていない素粒子である可能性が高いとされている。そうだとすると，宇宙の中には，このような未知の素粒子が，エネルギーに換算して，知られている素粒子の 5 倍以上もあることになる。

暗黒物質をつくる未知の素粒子は 1 種類とは限らず，いくつも種類があって互いに相互作用をしているかもしれない。この暗黒の世界は，我々の知っている素粒子の標準模型よりさらに複雑な構造をもっていることも考えられる。そうであるのなら，我々の知っている標準模型の 3 つの力のみを統一するとい

うことにどのような意味があるのだろうか。統一理論を考える上で，暗黒物質の理解は重要な要素であると思われる。

　暗黒物質の直接観測は現在盛んに試みられており，今後数年間にもいくつかの新しい実験が動き出す。これらの実験が，CERN の LHC 実験とともに，力の統一の理解にも進歩をもたらすことを期待する。

第7章
多様性と統一
——2つの世界像についての対話

　私は2007年の春に，客員教授として東京大学物理学教室に滞在しました。その際に，物性物理学理論を専攻される青木秀夫さんと3時間にわたって対談をする機会があり，その記録を整理して雑誌『固体物理』に掲載していただいたものがこの記事です。物性物理の多様性と素粒子論の統一への志向とを対比させたタイトルは，ガリレオ・ガリレイの著書『二大世界体系についての対話』にならいました。（どちらが天動説でどちらが地動説に対応するかというのではなく。）

　青木さんは1978年に東京大学から理学博士の学位を授与され，1986年に東京大学理学部物理学教室の助教授になられました。私も同じ年に同じ教室の助手になりましたので，その頃からよく存じ上げています。現在は同教室教授として，超伝導，強磁性，分数量子ホール効果などの多体効果の理論を主眼に研究をなさっておられます。

(難易度: ☆)

バビロニア人とギリシャ人

　青木　初めてお会いしたのは助手の頃でしたっけ？

　大栗　私は1986年に東大の助手になりました。その頃，青木先生も東大に移られたように憶えています。

　青木　同じ年に筑波大から移ってきました。

　大栗　その頃には，すでに分数量子ホール効果のお仕事をなさっていらした。

　青木　ええ。まず整数量子ホール効果をやっていて，1983年に分数量子ホール効果が実験で見つかって，それで分数量子ホール効果もやり始めたわけですね。だから，もう20年前ですか。

まず話の糸口として，Caltech(カリフォルニア工科大学)の話からしましょうか。たまたま今，ファインマンと一緒に仕事をした人が書いた本 [1] を読んでいます。ファインマンはCaltech を非常に気に入っていて，彼がコーネル大学に引き抜かれそうになったときの話ですが，当時，天文学に地球の年齢の方が宇宙の年齢より古いというパラドックスがあった。ところが，実は宇宙の年齢の計算が間違っていて，星には 2 種類あることを考慮しなければいけないということを Caltech の人が見つけて，「こういうわけだったんだよ」とファインマンに話した。それで彼は「こういうアクティブなキャンパスに居続けたい」といったという。今の Caltech の雰囲気って，どうですか?

大栗　Caltech は小さい大学です。比較のために，東大には学部学生は何人ぐらいいますか。

青木　1 学年 3,000 人ぐらい。

大栗　すると 4 学年で 12,000 人いるわけですね。Caltech は 4 学年合わせて 900 人ぐらいです。ですから，学生数のサイズからすると，ちょっと大きめの高校のような感じです。教授，准・助教授らの教員は全部で 280 人ぐらいで，これもこの半世

紀ぐらいほとんど変わっていません。

　小さいというのは欠点もありますが，いい面としていろいろな人とすぐ知り合いになれることがあります。今お話しになったファインマンの例にあるように，異分野の人と気軽に学問的な話ができる雰囲気があります。また大学のサイズが小さいから学内行政も柔軟です。たとえば，ファインマンとかゲルマンなんていうのはかなりわがままな科学者だったと思うんですが，そういうことにも柔軟に対応できたということも，彼が気に入っていた理由ではないかと想像します。

青木　今，ファインマンとゲルマンの話が出ましたけれども，さっきいった本に面白いことが書いてあって，「物理屋さんには2種類ある，バビロニアンとグリークだ」と。これは考え方で分類しているんですが，どういう意味かというと，数学や自然科学の歴史を見たときに，普通は西洋の自然科学の発祥地はギリシャだと思うわけですね。だけど，本当はバビロニア人が最初にやって。

大栗　たとえば，バビロニア人はピタゴラスの定理を知っていたという説もありますね。

青木　そうそう。彼らの考えは，とにかく使い物になればいいというので，実用的にやった。一方，ギリシャ人は根本的に考え方が違っていて，数学や自然科学を厳密科学にした。つまり，厳密性や論理を気にするとか，証明とは何かという，それをちゃんとやったので，発祥はギリシャだということになった。さっきの本がいうのは，同じように物理屋さんを見ると，バビロニアンというのは現象が説明できればいいと思う人，一方，グリークというのは，そうじゃなくて，理論の枠組みがしっかりしていなきゃ駄目で，厳密でなきゃ駄目だと考える。当然，ファインマンはバビロニアンで，ゲルマンはグリークだと (笑)。

大栗　彼ら2人のライバル関係にはいろいろな逸話がありますが，なるほど，そういうことですか。
青木　もちろん，両方が大事で，厳密性ばかりでもしょうがないし，現象論だけでもしょうがないでしょうが。
大栗　でも面白いですね。ファインマンは，場の量子論のファインマン則を定式化するなど，ギリシャ流の普遍性のある業績をあげた人でもあるのに。
青木　本当は。だけど，ファインマンは彼自身も，「おれはファインマン・グラフを提唱したといっても，あれは道具みたいなもので，新しい物理を創始したわけではない」といっていたそうです。
大栗　ファインマンの興味は多様な物理現象を実用的な方法で理解するということにあったのかもしれません。でも彼は本質的に数学的な才能がある人だったから，自分自身の意図とは関わりなく，彼のやる仕事は普遍的な価値をもってしまう。ファインマン則にしてもそうです。もともとQEDを理解するのにつくられたのですが，場の理論の基本的な言語として多様な分野に使われています。

　さっきのギリシャの数学とバビロニアの数学の対比というのも面白い話だと思いました。ギリシャの数学に世界的なインパクトがあったのは，公理論的な方法を発明したことで数学に普遍性をもたせた，誰にでも理解できるようにした，ということが大きいですね。ファインマンは，自分の意図することではなくても，そういう普遍的なものをつくってしまった，ということだと思います。

Theory of everything

青木　最近の素粒子論を見ると，現象論とミクロな超弦理論とがオーバーラップし始めてきたという感じですね。

大栗　私が東大におりました頃は，現象論的な素粒子論と超弦理論の研究とはかなり離れていたような印象があります。当時は，超弦理論が素粒子の統一理論として登場したばかりだったので，これはいったいなんだろうということで，まず「理論の基本構造を理解する」というところに興味が集中していたわけです。それから20年ぐらいたって，理論の構造が豊富にわかるようになってきて，それで素粒子の現象論を含めて理論物理学の様々な分野との接点も現れてきた，ということなのではないかと思います。

青木　今のいわゆる "Theory of everything" と皆さんが称しているやつが，超弦理論から始まって，ブレーンの理論を通じて本当に実験検証ができるぐらいまでに至るかというのは，どうなんでしょうか。

大栗　これは重要な問題ですから丁寧に説明したいと思います。物理的な世界は階層構造をもっています。エネルギーや長さのスケールを決めるとそのスケールの物理を記述するのに適切な理論がある。ただし，より短距離すなわちより高エネルギーの物理に当てはまる理論というのはより基本的であって，低エネルギーの理論は原理的にそれから導かれるという還元主義が，ここ数百年の物理学の発展によって確認されてきました。

　では，超弦理論ではどのくらいのエネルギー・スケールを問題にしているのかを説明します。便利な指標としてナノスケール，10^{-9} ですね，というのがあって，人間の大きさを1メートルのオーダーとすると，面白い量子力学的な現象が起こるのはそれよりもナノ行ったところ (10^{-9} メートル) なのです。このナノスケールはちょうど物差しとして都合良くて，このナノスケールから，もう一回ナノ (10^{-9}) 行ってみましょう。そうすると，ちょうど素粒子の標準模型を越えるような理論が現

れてくるのではないかといわれるスケールが出てきます。今から数ヵ月先に，ジュネーブの CERN で LHC(Large Hadron Collider) という世界最大の加速器を使った実験が始まることになっていますが[*1]，その実験が探索するエネルギー・スケールは，まさしくナノの2乗のスケールです。たとえば質量の起源であるヒッグス粒子が観測されたり，標準理論を越える理論の候補である超対称性理論とか，素粒子の新しい物理が見つかるであろうしきい値がちょうどナノ・ナノのエネルギーになっているわけです。

では，超弦理論が自然に記述するようなエネルギー・スケールというのは何かというと，それからもう2つナノを行ったところ，ナノの4乗 (10^{-36}) のスケールです。どうしてそうなるのか。重力理論というのはニュートン定数というのが一番基本的な定数で，これを光速や量子力学のプランク定数と組み合わせると，プランクの長さというものが決まります。その長さのスケールというのがナノの4乗です。ですから，超弦理論は基本的にそのスケールでの現象を自然に記述している。もちろん，そのスケールの現象を直接見る実験があれば超弦理論が最も適切に記述するはずですが，実際にはそうはいかないから，超弦理論の予言を導こうとすると，そこからナノの2乗だけ戻ってこなければいけないわけです。

違うエネルギー・スケールの現象をより基本的な現象から導くというのは，一般に難しい問題です。たとえば，強結合電子系の現象を記述する有効ラグランジアンを電子間の基本的な相互作用から導くという問題とか，素粒子理論でいえば強い相互作用の基本理論である QCD を第一原理としてハドロンとかメソンといったクォークの束縛状態のスペクトルを計算すると

[*1] 実際に本格的に稼動したのは 2010 年。

か，そういうのも非常に難しい強結合の問題です。

ですから，ナノ・ナノ・スケールを越えてプランク・スケールから現在の加速器物理のところにもっていくのはなかなか困難です。もちろん，まったくアイディアがないわけではなくて，超弦理論に特有の余剰次元が加速器実験で観測される可能性や，また最近では天体物理学の観測・実験が非常に精密に行われるようになってきているので，宇宙初期の現象から超弦理論の兆候を探すといった研究も盛んになされています。

けれど，私の考えでは，とにかく難しい。難しいけれども，人類が自然界の基本法則に興味があるのであればこれはやらなければいけない問題です。

青木　確かに難しいのは止むを得ないと思うんですが，この辺からそろそろ，物性屋さんと素粒子屋さんの「面白い対話」にしましょうか。

還元主義と多世界

大栗　そうですね。たとえば，このように実験の手の届かないスケールのことを考えることは科学といえるかとか，そういう問題が起きてくるわけです。

青木　そこに行きたいわけです。さっき還元主義といわれましたが，どんどん究極のほうに行ってどうなるかを探る，それはもちろん王道の1つだと思うんですが，最近見ていると，あまりにもそれが数学的というか人工的な感じの理論になっていて，本当に自然に密着しているかという問題が無視できなくなっているように感じます。まさに今いわれたように，どんどん先のほうに行くと，それを検出するためには，それを，より低いエネルギー・スケールで何が起こるかという有効理論や現象論に落とすという作業が必要で，それが結構大変というわけです。有効理論への落とし方はいろいろあるかもしれない

けれど，より高いエネルギー・スケールでは唯一の理論を探そうという意味で，とにかくやっていることは1つのことです，Theory of everything が複数あったら困るので．

一方，物性の世界を見ると，いろんな世界があって，場の理論でいえば，「有効理論」としてはいろんな場の理論が，桁違いに低いエネルギー，典型的に1電子ボルト (eV) からメガ電子ボルト (MeV) のエネルギー・スケールで実現している．それはもう枚挙にいとまがないほどで．量子ホール効果 [2] だったらチャーン–サイモンズゲージ場の理論だし，高温超伝導でもいろんな場の理論が提案されている．その他，磁性体でもそうだし，超流動でもそうです．

そういう非常に豊かな世界があるので，1つの考え方は，還元主義というのは必ずしも唯一の方向ではなくて，実は，別に還元しなくてもいろんな世界があって，それが面白いのでは，ということを，物性物理屋さんが強調し始めているんですね．

大栗　それは，重要な点だと思います．素粒子理論をやっている人と物性理論をやっている人の間には，お互いに協力関係もあるし，緊張感もあるわけで，それはどういうところから来ているかというと，1つには学問としての目標が異なるということだと思います．

先ほど申しましたが，素粒子論の人の興味は，まず第一に自然界の基本法則を発見することです．素粒子の世界にも非常に豊富な現象がありますが，それを理解するというのは，その現象自身に興味があるというよりは，むしろそういう現象を介して基本理論を特定したい，基本理論の候補をそれによって検証したいからやっているのです．たとえば強い相互作用からどういうふうにメソン，ハドロンが出てきて，それらがどのように相互作用をするかを理解することもそれ自身面白い問題なわけですが，素粒子をやっている人の興味の本流は基本法則を発見

したいということなのです。

これに対して，物性理論をなさっている方の興味は，自然界の多様な現象を理解したいということにあると思います。それが今おっしゃっていたことだと思います。

そういう意味で，目的がシャープに1つにあるような分野と，多様なものに興味がある分野は価値観が違う。でも，もう1つ面白いのは，価値観は違うんだけれども，少なくとも理論の分野においては技術的にオーバーラップがあるわけです。どちらの分野も，場の量子論が基本的な言語としてあるわけで，無限自由度の物理系を扱うような技術は両方の分野に基本的なものなわけです。

青木 だから，私はよく物性関係の授業なんかで強調するんですが，「場の理論というのは素粒子論の専売特許と思っているかもしれないけど，全然そうじゃなくて，物性も含めた普遍的なツールなんだ」と。

大栗 実際，素粒子で開発された技術が物性理論で有効になったり，あるいは物性理論で開発されたような技術が素粒子で有効になったりということは，よくある。歴史的にも，自発的対称性の破れであるとか，くりこみ群のアイディアなんていうのはそういう例です。もっと最近にも，たとえば共形場の理論とかいろいろあります。

青木 凝縮系物理，より遡れば統計力学では最初に何をいうかというと，10^{23}，ほとんど無限の自由度があるときには特有に面白いことがありますよと。

大栗 "More is different" であると (笑)。

青木 そうそう，アンダーソンのこの言葉は，さっきいった還元主義に対するアンチテーゼなわけです。とにかく，物性でいろんな場の理論が実現されているというのは当たり前といえば当たり前で，そういう無限自由度の世界。

大栗 それは，還元主義に対する反論というよりは，有効理論には豊富な世界があって，それをすべて高エネルギーの基礎理論から導くことは技術的に易しくないということを指摘しているのではないでしょうか。還元主義というのは，私はあくまで正しいと思います。物理学でこれまでわかってきた階層構造では，より基本的な高エネルギーの理論から低エネルギーの理論が原理的に導かれ得る。それを否定するような根拠はないと思います。

青木 もちろんそうです。ただ，誤解されやすいのは，物性の人が「いろんなことをやっている」というと必ず受ける反論は，「何か知らんけど，ごちゃごちゃいろんなことをやっているだけで，統一原理がないんじゃないの」といわれるので。しかし，もちろんそんなことはなくて，統一原理を求めるという目的は同じで，ただそれを，いろんな有効理論に対して「こういう統一原理があるんだ」ということをいうわけです。

　今，私の助教をしている岡隆史さんは，修士課程のときまで素粒子理論でしたが，物性理論に移ってきました。彼は最初の研究室セミナーで，物性の基本的問題を分類できるかという話をしました。いろんな物性の問題がありますね。高温超伝導の問題とか，近藤問題とか，スピン系の問題とか。そういうものに対するハミルトニアンを書いたときに，そこで，場の理論に落としたりして何らかのくりこみができたとしましょう。どんどんくりこんでいくと，くりこみの固定点ハミルトニアンに到達する。そうすると，そういった固定点ハミルトニアンがそんなに多数あるわけはないので，固体物理の分類学というのはもしかしたら，(くりこみ可能性は別として) 固定点ハミルトニアンの分類学になっているのだろうか，という問題提起です。それも１つの考えでなるほど，と思ったんだけれども。

数学と物理学

青木　研究のアプローチについて，南部先生が昔からよくいわれていることで [3]，物理屋さんの思考形態は南部先生によれば3つに分類できる。1つ目は「湯川モード」。何か新しい，説明できない現象があったときに，法則を変えるのではなくて，たとえば新しい粒子を導入すれば説明できるだろうかと考える。2つ目の「アインシュタイン・モード」では，そうじゃなくて，やっぱり原理原則が一番大事だから，とにかく原理を変えるべきかどうかを議論する。3つ目が，アインシュタイン・モードにちょっと似ているんだけれども，「ディラック・モード」。原理原則が大事なのはもちろんだけれども，可能ないろいろな原理があって，それを選択しなければいけないわけです。そのときに，数学的に非常に美しい理論があれば，これは自然界が採用していないはずはないだろう，といって美しさによって選択するのがディラック・モード。

最近の超弦理論を見ていると，確かに数学的にはすばらしくて，あれは本当に1つの偉大な建築物だと思うんだけれども，現実に密着しているかどうかということよりは，数学的にこうやれば非常に美しくできる，というか，「コンシステントに実行できるのはほとんどこの方法しかない。やればやるほど，いろいろ面白い数学的関係がわかってくる。だから，自然はこれを採用していないはずはないだろう」，そういうような感じに見えるんですね。

大栗　人間の想像力は限られているので，これしか思いつかなかったからこれしかないというのは確かに根拠薄弱だと思います。

　一方で，素粒子物理学における数学の役割は非常に大きなものがあるというのもまた事実です。物理学の他の分野でも様々

な数学を使う場面があると思いますが，素粒子理論における数学の役割には特別なものがあります。それはどうしてかというと，今までまったく人類が経験したことがないようなスケールの物理をどんどん開拓していこう，というのが素粒子物理学だからです。そうすると，それまでの現象を記述するためにある言語はデフォルトでは使えないわけです。たとえば日本語や英語といった自然言語は，人間が日常的に経験するようなものを記述するために進化してきたものなわけですから，新しい，今まで経験したことのないような現象を記述するのに使えるという根拠がないわけです。

数学は自然言語より普遍的なものなので，ウィグナーが "unreasonable effectiveness of mathematics in the natural sciences" と呼んでいますが，そういう威力があります。素粒子物理を理解・記述するためには数学，特に今までにない新しい数学をつくっていく必要があるのです。

また，素粒子論の投げかける問題は数学に対しても本質的なものであって，たとえば数学の最も重要な賞としてフィールズ賞 [4] というのがありますが，1990 年から今までの間にフィールズ賞を得た 18 人のうち 7 人は素粒子論に関係のある分野で仕事をしています。素粒子論の研究はこのように本質的に新しい数学を必要としていて，また逆に素粒子から現れてきた新しいアイディアが数学の進歩に強いインパクトを与えているわけです。

一方で，このような学問では，どういう問題が重要でそれに対してどういう数学をつくっていかなければいけないか，目指すものは何であるかがはっきりわかっていないと，バロックになりがちだという問題点はあると思います。

青木　数学が物理の言語であるのは，もちろんそれ以外あり得ない。それに物理屋さんがむしろ数学者に教えるぐらい物理

において発達している数学は目覚ましいものだと思います。だけど，たとえばストリングとかブレーンとは全然違うことがもしかしたら存在して，今いわれたように，そういうことをやった物理屋さんがいなかったということだけかもしれない。だから，この理論は数学的に美しいし，奇跡的にうまくいっていて，こんな奇跡的にうまくいったやつがポシャるわけがないという考え方だけでいいかという問題は残るんじゃないでしょうか。

大栗 それだけでは，もちろん駄目でしょうね。しかし，学問が進歩している間はその方向でどこまでいけるか突き詰めてみよう，ということは有効な戦略だと私は思います。

　重力の理論と量子力学を統合するというのは，今までの物理学の系統的な進歩とは定性的に違う問題です。ですから，そのようなことを可能にするような理論体系があるということ自身が，驚くべきことだと思います。

　それはどういうことか。これまでも何度も出てきましたが，物理的世界というのは階層構造をもっている。より短い距離の現象を記述するような理論はより基本的な理論であるということが了解されていると思います。これがどこまで続くかということはよく話題になります。原子は電子と原子核からできていて，原子核は陽子，中性子や中間子からできている。さらにこれらはクォークとグルーオンからできている。では，そのクォークとグルーオンは何から…。いつまでもこのような階層が続くのかどうかという疑問がわくのは当然です。

　ところが，そのような階層構造は，もし重力と量子力学の統合ができるとそこで打ち止めになると考えられています。それはどうしてか。重力理論は時空の構造すら力学変数として扱っています。したがって，重力と量子力学が統合されるような長さの領域までいくと，それより先にいくという概念がそもそもなくなってしまうからです。

階層構造と究極の理論

大栗 具体的な例を挙げましょう。短距離の物理を探索するために加速器を造るわけですが,加速器のエネルギーをどんどん上げていけば,より短い距離のより基本的な現象が見つかるというふうにして,素粒子物理学は発展してきたわけです。では思考実験としてプランク・エネルギー以上の加速器を造って,粒子をぶつけてプランク・スケールよりも短い距離の物理が探索できるかというと,どうもそうではない。どうしてかというと,プランク・エネルギーぐらいの粒子をぶつけ合うと,粒子の周りの時空が歪んで事象の地平線ができてしまう。それよりもどんどんエネルギーを上げていっても地平線が広がっていって,その内側の現象はまったく見えない。

量子力学ではハイゼンベルクの不確定性原理 というのがあって,位置と運動量の同時観測に原理的な限界がありますが,これと同じように,量子力学と重力を統合すると,距離自身について,より短距離への探索についての原理的な限界ができると予想されているわけです。

そうすると,今まで物理学の発展の礎であった還元主義が,少なくとも私たちが今まで考えてきたような意味では終わってしまう。超弦理論を「究極の理論」であるとか "Theory of everything" と呼ぶことには私も賛成ではありません。プランク・スケールまでいったときに,その先には物理の新しいフロンティアはないといい切れるのか。でも,少なくとも人類が今まで理解してきた意味での,より短い距離の現象を探索することでより基本的な理論を見つけるという方向は,そこで終わる。そこまでいったら,違う方向に新しいフロンティアが見つかるかもしれないが,少なくともこれまでの意味の物理の階層構造は打ち止めになる。プランク・スケールは定性的に違う場

所であるわけです。だから，そこを理解したい。そこを理解するための理論的な枠組みをつくることに努力するというのは，私は科学的に意味のある，今までの物理学の進歩から見て自然な流れだと思います。

青木　それには私ももちろん賛成します。今いわれた，階層構造が「原理的に断ち切れるんだ」というのは概念的に非常に面白くて，それは物理の歴史に残ると思います。

Dブレーンのもたらしたもの

青木　ただ，それをテクニカルに見てみると，超弦理論から始まって，Dブレーンとかいろんな双対性を使うとかして，ウルトラC級のことをやらなければいけないわけです。余剰次元については，余剰次元が余分なものではなくて，実は面白い働きをしているという示唆(本書第14章参照)があって，それ自体は概念的に面白いと思うんだけれども，やっぱりそういうテクニカリティーによっているわけですよね。

だから，さっきの問題に戻ってしまう。数学的に美しいから本当だとしたら面白いんだけれども，自然がそれを採用しているというチェックの方法はあるのかという。

大栗　そうですね。それは，先ほどいったように，ナノ・ナノのスケールを越えなければいけないわけですから，技術的に難しい。ただ，超弦理論の研究からブレーンという構造が出てきた背景は，小手先の技術の問題ではなくて，学問の進歩の大きな流れの中でそういうものが現れてきたということは強調しておきたいと思います。

1980年代後半の頃は，統一理論としての超弦理論が脚光を浴び始めた頃でしたが，その頃は理論を解析する手だてとして摂動論的な方法しかなかったわけで，私もそういう摂動論的な技術を開発することに努力していました。Dブレーンという

のは，そういう摂動論を越えた，超弦理論の非摂動効果を理解する最も基本的な言葉として現れてきたわけです。ですから，摂動論を越えた物理を理解したいという欲求から自然に出てきた発展だと思うわけです。

たとえば 1980 年代に摂動論的な超弦理論をやっていた頃には，そういう摂動的な方法では量子重力の一番面白いミステリー，たとえばブラックホールの情報問題は解けないんじゃないかという批判がありました。それが，D ブレーンの方法が開発されることによって，たとえばベケンシュタインとホーキングが予言したブラックホールのエントロピー公式 [5] を微視的な状態数の数え上げとして導出できるとか，そういう量子重力の非常に基本的なミステリーに直接的な解答を与えることができるようになったわけです。だから，それは，学問の大きな流れの中で出てきたことだと思います。

また超弦理論から出てきたアイディアは，ほかのいろんな理論物理学の分野に応用されています。たとえばブレーンワールド [6] というのは，D ブレーンというものが基本理論の中に存在し得ることがわかって，素粒子の現象論のモデルを構築する人たちの間で，「そういうことができるんだったら，今まで考えてなかったようなシナリオがあるじゃないか」という考え方を触発した，そういうことだと思います。

D ブレーンは，場の理論の様々な強結合問題にも新しい技術を提供しています。特に，トフーフトが 30 年前に提唱した弦理論とゲージ理論の等価性というのがありますが，それを具体的につくってみせることができたという点でもインパクトがあったと思います。D ブレーン，さらにその極限としての AdS/CFT 対応 [7] から派生してきたいろいろな手法は，原子核物理，たとえば重イオン衝突で現れるクォーク–グルーオン・プラズマの非平衡プロセスの解析，また最近ではサチデフのよ

うな本格的な物性物理学者が，AdS/CFT 対応を使った強結合電子系の有限温度の転送係数の新しい計算を発表しています。超弦理論の研究というのはそういうふうに理論物理学の新しい方法をつくっていくわけで，それがほかの分野に応用されるということもあるわけです。

青木　そういうのを見ていると，いろんなところで数学的に奇跡的というか，マジカルにうまくいっているというのがあって，AdS/CFT 対応もその例ですが，それは面白いですね。

今，非摂動的ということをいわれましたが，物性でも面白いのは非摂動的効果で，超伝導からして，あれは非摂動的状態なわけです。それから，物性での最近の主流の1つの強相関電子系で，高温超伝導理論の基礎になっているモット転移も非摂動的な効果です。いろんなものが非摂動的。分数量子ホール状態もそうです。

特に，高温超伝導を見ても，メカニズムはいまだに完璧にはわかっていないけれど，電子間斥力から生じる多体状態だろうという証拠は蓄積していると思います。More is different ではないけれども，最初は全然想像もつかないわけです。電子間斥力から超伝導なんて，そんなことはあり得ないじゃないかと。でも，よくよく調べてみると，スピン揺らぎ媒介とか非常に自然な説明がある。

実験と理論の緊張関係

青木　物性は多世界でいろいろ可能性はあるんだけれども，常に実験と対応させることを強いられるので，実験に合わなければ駄目ということになります。

大栗　実験との緊張関係は，物性のほうがもちろん強いですよね。それは確かだと思います。

青木　いろんな面白い可能性を探って，駄目かもしれないけ

れども，とにかくいろいろサジェストしてみて取捨選択していくという方法と，そうではなくて，地道にいくという方法がある。アンダーソンは，いろんなアイディアを出して生き残らなかったものも多いけれども，新しい道をひらいたものも多い[8]。いろいろアイディアを出すというのは私は面白いと思います。実験のチェックさえ受ければいいわけです。物性はそういうことができて，いろんなアイディアを出すんだけれども，常に実験からの選択を受けて淘汰されるので，不健康になりにくい。

大栗 それは本当に学問としてうらやましいと思います。私の分野ではどうしても実験による検証という点では弱い。そういう意味では，理論の研究として厳しいものがあると思います。

　新しいアイディアをどんどん出していくことが必要なんだけれども，あまり勝手なことをやっていると学問としての基盤が危うくなる。そこで数学的な整合性というのが欠かせないわけです。実験的なサポートが弱いわけですから，数学的な整合性を頼りに進んでいかなければいけないのは必然のことだと思います。

青木 さっきいったディラック・モードというやつは，ある意味で必然…。

大栗 いや，前にも申しましたが，数学的に美しいから自然が応用しているはずだとまでいい切るのは正しくないと思います。しかし数学的な整合性は必要である。

物理から見た数学的定義

大栗 しかし，それをいいだすと数学的な整合性も本当に必要かどうか。たとえば場の量子論なんていうのは数学的に定義されていないわけですね。場の量子論というのは，もちろん素

粒子物理学の一番基本的な言語なんですが，数学者には「そんなものは本当にあるのか」といわれます (笑)。
青木　そういうことをいいだしたら，超弦理論はラグランジアンがないでしょう。つまり，ある意味で問題の定義がなくて，問題の解答のほうをいろいろ議論しているという。
大栗　そうですね。だから，まったく手探りで。あるかどうかもわからないような理論だと思います。

　その意味で，私は，AdS/CFT が出たときに本当にほっとしたわけです。どうしてほっとしたかというと，こういうわけです。私が大学院に入った年，1984 年の夏に，グリーンとシュワルツによるアノマリー問題の解決を機に超弦理論が重力を含む統一理論に躍り出たわけですが，私はそれまでは曲がった空間の上での場の量子論を勉強していて，そういう方法には限界があるなと思っていたので，ちょうど重力と量子力学の統合に新しい方向性が出てきたからそれを勉強することにしました。しかし，その後 10 年間ほどの摂動論的な手法しかなかった時期には，「こんな理論が本当に存在しているのか」という危惧がありました。ラグランジアンがないわけですから。自然がこれを使ってくれているかどうか以前に，そもそも理論自身が存在しているのかという，いわば実存的な危機があったのです。AdS/CFT 対応が出てきたときに安心したのは，少なくともある種の時空，無限遠方で漸近的に反ドジッターになっているような時空においては，超弦理論の非摂動的な定義が見つかったからです。今「ラグランジアンがない」とおっしゃったけれども，少なくともその場合にはラグランジアンはあって，それはトフーフト対応で与えられるゲージ理論のラグランジアンなわけです。
青木　さっきから奇跡的といっているのは，そのように成立している例がある，という点です。

大栗　そうそう。その場合にも，本当に厳密な数学の人からは，「ゲージ理論の定義をちゃんとしろ」といわれるかもしれないけれども，少なくとも理論物理学者の間で基本的な了解があるような厳密さにおいては，ちゃんと成立している。でも，本当に数学的な厳密性は，また違うレベルの問題だと私は思います。

　たとえば，21 世紀の初めにクレイ数学研究所が「千年紀の 7 つの問題 (seven millennium problems)」というのを出しました [9]。ポアンカレ予想はそのうちの 1 つの問題で，これは最近解けて，アメリカのサイエンス誌の "Science's breakthrough of the year" にも選ばれています。もう 1 つの問題として，やさしくいえば，「QCD が数学的な理論としてちゃんと存在していて，カラーの閉じ込めが起こることを証明せよ」という課題が出されている。私は物理ですからわかりませんが，数学者の間では場の量子論の存在をきちんと示すためには，まったく新しい数学が必要になると思われている。そういう 7 つの問題の 1 つに選ばれるというのは，問題を解くことだけが重要なのではなくて，それを解くことによって新しい数学が開発されると期待されているのだと思います。ですから，それ自身ももちろん面白い問題だと思います。

青木　QCD は，そういう意味では，物理屋さんの目から見れば非常にわかりやすいし，クリアな理論で。

大栗　漸近的自由性があるから，それ自身で存在していると思われているわけです。

青木　だけど，そのクリアな QCD ですら，たとえば，「素粒子の質量スペクトルを出してください」といわれると，計算機を使わざるを得ないわけですね。

大栗　今のところはそうですね。

青木　将来的には，解析的に出る可能性があるんですか。

大栗　私はそれを期待しています。たとえば，AdS/CFT のバリエーションとして QCD に対応する弦理論を構成する試みがあって，今のところは非常に粗いものですが，それをどんどん精密にしていくような方向性は有望だと思います。長期のプロジェクトとして，この方面の技術をさらに開発していくことで，QCD の強結合の束縛状態の問題を定量的に理解し，メソンやハドロンの質量スペクトルを計算機によらずに解析的な方法で計算することも可能になるのではないかと期待しています。

ラグランジアンでない定義

大栗　ラグランジアンが本当に理論の定義として一番基本的なものか，という質問があってもよいかと思います。

青木　「ラグランジアンでない定義」というのは，たとえば?

大栗　たとえば，2 次元の共形場の理論を考えますと，最近では数学者が厳密な定義を与えて解析をしていますが，彼らの定義はコンフォーマル・ブロックの間のいろんな関係を公理化したものです。それはただ単に数学的な興味だけではなくて，物性理論にもいろいろそういうものが使われているんじゃないですか。たとえば，分数量子ホール効果の理論とかもっと最近のトポロジカルな量子コンピュータのアイディア [10] も，共形場の理論のコンフォーマル・ブロックのいろんな代数的な性質を使っていますね。共形場の理論の数学的定義はまさしくこの代数的性質を公理化したものです。

青木　位相的場の理論と共形場の理論を組み合わせるという試みは大事だと思います。物性でいうと，分数量子ホール系が 1 つの典型的な位相的場の理論 [11] になっています。

　後で話題にしようと思ったんだけれども，出たのでいうと，空間 2 次元の場合にはエニオン (分数統計粒子) が存在し得

て，分数量子ホール系ではそれが実際に実現している．しかも，ひょっとしたら非可換ゲージ場になっている可能性もあります．そのエニオンが空間2次元では量子的に絡んでいることを使って，量子コンピュータのqubit(量子ビット)にしようという試みもあります．Caltechでやっている人がいますね．

大栗　ええ，理論のキタエフは，トポロジカルな量子コンピュータのアイディアを最初に考え出した人です．あと，実験でも，アイゼンシュタインがそういうものを実験室で実際につくろうということに本格的に乗り出しているようです．

青木　さっきのラグランジアンを定義しているかどうかという点で，最近，ウェンとレヴィンが面白いことをいっていて．彼らはstring net condensationということを考えていて[12]．たとえば，固体物理でフォノンという素励起があります．あれは，まず結晶格子という母体があって，それからの低エネルギー励起をボソン化したものがフォノンです．フォノンの性質は，もちろん出発点の結晶格子による．だから，素粒子をそういう元となる構造での素励起として考えたらどうかというのが動機です．

　ある種の，たとえばフラストレーションのあるスピン模型を考えると，その素励起が点状ではなくてひも状になるというのがあって，それは，出発点とする結晶構造とか，スピン・スピン相互作用によるわけですが．そういうもので，理論を構築できないかと彼らは考えていて．そうすると，たとえば「ひも状の励起に対するラグランジアンは何ですか」といわれても，すぐにはわからない．今のところは，全然，海のものとも山のものともわからないアイディアですけれども，そういう話はあります．

ランドスケープ問題

青木　超弦理論では真空がちゃんと定義できないという問題もありますよね。ランドスケープ問題というやつで，準安定な真空が膨大な数あるという問題。超弦理論の真空は何かという問題がまずあって，真空を定義しないと，そこに粒子も定義できなくて。

大栗　いや，各々の準安定な真空の周りでは，粒子的な励起はもちろんあります。準安定な真空がたくさんあるような状況は物性でもあって，たとえばガラスであるとか，あるわけですよね。真空の寿命が十分長ければ，その周りでの粒子を定義して摂動論的記述をすることもできるわけです。

　ストリング・ランドスケープということに関していえば，研究としてはまだ初期的な段階で，そもそもそういうものが本当に理論の中で実現されているかどうかに関しても技術的にいろいろ疑問点もあります。でも，そういうものがあるかもしれないと空想することは面白くて，そこからでてきたアイディアを現象論の人が見て，そういうことがあるとしたら，現象論としてどういうシナリオが考えられるかということを議論しているわけです。

青木　そうすると，今，人間原理 (anthropic principle) がいいか悪いかとかいう議論がされているけれども，まだそんな段階ではないと。

大栗　私の理解では，ストリング・ランドスケープの理論的な基礎づけはまだまだこれからだと思います。

ボース凝縮，超固体

青木　物性で面白いのは，実際いろんな状況をつくることができて。低温物理でいうと，最近，ボーズ–ハバード模型とい

うのが1つ話題になっています。レーザー冷却した原子のボーズ–アインシュタイン凝縮がありますね，あれにレーザー光を当てて干渉パターンをつくると，光学格子というものができて，そこにたとえばボゾンをトラップさせることができる。そうすると，格子模型なんだけれどもボゾンが入っているわけです。だから，それを「ボーズ–ハバード模型」と呼んでいる。

大栗 しかも，レーザーの状態を変えると，基本的なラグランジアンのパラメータを変えることができる。

青木 そう，粒子・粒子相互作用すら変えられて，フェッシュバッハ共鳴を使うと，相互作用を引力から斥力に変えることもできます。

さっきいったエニオンに関連することもあります。ボゾニックな原子がボーズ–アインシュタイン凝縮したものを全体として回転してやると，回転系では磁場がかかっているようになって磁場中のボゾン系の問題になる。だから，分数量子ホール効果に対するラフリン状態は，電子というフェルミオンのフェルミ統計性を入れたものですが，これのいわばボゾン版になっている。さらに，その渦糸が素励起になるわけですけれども，それがエニオンになっていて，それのエニオン統計性(分数量子ホール系では奇数分の1であるのに対して，偶数分の1)を検出しようということも試みられていています。

あと，最近の超伝導・超流動関係の話題では，超固体(supersolid)というのがあります[13]。

大栗 あれは存在しているんですか，いろいろ論議があるように聞いているんですが。

青木 あれは，固体ヘリウムで実験的に検出されたという主張があるんだけれども，それが本当かどうかは検討の余地がある。問題は，あの観測事実が超固体を観測したことになっているのか，それとも何か別のこと，たとえば固体と固体の間のド

メイン壁とかいろいろな自由度があってそれに絡んでいることなのか，という判定にはまだ検討の余地があります。

大栗　超固体の定義は何ですか。

青木　固体結晶と超流動性，つまり対角部分と非対角部分の長距離秩序が共存している状態です。1960年代に，アンドレーエフらによって提案されて。トイモデルでは共存する状態はつくれることが知られていて，原理的にそういう状態がありうることは，長岡先生を始めとしていろいろな人が提唱していました。ただ，そういうものを実現するトイモデルがあるからといって，本当にヘリウム系で実現するかどうかは別問題です。

　トイモデルでは格子模型ですが，現実のヘリウム系は，単純にハードコア相互作用する系で，それを解けばいいんだけれども，それはちゃんと解けない。難しいのは，この系は自由空間中の原子なので並進対称性があって，別に格子模型ではない。ハードコアとハードコアが避け合いながら動くときに，これは連続空間中で動くわけです。だから，それを理論で扱おうとしたら，経路積分モンテカルロのようなことをやるしかない。

LHCとナチュラルネス問題

大栗　素粒子論の分野で，ここ数年の間の一番大きな話題は，LHCが始まるということです。

青木　もうすぐですよね。

大栗　そう。予定通りいけば，来年には実際に物理の観測ができるようなエネルギーになると期待されています。今までいったことのないエネルギー・スケールで，過去の経験では，エネルギー・スケールを上げていくと，まったく新しい現象がどんどん見つかってきたわけですから。いろいろ予想はありますが，一番楽しみなのは，そういう予想のどれでもなかったようなことが起きるんじゃないかということです。

青木　J/Ψ みたいにね。

大栗　ええ，期待しているところです。

青木　そもそもヒッグス粒子が見つかるかどうかは大問題でしょうが，あれは，しっぽは既に捕まえたという主張がありますね。

大栗　CERN で LHC の前世代の LEP(Large Electron–Positron Collider) の最後の頃に，何かそれらしいものが見つかったという話があります。LEP の解体を遅らせてヒッグス粒子のしっぽを追跡するべきか，LHC の建設を始めるべきかで議論になりました。また，フェルミ研究所でまだテバトロンという加速器が動いていて，この間エネルギーをアップグレードしたんですが，そこでも最近ヒッグス粒子らしいものが見つかっているといううわさはあります。でも，まだ統計的には信頼できない。CERN の人が一番恐れているのは，テバトロンのほうが先にヒッグスを見つけることだと思います (笑)。

　ヒッグス粒子が本当に見つかるかどうかというご質問ですが，もちろん今の素粒子の標準模型ではヒッグスがあると仮定しています。ですから，これが見つからなかったら，それも大問題です。見つからなかったら，どうして対称性が自発的に破れて，素粒子が質量をもてるのか問題になります。もちろん，ヒッグスがなくて，我々の知らない強い相互作用によって対称性が破れる理論，たとえばテクニカラーなんていう模型もありましたが，実験結果からの制約が強くて，特にテクニカラーの簡単なバージョンでは無理だということになっています。ですから，もしヒッグスが見つからなかったら，それはそれで驚くべきことだと思います。

青木　あと，超対称性がどうなっているかも興味ですね。

大栗　そうですね。超対称性が見つかったら，これはもう大発見だと思います。超対称性というのはローレンツ対称性の唯

一の非自明な拡張ですから,今までの対称性とはまったく違う形で時空に作用する新しい対称性があったということになる。超対称性は超空間を使って定式化するのが一番自然なので,時空にフェルミオン的な余剰次元が見つかったとも理解できるわけです。

青木 超対称性も,自然が使っていても使っていなくても,不思議ではないわけですよね。

大栗 ナチュラルネスの問題というのがあって,これはヒッグス質量のスケールとプランク・スケールがどうしてこんなにナノ・ナノも離れているかという問題といってもよいと思います。LHCのエネルギー領域で超対称性が回復しているとすると,それとくりこみ群を組み合わせることで,このエネルギー・スケールの飛躍が自然に理解できます。ですから,もし超対称性がLHCで現れてこなければ,逆にそれはそれで興味深い問題で,では,ナチュラルネスの問題はどう解決されているのかということになります。もしかしたら,ランドスケープを使った説明とかが,また出てくるかもしれない。

　さらに,まったく新しい現象,たとえば,余剰次元がそのあたりで開いて,ブラックホールができてそれがホーキング放射するというのが一番主要なプロセスだったりとか,そういうこともあり得るわけです。

　とにかく,今まで人類が体験したことのないようなエネルギー・スケールを実験室でつくるわけですから,新しい現象が見つかるんじゃないかと期待しています。

反証可能性

青木 1つ,さっきの科学哲学みたいなことに戻ると,分数量子ホール効果でノーベル賞を受けたラフリンが,いろいろ科学哲学みたいなことをいい出していて,最近,彼は本も出して

いて．

大栗　読んだことはないですが，本屋に並んでいるのは見たことがあります．

青木　"Creating the universe from bottom down"[14] かな，何か変な題名で．普通はもちろんボトムアップなんだけれども，ごちゃごちゃしたところから簡単な原理を求めるという意味のボトムアップではなくて，凝縮系の物理は，多様な現象の中からいろんな原理を出すという意味で，逆にボトムダウンなんだ，と．

大栗　多様なものを多様なものとして受け入れる，ということですか．

青木　そうです，先ほど還元主義のところで議論したような有効理論にはいろいろなもが含まれている．逆に，有効理論が良いか悪いかの評価の基準として，彼は反証可能かどうか (falsifiability) を挙げる．つまり，その理論が良い，実験に合う，ということより，その理論が「駄目」といえるか，ということの方が大事な判定基準だ，と．

大栗　それは，カール・ポパー [15] 以来の．

青木　そうそう．つまり，何かある現象があったときに，「理論 A でも説明できます．理論 B でも説明できます，…」といわれたときに，どうしたらいいかという話で．もしその理論が反証可能であれば，「こういう実験をやったら，この理論は除外できる」ということをやっていかないと，取捨選択ができないと．

大栗　それは，もちろんきれいな科学の定義だと思います．それが唯一の科学の定義かというと議論の余地があると思いますが．「科学」とされているような学問の多くはそれでカバーできるので，「科学か，科学でないか」の分離の第一次近似として考えるというのは健康な態度だと思います．ただ，それを

金科玉条にすると，弊害はあると思います。反証可能性という概念自身が，学問の発展の歴史的に依存した定義のように思います。

青木 私自身がいいたかったのは，両方大切で，つまり，最初の言葉でいえば，バビロニア的な方向も大事だし，ギリシャ的な方向も大事で，それらがやっぱり両方が車の両輪で，もちろんお互いに緊張関係になきゃいけないけれども，それでいろいろやっていくといいんじゃないかなと思うわけです。

AdS/CFT 対応

青木 AdS/CFT 対応というのは，印象としては，本来計算できなかったものを，そういうマジカルな対応があって，それを使うとできるようになった，という感じなんですが，あれはどの程度普遍性があるんですか。

大栗 「普遍性」というのはどういう意味でおっしゃっているかにもよりますが，AdS/CFT 対応というのは量子論の間の対応で，空間の遠方で反ドジッターになるような時空間の中のすべての超弦理論は，各々なんらかの共形場の理論と等価になっているという主張です。さらに，この対応に摂動を加えて共形対称性を破ることもできるわけです。先ほどお話になった岡さんの物性物理の分類問題で，くりこみ群の固定点というのをまず分類して，それから摂動して理解しようというのと似ていて，まず共形場理論について超弦理論との AdS/CFT 対応を確立したうえで，それに摂動を加えてかなり広いクラスの場の理論を理解しようという試みもあります。

先日，この話題でこの間 2 回ほど原子核理論の初田 (哲男) さんのグループと議論しました。超弦理論で開発されたような技術が，クォーク–グルーオン・プラズマの解析にどういうふうに使えるだろうか，ということです。最近話題になっている

のは，重イオン衝突実験で，プラズマ状態の粘性を測ってみると予想に反して小さい。ほとんど完全流体といってもいいくらいなのです。

この現象を強い相互作用の基本理論である QCD から理解しようとすると，まず摂動論ではまったく合わない。粘性度が，結合定数の逆ベキに比例して大きく出てしまうのです。また，格子ゲージ理論の方法では，ユークリッド空間で行った数値計算の出力を実時間での計算に読み直すために，どのように解析接続したらよいかという問題がある。ところが AdS/CFT 対応を使うと，強結合のゲージ理論で時間に依存したような現象についても定量的に計算ができる。強結合のゲージ理論といっても，QCD そのものではないのですが，有限温度の場合には同じユニバーサリティ・クラスに入っている可能性がある。

具体的には，有限温度でのエネルギー運動量テンソルの 2 点相関は，AdS/CFT 対応によるとある種のブラックホール解の中の重力波のグリーン関数で与えられることになるので，これに久保公式を当てはめると粘性度が計算できます。すると摂動計算よりもずっと小さい値が出てくる。数値的にも実験結果とうまく合っている。超弦理論から出てきた技術が，有限温度の強結合系の時間に依存した問題にも使えるというので，話題になりました。

AdS/CFT というのは，今まで場の理論のテクニックとはまったく違ったものです。ファインマン則を使った摂動近似と格子ゲージ理論の数値計算といった既存の方法と並ぶ第三の方法として，素粒子論に限らず理論物理学のいろいろな分野に使うことができるような技術に発展しつつあります。この方面では，今後，実験と直接比較できる結果がいろいろ出てくる見込みが高いと思います。

双対性

青木　本当は物性でも，広い意味での双対性とかいろんな理論の間の対応があると嬉しいんですけどね，たとえばこの強結合の場合を解けば，あちらの弱結合が解けたことになるとか。
大栗　もともと，双対性という概念は物性から出てきたんじゃないでしょうか，2次元イジング・モデルとか。
青木　そうですね。電子相関の問題でいうと，ハバード模型で強結合と弱結合の極限ではそれぞれいろんな議論が展開できます。高温超伝導体とか現実はちょうど強結合と弱結合の中間あたりにあって，だからセルフ・デュアル・ポイントというか。
大栗　一番難しい。(笑)
青木　高温超伝導の臨界温度は，今のところ100 K程度ですが，理論屋さんは私も含めて「臨界温度が300 Kの室温超伝導は原理的には可能だ」といっています[16]。実験の人もいろいろ試行錯誤している。臨界温度を3倍にするのは中間結合のところで，一番面白いけれども一番難しいということですね。

　双対性を，現在の素粒子論の流れでいいだした人の一人はウィッテンでしたっけ？
大栗　もともと双対性という概念は，電場・磁場の双対性というところまで遡ると，もっと昔になって，たとえばディラックの磁気単極子とか，そういう話になると思います。でも，もっと現代的な意味で，超対称性をもったゲージ理論に厳密な双対性があるんじゃないか，というのをいいだしたのは，モントーネンとオリーブという人が最初だと思います。それから，すぐウィッテンが入ってきて，それで，彼がオリーブと，そういうものは超対称性から期待できるのではないかということをもう少しきちんといったんです。

　それが1970年代の終わりでした。それから15年ぐらい，ほ

とんど定量的な意味では進歩はなかったんです．ゲージ理論にはもしかしたらそういう双対性があるかもしれないと思っていたわけですが，手が出ない，要するに，強結合の問題ですから．

それが 1993 年ぐらいになって，まずインドのセンというのが大発見をしました．双対性があると仮定すると，電荷と磁荷の両方をもつような束縛状態の質量スペクトラムに関して予言ができるのですが，予言された束縛状態があるということを解析的に示したんです．それで途端に，みんな，「あ，これはもしかしたら本当かもしれない」というふうになって．

これに触発されて，バッファとウィッテンが，4 次元で超対称性が最大限あるようなゲージ理論に関して分配関数を厳密に計算してみると，実際に結合定数が反転するような対称性があった．分配関数を保型関数で書くことができて，それで厳密にそういう反転対称性があることが示せたのです．この計算は，日本の中島さんや吉岡さんら数学の方がなさったヤン–ミルズ場のインスタントンのモジュライ空間上のいろんなコホモロジー構造についての仕事によっています．こうした数学の結果が，直前にあったので，それを使って双対性を示すことができたのです．これにはみんな驚きました．これまでゲージ理論に双対性があるというのは夢物語だと思われていたんですが，それをきちんと計算して示すことができた．

それが，1995 年の，いわゆる超弦理論の双対性革命というものにつながっているわけです．場の理論でこういうことがあるんだから，超弦理論自身でもそういうことがあるんではないかと．

実際にふたを開けてみると，ゲージ理論の双対性と超弦理論の双対性は密接に結びついていて，たとえば AdS/CFT 対応のような場合にはそれはまったく同じものであったりとか，そういうこともわかってきたわけです．双対性は，そういう意味

で，超弦理論の最近の発展の重要な部分になっていると思います。

青木 物性でも，弱結合と強結合を結びつける試みはいくつかあります。歴史的には，近藤問題が典型的で，あれはくりこみがうまくいった初めての例の1つになっていますね。くりこんだときに強結合にいくか弱結合にいくかは最初からはわからなくて，くりこんでみないとわからない。それを結ぶようなことができれば本当に面白い。

大栗 実は，AdS/CFT対応ではそれを結びつけるようなことがある程度できているんです。最近の話題ですが，それは何か不思議な計算で新しい発展の始まりのように思います。AdS/CFT対応のときに相互作用の強さを表わす基本的な量になるのは，トフーフトの結合定数というもので，ゲージ理論の結合定数とゲージ群の大きさを組み合わせたものです。それが小さいときにはゲージ理論の摂動計算がうまくいく。それがだんだん大きくなってくると，摂動展開が信頼できなくなる。逆に，トフーフト結合定数が大きい極限ではAdS/CFT対応を使うと，曲がった空間の中の弦の運動として自然に記述できる。これだけでは，トフーフトの結合定数についての弱結合と強結合の極限がわかっているだけです。

ところが，最近，ある特別な状況の下では，それに対応するゲージ理論が可積分であることが明らかになって，それを使うと，この2つの極限を結びつけるような関数形が特定できるようになったのです。ゲージ理論の弱結合の摂動計算も再現するし，強結合極限ではAdSの中の超弦の運動も再現するような関数の具体的な形を求めることができたのです。

結局，場の理論のテクニックというか，そういうのはほとんどが，解析的にできるのは漸近展開なわけです。それを，双対性を使うことで漸近展開のデータポイントを増やしていっ

て，何とか間を埋めていこうとするわけです。今お話した，AdS/CFT 対応の場合には，漸近展開では行き着けない「暗黒大陸」を直接探索する技術も開発されつつあります。
青木 さっき「どの程度普遍的ですか」と聞いたのは，それがあったのですが，なるほど。

ビッグサイエンスと固体物理

青木 私はよく冗談でいうんですけれども，素粒子物理はものすごいビッグサイエンスで，加速器も巨大な額ですよね。だから，今，世界中でもう1ヵ所か2ヵ所でしかできなくなっているけれど，あの額の何桁落ちでもいいから，物性の，たとえば物質開発研究みたいなものに投下できれば，すごいことができるのではないかと。

大栗 確かに，素粒子物理学では，意味のある実験にかかるお金の量子化の単位が大きいということはあります。では，そういう夢ということで，CERN と同じ予算規模の物性物理の研究所をつくるとしたら，何ができるでしょうか。「すごいことができる」とおっしゃったけれども。

青木 多分，両面作戦でいくんでしょうね。「物質設計」といった指向性をもった研究と，本当に絨毯爆撃というか，とにかく片っ端からやってしまえというのと，両面作戦でいくのが結局は良いと思います。それは加速器と同じだと思うので。加速器ももちろん，「エネルギーをここまで上げたら，こういうのが多分見えるだろう」ということでやるんでしょうが，やってみなければわからなくて，実際に思いがけないやつもいろいろ出てきていて。

大栗 絨毯爆撃をするとしたら，どのくらいのスケールで投資をすると質的に違うことが見つかるのでしょうか。たとえば，全世界に物性物理学の実験の方は非常にたくさんいらっしゃる

と思いますが,そういう人たちでカバーし切れないような可能性がたくさんあると.

青木　それはいくらでもあると思うんですよ.最近の例でいえば,日本でいくつも新しい超伝導体が見つかっていて,臨界温度は必ずしも高くないんですがいろんな意味で面白い.たとえば秋光先生の発見した MgB_2 という物質があるんですが,何がインパクトがあったかというと臨界温度は銅酸化物より低いんですけれども,本当に試薬屋さんに行けば普通に棚に載っかっている物質だったので,皆驚いたわけです.だから,個々の研究者が限られた範囲でやっていても,このような発見があるわけです.これをもっと網羅的にやれば,思いがけないことがいろいろ出てくる,というのはあっていいと思うんです.

物質設計と計算機

大栗　もう一方の作戦としては,物質設計ということですか.
青木　ええ,指向性をもったやつで.電子相関からの超伝導や磁性についてもいろいろな人がいろいろなアイディアでやっています[16].
大栗　計算機によるデザインというのもあり得るわけですか.
青木　それはそうですね.今,日本でいえば,ポスト地球シミュレータというプロジェクトがあって,10ペタフロップスマシンを国家プロジェクトとしてやろうとしています[*2].そういうのができて桁違いの計算ができれば,質的に新しいこと

[*2] ここで話題になっているスーパーコンピュータ計画は,2009年の行政刷新会議の「事業仕分け」で,一度は「予算計上見送りに近い縮減」と判定されたが,1ヵ月後には「必要な改善を行いつつ推進」と再評価された.「京(けい)」と名づけられたコンピュータは,2011年には中国の「天河一号A」を抜いて世界最高速となり,2012年の運用開始時には,毎秒1京回の演算速度の達成を目指している.

ができると思います。たとえば，強相関系の計算というのはものすごく重い計算なので，いろんな制約の中でやっているわけです。その制約が緩和されれば。

たとえば，高温超伝導で電子間斥力から超伝導になる兆候を数値計算で見るときには，ものすごく小さな系でやっているわけです。それで，たとえば超伝導のペア・ペア相関というのを小さな系で見て，それでも，バルクでの超伝導の少なくとも傾向はわかると思ってやっているわけです。もちろん，熱力学極限でどうなるかは議論が必要なんだけれども。ただ，high-T_cのときはT_cが高いので，クーパーペアはT_cが高ければ高いほど空間的にコンパクトになるので，小さな系で見やすいという事情はある。

もっと一般に相転移を考えたときに自由度が10^{23}程度あるということが必要かどうかを考えると，たとえば，超流動液体ヘリウムがあったときに，これをどんどん小さくして，液体ヘリウムのドロップレットにしたときに，どこまで小さくしたら超流動性が破れるか。つまり，「超流動とか相転移は，熱力学極限で初めて存在する」と教科書には書いてあるんだけれども，どこまで本当なのか。

大栗 有限サイズ効果がいつ重要になるかということですね。

青木 そうです。実際，それは実験的に検出できて，超流動ヘリウム・ドロップレットをどんどん小さくしていったときに，あるところで超流動性が失われて，それが70原子ぐらいだという話があって[17]。どうやって検出するかというと，そのヘリウム・ドロップレットの中心に別の分子を置いておいて，こいつはもちろんヘリウムがノーマル状態のときは動けないんだけれども，ヘリウムが超流動になると自由に動ける。それの赤外スペクトルを観測する。だから，70原子以上のヘリウム系は，そういう意味で，超流動相転移する。ずいぶん少ない数で

すね。

大栗 原子が 70 ぐらいでしたら，もしかしたらコンピュータに乗るかもしれない。

青木 今でも既に，方法によりますが，量子モンテカルロとか，最近ではくりこみを使った密度行列くりこみ群というのがあって，そこでは数百電子の系が扱える。

ただ，私はよく，「物理学におけるマーフィーの法則」といっているんですが，「面白いところは，やりにくいところ」。たとえば量子モンテカルロをやっていくときに，フェルミオンの交換性からくる負符号のために非常にサンプリングが難しくなるという問題がある。普通の場合にはちゃんと計算時間を多くすれば克服できるんだけれども，何か面白いところ，たとえば超伝導が起こりそうとか面白い磁性が起こりそうというところに近づけば近づくほど，負符号の問題がぱっと深刻化して，それを「マーフィーの法則」といっているんです。超伝導でも何でも量子揺らぎが重要なので，面白いことが起こるところは難しいところというのは当たり前なのかもしれない。

あと，「物質設計」といっても，具体的なことをいわないと，実験家は興味をもってくれません。「こういうアイディアがありますよ」といっても駄目で，「では，どういう物質を，どういう条件で，どういう結晶構造でやれば良いかをいってくれ」ということになるわけです。それには，物質に密着したいわゆる第一原理計算という非常に現実的な計算とカップルさせる必要があって，それもやっぱり大きな計算機リソースが要る。

大栗 模型をつくっただけじゃ駄目なんですね。それを実現するような具体的な物質は何であるかと。

青木 ええ，いわゆるトイモデルと実際の物質は非常にギャップがあります。高温超伝導の銅酸化物でも，私はハバード模型で本質はとらえていると考えています。しかし今でも，「ハバー

ド模型なんて受けつけない」という人は少なくないですね。

大栗　レーザーで光学格子をつくって，いろんなラグランジアンのパラメータを実験室で調節できるような状況がつくれるというお話がありましたが，そういうものをある意味の量子コンピュータと思って，それによって強結合系の問題を解くことは考えられませんか。

青木　なるほど。確かに，パラメータが調節できるんだったら，実物コンピュータというわけですね。

大栗　ラグランジアンが特定できれば，そういうことに応用できるのではないでしょうか。

展望

青木　あと，素粒子論と物性理論の間の交流というのが，僕はもっとあってもいいんじゃないかと思っているんですけれども。

大栗　私たちも，物性の方が開発された強結合系を扱うようなテクニックについて，学ぶことはたくさんあると思います。

青木　筑波大学にいた頃にも，高エネルギー研で集中講義を頼まれたりして，いろいろ素粒子の人とディスカッションして，面白かったり。あと，物性と素粒子の交流は，基研でもも

ちろんありますね。

大栗 基研は，たとえば昼食会でしょうか，週に 1 回いろんな分野の人が一人ずつ話をするような機会もあると聞いています。

　物性物理学のこれから 10 年間の展望ということではいかがでしょうか。もちろん高温超伝導のメカニズムの解明というのはあるでしょうが。

青木 いや，それは十人十色だと思うんです。歴史を見てくると，みんな，本当のブレークスルーは思いがけないところから来ている。高温超伝導もそうだし，量子ホール効果もそうだし，いろんなものが，前段階の歴史はしっかりあるんですが，ブレークスルーだったわけです。だから，方向性を考えるのはいいけれども，本当のブレークスルーがどこから起こるのか，ですね。素粒子のほうだと，J/Ψ は思いがけなくて，あと思いがけないというのは？

大栗 実験という意味では，ここ 20 年間は標準模型の確立が一番の成果だったと思います。しかし，その他にも「驚き」はいろいろありました。たとえば，私が驚いたのは 2 つあって，1 つはアインシュタイン方程式の宇宙定数がゼロでなかったということです。10 年ぐらい前に素粒子論研究室でアンケートをとったら，ほとんどの人は「宇宙定数はゼロだろう」といったと思います。それが小さな正の値で，しかもワインバーグが人間原理を使って 20 年前に予言していた値に非常に近いところに出てきたというのは驚きでした。先ほどランドスケープという話が出てきましたが，そういうのがもてはやされるのは宇宙定数の驚きがあったからだと思います。最近は観測の精度が上がってワインバーグの予言値とずれてきているんですが，とにかく最初に出てきたときにはぴったりだったわけでそれは驚きでした。

もう1つ私が驚いたのはニュートリノの質量です。ニュートリノに質量があっても，標準模型のラグランジアンをちょっと変更すればいいじゃないかといえるかもしれませんが，出てきた値が，柳田先生らが考えられていたシーソー機構の予言と非常にうまく合う。シーソー機構では大統一理論のスケールあたりの物理によってニュートリノ質量が出てくると考えるのですが，それが観測された質量とうまくあっている。それも驚きだったと思います。

青木　そろそろ打ち止めにしますか。

大栗　2日間，ありがとうございました。いろいろ，楽しかったです。

参考文献

[1] Leonard Mlodinow, "Some time with Feynman," Allen Lane, London (2003).
[2] 青木秀夫, 日本物理学会誌, 61, 19 (2006).
[3] 南部陽一郎, 科学, 60, 309 (1990).
[4] http://mathworld.wolfram.com/FieldsMedal.html
[5] 夏梅誠, 日本物理学会誌, 54, 178 (1999).
[6] 橋本幸士, 『Dブレーン』, 東京大学出版会 (2006 年).
[7] O. Aharony, S. S. Gubser, J. M. Maldacena, H. Ooguri, and Y. Oz, Phys. Rep. 323, 183 (2000).
[8] P. W. Anderson, "A Career in Theoretical Physics 2nd ed," World Scientific, Singapore (2005).
[9] http://www.claymath.org/millennium/
[10] S. D. Sarma et al, Phys. Rev. Lett. 94, 166802 (2005); Phys. Today (July 2006) p.32.
[11] 江口徹, 数理科学, 2007 年 6 月号, p.45.
[12] M. Levin and X-G. Wen, Rev. Mod. Phys. 77, 871 (2005); Phys. Rev. B73, 035122 (2006).
[13] M. Chalmers, Phys. World (May 2007) p.22.

[14] Robert B. Laughlin, "A Different Universe — Reinventing Physics from the Bottom Down," Basic Books (2006) [翻訳はロバート ラフリン,『物理学の未来』, 日経 BP 社 (2006 年)].

[15] Karl Popper, "The Logic of Scientific Discovery," Routledge (2002) [翻訳はカール・ポパー,『科学的発見の論理』, 恒星社厚生閣 (1971 年)]。

[16] 青木秀夫, 固体物理, 36, 607 (2001).

[17] S. Grebenev et al., Science, 279, 2083 (1998).

第8章
IPMU シンポジウム「素粒子と物性との出会い」の報告

　前章の対談以来，青木秀夫さんと交流があり，物性理論と素粒子理論のコミュニティを結ぶシンポジウムを開きたいものだという話になりました。2007年の秋に開設されたIPMUには，フォーカス・ウィークと呼ばれる国際研究集会のシリーズがあるので，その一環として会議を開くことになりました。この記事はその報告で，青木秀夫さんとの共著で『日本物理学会誌』の2010年8月号に掲載されました。

　両分野が出会うせっかくの機会なので，両分野に共通する問題，あるいは素粒子と物性が相互に提示したい問題を議論するパネル討論会を行いました。この記事の後半では，このときに取り上げられた問題のうちの5つを整理して解説しています。　　　　　　(難易度: ☆☆)

2つの世界が出会うことで，新しい展望が開けることがある。物理学は素粒子や物性などの分野に分けられ，その各々で特有なアイディアや技法が育まれているが，そうした成果が他の分野に思いがけなく応用され，新たに花開くことも多い。素粒子論と物性理論には場の量子論という共通の言語があり，その連携の歴史は長く豊富である。特に，対称性とその破れ，トポロジー，可積分性の概念，くりこみ群などは，両分野で重要な役割を果たしてきた。最近では，素粒子の究極の統一理論を目指す超弦理論の成果であるAdS/CFT対応(後述)を，物性物理学に適用するという試みもなされている。

素粒子論を専攻とする大栗は，21世紀COEプログラム「極限量子系とその対称性」の客員教授として2007年春に東京大学に滞在した折に，物性理論を専攻とする青木と『固体物理』誌上で対談をした(本書第7章参照)。そこでは，物性物理学の多様な世界と素粒子物理学の統一への志向との交流を通してど

のような物理学的世界像が構築されるか，また将来どのような発展が期待されるかが語り合われた。

この対談とその後の交流を背景として，青木と大栗は，物性理論と素粒子論のコミュニティーを結ぶシンポジウム「素粒子と物性との出会い」を企画した。大栗が主任研究員である東京大学の数物連携宇宙研究機構 (Institute for the Physics and Mathematics of the Universe; 略称 IPMU)[1] では，村山斉機構長の発案によるフォーカス・ウィークと呼ばれる国際研究集会のシリーズがあり，その一環として開催されることになった。青木と大栗を組織委員長とし，押川正毅 (物性; 東京大学物性研究所)，高柳 匡 (素粒子; IPMU) と笠 真生 (物性; カリフォルニア大学バークレー校) の各氏が組織委員会に加わり，柏キャンパスで IPMU に隣接する物性研究所にも協賛を頂くことができた。会議の目的は，物性理論におけるトポロジカルな秩序，量子臨界性，グラフェンなどの最先端の話題と，超弦理論とともに発展してきた共形場の理論や AdS/CFT 対応を中心に，共通の問題を探り最新の技法を共有することで，物性と素粒子の境界領域における新たな連携や発展を促進することであった。会議のホームページは http://www.theory.caltech.edu/~ooguri/CMP-HEP/CMP-HEP.htm に置かれている。

会議は組織委員会が期待した以上の盛況となり，参加者は約 200 名，そのうち約 40 名は海外 12 ヵ国からの出席であった。招待講演者は，物性理論からは Eduardo Fradkin, 藤本 聡, Alexei Kitaev, Nicholas Read, Xiao-Gang Wen, Shoucheng Zhang, 素粒子論からは Sean Hartnoll, Shamit Kachru, Hong Liu, Shiraz Minwalla, Volker Schomerus, Dam Son の皆さんである。このように錚々たる招待講演者が短期間で招聘できたことと，参加者多数で活発な議論が交わされたことは，この学際領域の成果と将来の発展への期待の現れであろう。一般参加

パネル討論会の様子

者による公募講演やポスターによる発表も盛況であった。

今回の会議で大きな比重を占めたテーマの 1 つである AdS/CFT 対応とは，$(n+1)$ 次元の反ドジッター (AdS) と呼ばれる空間上の量子重力理論が，1 つ次元の低い n 次元の共形不変な場の量子論 (CFT) と等価であるとの主張である [2]。量子重力のすべての現象は，空間の果てにおいたスクリーンに投影することができ，その上の重力を含まない場の理論によって記述できるという考え方は，ホログラフィー原理と呼ばれ，AdS/CFT 対応はその具体的な例となっている。ホログラフィーというのは光学の用語で，3 次元の立体像を 2 次元面上の干渉縞に記録し再現する方法のことであるが，超弦理論ではこれを借用して，異なる次元の理論の結びつきを表しているのである。CFT 側は重力を含まないのに，AdS 側は重力理論であり，しかも異なる次元の理論を等価とするこの奇妙な対応関係は，超弦理論の枠内では精密な理論的検証がなされている。

今回の会議では，物性理論に現れる量子臨界現象や量子流体の強結合問題を，AdS/CFT 対応を使って重力の問題に翻訳して解決しようというアプローチが焦点の 1 つとなった。通常の相転移が有限温度の熱揺らぎに支配されるのに対して，量子臨界現象は絶対零度で起きる量子揺らぎが支配するような相転

移に関わる．このような相転移現象は，従来のランダウのパラダイムでは捕らえられず，AdS/CFT 対応によってその理解が進むのではないかと期待されている．この方面の開拓者である Son をはじめ，Hartnoll, Kachru, Liu, Minwalla などの気鋭の研究者が招待講演を行った．

　物性理論からの話題としては，トポロジカルな絶縁体や超伝導体の理論などが中心であった．トポロジカルな絶縁体とは，トポロジカルな性質をもつ秩序変数や量子数で特徴づけられる状態で，バルクでは励起スペクトルにギャップがあるために絶縁状態，系の端では伝導状態になっている．量子ホール系が典型であるが，最近では無磁場中での量子スピン・ホール系などが加わっている．このような物質相の理解には共形場の理論が活用でき，素粒子論との関連も深い．この方面では，藤本，Kitaev, Read, Wen, Zhang といった世界的権威が集結した．会議の初日には青木が場の量子論が活躍する様々な物性現象を展望する講演を行った．超弦理論の研究者である Schomerus による共形場理論の厳密解の講演は，物性物理学者にも刺激を与えた．会議の最後に Fradkin が講演をしたエンタングルメント・エントロピーも，物性と素粒子双方で興味をもたれている話題であり，高柳の講演でも AdS/CFT 対応による解析が議論された．

　このようなユニークな学際的会合なので，交流を促進する企画として，招待講演者のうちの 4 名には，通常の講演のほかに素粒子と物性の両方が聞いて面白い入門講演をお願いし，これも好評であった．また，参加者のインフォーマルな議論を促すために，2 時間の昼休みのほかに，1 日 3 回のお茶の時間を設けた．IPMU の研究棟は本年の 1 月に竣工されたばかりで，今回のフォーカス・ウィークはそのお披露目ともなった．研究者の交流を第一に考えた建物は好評で，3 階の大部分を使った藤

原交流広場では参加者が夜更けまで熱心に議論をする様子が見られた。

8.1　未解決問題集—ヒルベルトに倣って

両分野が出会う折角の機会なので，共通する問題，あるいは素粒子と物性が相互に提示したい問題を議論するためのパネル討論会を行った。数学の会議ではこのような問題集の作成はよく行われており，1900年にパリで開かれた第2回国際数学者会議でヒルベルトが発表した数学の未解決問題集は特に有名である。今回は，問題を提起するほかに，問題の意義や解決の方向を議論することで，2つの分野の交流をさらに深めようというのも目的であった。このパネル討論会も予想以上に盛り上がった。以下は取り上げられた問題のうちの5つを整理したも

IPMUの藤原交流広場における集合写真

のである。

1. 物性物理学のトポロジカルな相を分類できるか?

トポロジカルな相は，量子ホール効果やスピン・ホール効果など $(2+1)$ 次元の理論で重要である。状態が系の局所的性質によらずトポロジーのみに依存し，境界では端状態という局所的な励起をもつことが，「トポロジカルな」と呼ばれる所以である。このような相は，場の理論の赤外極限といった定番の方法で記述できるとは限らない。これらを分類し，全貌を俯瞰する方法はあるか。トポロジカルな性質を反映した一般座標不変性をもつ場の理論を使った分類は考えられるか。

非可換 (ノン・アーベリアン) 統計に従う粒子の発現も $(2+1)$ 次元に特有な現象である。分数量子ホール効果のほかに，このような粒子が現れる物性現象はあるか。複数のペアリング (たとえば p_x, p_y) をもちうる超伝導状態に対して，時間反転対称性が自発的に破れるような組み合わせ (たとえば $p_x + ip_y$) を考えることができる。実際に Sr_2RuO_4 超伝導体，分数量子ホール状態，超流動 ^{3}He の相などで実現していると考えられている。このような時間反転を破ったペアリングをもつ超伝導を記述するトポロジカルな場の量子論は存在するか。

さらに，$(3+1)$ 次元のトポロジカルな相は，低次元のような豊富な構造をもつか。

2. 物性現象を使って AdS/CFT 対応を検証できるか?

AdS/CFT 対応を定量的に検証できる物性現象の例はあるか。物性現象への応用のためには，この対応がどこまで一般的に成り立つかを把握することが重要である。現在知られている AdS/CFT 対応の例では，AdS の側の量子効果が無視できる極限 (古典極限) は，CFT の側のゲージ群の次元が大きくなる「ラージ N」の極限に対応する。重力理論によるホログラフィックな記述が存在するための一般的な条件は何か。

ホーキングの指摘したブラックホールの情報問題を，物性の問題に焼きなおして解決することはできるか．

3. モット絶縁体を場の理論を使って記述できるか?

モット絶縁体を格子模型でなく場の理論で記述できるか．AdS/CFT 対応のようなホログラフィックな記述でモット絶縁体を特徴づけることができるか．また，不規則性のあるときのモット転移や量子ホール転移をどう記述するか．

4.「負符号問題」が示唆する物理は何か?

負符号問題とは，量子モンテカルロ法による経路積分の計算において，フェルミオンの統計性による負の項の寄与によって計算精度が悪化する現象を指す．超伝導など物理的に面白い相に近づくと，これが深刻になることが多い．これは計算技術上の問題なのか，それとも一般に量子揺らぎの増大と関連する物理的な効果か．エンタングルメント・エントロピーとは関連するか．

負符号問題は NP 困難であることが知られているので，量子コンピュータをもってしても解決できないかもしれない[*1]．負符号問題をもつ量子系の基底状態を定めるという限定された問題は，量子コンピュータで解くことができるか．

5. 超弦理論ではラグランジアンの存在しない場の理論の例が知られている．このような模型は物性には現れるか?

超弦理論の 6 つの化身の 1 つである M 理論には，基本的な自由度として，空間 2 次元に拡がった M2 ブレーンと空間 5 次元に拡がった M5 ブレーンがある．M2 ブレーンの集団座標は $(2+1)$ 次元の場の理論であり，これについては多くの場合にラグランジアンによる記述が存在することが最近の研究によって明らかになった．しかし，M5 ブレーンの集団座標のな

[*1] 素因数分解が NP 困難であるかどうかは知られていない．

す (5+1) 次元の場の理論は，本質的に非局所場の理論であり，通常の場の理論の意味でのラグランジアンは存在しないと考えられている．さらに，M5 ブレーン上の非局所場の理論を，2 次元のリーマン面を使ってコンパクト化すると，(3+1) 次元のミンコフスキー空間における様々な共形場の理論が構成できる．その多くはラグランジアンからは説明できない不思議な性質をもち，活発な研究の対象と成っている．

一方，物性模型のトポロジカルな相の中には，「ひも」のように空間 1 次元に拡がりをもつ励起が現れる場合があり，このひもの綱目 (string net) の凝縮によってトポロジカルな相を分類するという試みが Wen らによって提唱されている．このような模型は，ラグランジアンを使った場の理論で有効に記述できるか．

参加者からは，普段交わることのないコミュニティーの人々と語りあえ，これまで知らなかったことをたくさん学べた，という感想を多く頂いた．我々組織委員にとっても，新しい分野を学ぶ場となり，物理の深さや多様性とともに，基礎的な問題の共通性を実感する機会でもあった．このような出会いが今後も様々な形で行われ，物性理論と素粒子論の交流から多彩な共同研究の成果があがることを期待して筆をおきたい．

参考文献

[1] 村山　斉，日本物理学会誌，**63** (2008) 867，数物連携宇宙研究機構 (IPMU)
[2] 標準的な解説論文としては，O. Aharony, J. Maldacena, S. S. Gubser, H. Ooguri and Y. Oz, Phys. Rep. **323** (2000) 183.

第9章
素粒子論ことはじめ
——『湯川秀樹日記』書評

> 湯川秀樹の生誕100年を記念して，ノーベル賞授賞対象となった中間子論誕生の年である1934年の日記が出版されました。雑誌『数学セミナー』の2008年6月号に掲載された書評です。　　　(難易度:☆)

　湯川秀樹は僕の少年時代のヒーローだった。小学校時代に読んだ伝記には，核力を伝達する中間子の存在を真夜中に思いついたとある。思考の力で，自然界の最も深くゆるぎない真実に到達したという話に感動した。スウェーデン科学アカデミー会長はノーベル賞授賞式で，「あなたの頭脳は実験室であり，ペンと紙がその実験器具である」と賞賛している。

　しかし，この発見は一夜の思索でもたらされたものではなかった。量子力学の発見に遅れてきた湯川は，大学を卒業する1929年までに研究テーマを「相対論的な量子論」と「原子核の理解」の2つに定めている。そして，1932年にチャドウィックが中性子を発見し，また加速器による原子核の人工的破壊が可能になると，原子核の研究が一気に勢いづく。この後の2年間，湯川は核力の本質の解明に全力を注ぐことになる。

　湯川生誕百年に当たる昨年，ご遺族が1934年(昭和9年)の日記の公開を決断され，小沼通二の努力によって今回の出版となった。1月1日「我等の前には底知れぬ深淵が口を開いている。我等は大胆に沈着にその奥を探らねばならぬ」。湯川はこのときすでに，核力を説明するには，それを媒介する何らかの粒子が必要だと考えていた。しかし，新しい素粒子を予言する機はまだ熟していない。

5月6日「Fermi Neutrino を読む」。ベータ崩壊のフェルミ理論である。湯川はあせった。この理論によって，核力が，電子とニュートリノのやりとりとして説明されてしまうのではないか。5月31日「四面楚歌，奮起せよ」。しかし，フェルミ理論で計算される力は核力に比べて弱すぎることがわかった。自伝『旅人』には「この否定的な結果が(中略) 私の目を開かせた」とある。もはや迷いはない。「既知の素粒子の中に，さがし求めることはやめよう。」

　次男の出生届を出した翌日の10月9日「γ' ray について考へる」。『旅人』と照らし合わせると，これが中間子論誕生の日であろう。γ とは電磁気力を伝える光子のことなので，γ' に，光子と似た，しかし新しい素粒子であるとの意味を込めたのだと思う。湯川の理論は，中間子を予言するとともに，量子場の理論が電磁気力 (γ) のみならず核力 (γ') にも当てはまる普遍的言語であることを示し，その後の素粒子論の進歩に決定的な影響を与えた。この日記には，勇気と才能で原子核の深淵に切り込み，素粒子論のパラダイムを打ち立てる若い力が溢れている。

　朝永振一郎の『滞独日記』が言葉を丁寧に選んで書かれているのに対し，湯川の日記は毎日数行の走り書きである。しかし，そこから湯川の生活が浮かび上がってくる。澄子と結婚して阪神間に引っ越した湯川は，その活気ある土地柄を楽しんでいた。家族への細やかな愛情が見られるのもうれしい。中間子論を発見した数日後には，大学で坂田昌一と γ' について議論する前に，阪急デパートに寄って1歳半の長男のために靴を買う。また，会合で大阪ホテルに行ったときには「こゝは思ひ出の場所」と書いている。3年前に澄子と見合いをしていたのである。しかし，このような中産階級の家庭の幸福にも大戦の影がさす。5月7日「英国，日本品輸入制限を企つ」。前年に日本

は国際連盟から脱退している。

　この日記は中間子論発見の経緯に光を当てる第一級の科学史資料である。この他にも，湯川は多くの日記や研究日誌を残している。未発表の 1931 年の日記には興味深い長文の考察があるという。今回の日記の出版を機に，これらの貴重な史料が調査・公開されることを望む。

第II部

超弦理論の現在

第 10 章
超弦をめぐる冒険

　丸善の雑誌『パリティ』の 2010 年 10 月号の「物理っておもしろい?」と題された連載コラムに依頼されて書きました。いろいろな人が物理学の魅力を語るという趣旨だそうです。

　『パリティ』というのは物理学の雑誌で，米国物理学会誌 "Physics Today" の記事の翻訳もよく掲載されています。当然読者層は物理学に興味のある人なので，「物理っておもしろい?」と聞かれれば「もちろん!」という答えしかありえません。これまでの記事を拝見すると，当たり前の答えにならないように苦労されている記事も多くみられました。

　私もひとひねりして，科学教育の現状について書いてみました。子どもの通っている小学校で理科教育のお手伝いをしているので，この方面の話題にも興味があります。しかし，読み直してみるとどうもいっていることがネガティブで気に入りませんでした。

　そこで，その原稿は棄てて，超弦理論のようにすぐに実験で検証されないかもしれない理論を研究する楽しみは何かということを書きました。『パリティ』の編集委員の先生からは，「物理の最先端の「わくわく」感が良く伝わり，また研究者が，まだ超弦理論で分かっていないことに挑戦してそのわくわく感を楽しんでいる様子が目に浮かび，パリティの読者層に合ったとても良いコラムですね」との評をいただきました。

(難易度: ☆)

　私は子どもの頃から理科が好きで，理性の力で自然のすべてを理解したいと思った。自然現象を法則で説明できることに魅了され，これが体験できる小学校の実験はいつも楽しみだった。特に，物理学では基本原理に立ち戻って考えるので，何かがわかった瞬間には霧が晴れたようにすべてが明晰に見わたせる。これが私にとっての "物理のおもしろさ" の 1 つである。

　さて，この初夏の小惑星探査機「はやぶさ」の帰還は大きな

話題になった。数々の困難を乗り越えて無事カプセルの回収にまでこぎつけた様子は，国民に感動をもたらした。これはわかりやすい例であったが，このような冒険 (チャレンジと克服) は科学の研究において，様々なかたちで現れる。思いもかけない障害に出会い，それをいかに工夫して乗り越えるのかが研究の醍醐味でもある。私の専門の理論物理学でも，困難な計算にとり組んでいて硬い岩の間に裂け目が見つかり光が差し込んだり，ふと思いついたアイディアで一瞬にして展望が広がったりすることがある。研究室の帰りに夜空の星をながめながら，この答を知っているのは世界に自分しかいないという感動を覚えるというようなことは，研究者なら誰しも経験することだろう。そしてそれが次の研究への原動力となる。

　私の研究対象は，素粒子の究極の統一理論の候補とされている超弦理論である。"究極" などと名乗るのはおこがましいようだが，それなりの理由がある。物理的世界にはたまねぎの皮のような階層構造があって，皮をむくとより基本的な法則に支配されたより深い階層が現れる。そう聞くと，このたまねぎの皮はかぎりなく重なっているのか，それともどこかで芯にたどりつけるのかを知りたくなるのが人情である。じつは，量子力学と一般相対性理論が統合されると，自然界の階層構造は完結し，物理学の短距離のフロンティアは閉じると考えられている (本書第 19 章参照)。人間の知力で自然界の階層構造の底までたどり着けるなどと考えるのは不遜かもしれないが，私たちは奇跡的にその究極の理論の有力な候補に遭遇した。それが超弦理論である。

　階層構造の底への道は，実験と理論が手を携えてゆくのが理想であるが，現在は理論が先行して検証が追いついていない。これは対象とするエネルギースケールが高すぎるからとされるが，以下に説明するように，私たちはそもそも超弦理論に何を

問いかければよいのかすら理解していないのである。

　古代ギリシャの時代には，太陽系の惑星の運動のように基本的な現象は，音楽や幾何学などの美しい理論によって説明できるはずだと考えられていた。ケプラーですら，惑星の楕円軌道模型に到達する前には，プラトンの正多面体を組み合わせた模型を使って惑星の公転半径を導出しようとした。しかし，ニュートンの法則の発見によって，惑星の軌道を基本原理から説明しようとする試みは無駄であることが明らかになった。惑星の運動は，太陽系ができたときの初期条件によって偶然に決まっているにすぎない。それを基本原理から演繹しようとしたのは，問題設定が間違っていたのである。

　同様に，電子の質量のような"素粒子の標準模型"のパラメータが，超弦理論から演繹されるべきか，それともそれは偶然に決まっているのかは明らかではない。超弦理論にランドスケープというものがあるとすると偶然に決まっているのかもしれないが，超弦理論の数学的理解が未熟なために，ランドスケープがあるかどうかについてすら，専門家の間で意見が分かれている。そもそも何がよい質問であるかを判断するためには，理論の基礎を確立しないといけない。

　超弦理論の数学の現状は，物質の運動を"三角形や円などの幾何学図形"[1] によって理解しようとしたガリレオの状況に似ていると思う。力学の体系の構築は，無限小の概念を精密化し解析学を創設したニュートンによってなされた。超弦理論の完成のためには，これに匹敵する新しい数学が必要となるだろう。

　超弦理論はこの 25 年の間に大きく進歩してきた。理論の完成や検証までの道は遠いが，幸いその進歩の速度は衰えを感じさせない。たとえば，素粒子論の大学院に進学した学生は，私が大学院生だった 25 年前でも現在でも，2 年間程度の学習で

最先端の研究にとり組めるようになる。学ぶべき内容は高度になっているが，理解の仕方も進歩している。超弦理論の研究は，まだまだ人間の知力の壁に当たっていないのだと思う。

暗黒物質の存在を指摘した 1 人であるルービンは，『ニューヨークタイムズ』紙の最近のインタビューで,「あまりわかっていなくて申し訳ないけれど，だから面白いんじゃないの。」と語っている。超弦理論もわからないことだらけだが，それを解くことはわくわくするような冒険である。

参考文献

[1] ガリレオ・ガリレイ,『偽金鑑識官』, 山田慶兒, 谷泰 訳, 中央公論社 (2009 年).

第 11 章
素粒子の統一理論としての超弦理論

> サイエンス社の雑誌『数理科学』の 2009 年 10 月の別冊「量子重力理論」のために書いた解説記事です．超弦理論の研究から生み出された理論物理学の手法は物理学の様々な問題に応用されていますが，その本来の目的は素粒子の究極の統一理論の構成にあると思います．そこでこの記事では，超弦理論の本来の目的に正面から向き合い，超弦理論から素粒子の究極の統一理論を構成しようとする試みの現状について解説しました．話題になっているストリングのランドスケープについて考察し，また F-理論を使った現象論的模型の構成についても解説しました．
> (難易度: ☆☆)

　現在知られているすべての素粒子を支配する法則は，「素粒子の標準模型」と呼ばれる場の量子論にまとめられています[*1]．しかし，この模型には重力相互作用は含まれていません．一般相対性理論と量子力学の統合は現代の理論物理学の最も重要な課題の 1 つです．超弦理論は，素粒子の標準模型を再現するために必要な材料をすべて含んでおり，しかも重力相互作用も矛盾なく取り入れているので，素粒子の究極の統一理論の最有力候補と見なされています．

　超弦理論の研究から生み出された理論物理学の手法は，統一理論の構成の他にも，物理学の様々な問題に応用されています．特に，AdS/CFT 対応と呼ばれる超弦理論と場の量子論との対応関係は，クォーク–グルーオン・プラズマの熱力学的性

[*1] 厳密には，狭義の標準模型ではニュートリノが質量をもてないので，ニュートリノ振動の現象を説明するためには，標準模型を拡張する必要がある．

質やハドロン物理，さらには物性物理学の量子相転移や量子流体などの強相関現象などの理解に新しい視点を与えています。また，D ブレーン構成法は，ブラックホールの情報問題の解決をはじめとする量子重力の謎を解決しました。さらに，超弦理論の発展は数学の新しい進歩を触発しています。

これらの点については，すでに日本語による様々な解説があります。AdS/CFT 対応とその応用については，一般向けの解説書 [1] や雑誌の特集号 [2] があります。D ブレーンの構成法と量子重力の諸問題との関係についても，一般向けの解説書 [3, 4] が出版されており，本書第 19 章の記事もあります。超弦理論と数学との関係については，雑誌の特集号 [5] や解説記事 [6]，また本書第 4 章，第 14 章と第 17 章をご覧ください。このように多岐にわたる超弦理論の研究の全貌を俯瞰するためには，たとえば昨年 (2008 年) の夏に CERN で開かれた超弦理論国際会議 Strings 2008 で筆者の行った総括講演の記録 [7] をご覧いただくとよいかもしれません。

そこで今回の記事では，超弦理論の本来の目的に正面から向き合い，超弦理論から素粒子の究極の統一理論を構成しようとする試みの現状について解説します。

11.1　超弦理論の真空はいくつあるのか

素粒子の模型をつくるときにまず問題になるのは，理論の真空の構造です。このような考え方は現在では標準的ですが，これを素粒子論に最初に導入したのは南部陽一郎でした。南部は，場の量子論の対称性が真空状態によって自発的に破れることを示し，これによって素粒子の質量の起源を説明しました。(この業績については本書第 2 章を参照。)

そこで，超弦理論についても，真空の構造の理解が重要にな

りました。超弦理論は 1980 年代の半ばに究極の統一理論の候補として初めて脚光を浴びましたが，その当時には I 型，IIA 型，IIB 型の超弦理論と 2 種類のヘテロティック弦理論 (ゲージ対称性が $E_8 \times E_8$ もしくは $Spin(32)/Z_2$ の 2 種類) の全部で 5 種類の理論が知られていました。量子効果を無視できる極限では，これらのすべての理論は，10 次元のミンコフスキー時空間を最低エネルギー状態の 1 つとしてもちます。

南部の考えた模型では，量子効果を無視すると対称性が破れていない状態がエネルギーが最も低いように見えますが，量子効果を計算に入れるとこれよりさらにエネルギーの低い状態が存在することがわかります。そして，この本当の真空状態で対称性が破れ素粒子が質量をもつのです。そこで，超弦理論においても，10 次元のミンコフスキー時空間は見かけの真空であって，量子効果を考慮に入れると，本当の真空状態では余計な 6 次元空間がコンパクト化されるなどして隠され，我々の世界である 4 次元の時空間が現れるのではないかとの期待がもたれました。

エドワード・ウィッテンは 1994–95 年に，背理法を用いて，10 次元のミンコフスキー時空間が超弦理論の真空ではないことを証明しようとしました。10 次元のミンコフスキー時空間が真空状態として存在すると，ばかげた結論が導き出されることを示そうとしたのです。しかしウィッテンは，これを仮定すると，上に述べた 5 つの弦理論が美しい双対性 (デュアリティ) によって結びつけられていることを発見してしまいました。ウィッテンは，南カリフォルニア大学で開催された超弦理論国際会議 Strings '95 でこれを発表し，いわゆる「第 2 次超弦理論革命」の発端をつくりました。今日では，双対性は超弦理論の整合性のためにはなくてはならないものとされていて，10 次元のミンコフスキー時空間の存在もその枠組みの中に組

み込まれています。

　さらに，超弦理論はこれ以外にも膨大な数の真空をもつことがわかってきました。たとえば，AdS/CFT 対応によると，一様等方で負の曲率をもつ時空間 (反ドジッター時空間 = AdS) に定義された量子重力理論は，AdS より 1 次元低い空間に定義された共形対称性をもつ場の量子論 (共形場の理論 = CFT) と，量子力学系として等価です。たとえば，高次元から 4 次元の AdS にコンパクト化された超弦理論については，それと等価になる 3 次元の CFT が数多く知られています。これらの CFT は，重力を含まない場の量子論なので，その数学的整合性は通常の場の量子論の手法で保証できます。そこで，AdS/CFT 対応を逆手にとると，各々の CFT は AdS 上の超弦理論を定義し，その真空状態を指定していると考えることができます。

11.2　ランドスケープとスワンプランド

　超弦理論の 1 つの真空を選ぶと，そこからの低エネルギー励起状態は場の量子論によって記述することができます。これを低エネルギー有効理論と呼びます。たとえば，AdS/CFT 対応を使うと，各々の CFT に対応して AdS 上の超弦理論が存在し，それらから低エネルギー有効理論が演繹されます。このように超弦理論の真空の選び方によって様々な低エネルギー有効理論が現れる様子は，超弦理論のランドスケープと呼ばれます [8]。超弦理論から実験的に検証可能な予言を引き出すためには，このようなランドスケープに何らかの制限があるのか，それともいかなる有効理論でもランドスケープの中で実現されてしまうのか，ということが問題になります。

　超弦理論の低エネルギー有効理論に条件があることは，以前

から知られていました。たとえば，一般相対論のアインシュタイン方程式は，古典物理学の運動方程式としては何次元の時空間にも定義できて解くことができますが，超弦理論で許される時空間の次元には上限があります。初期に発見された5種類の超弦理論では10次元，ウィッテンが双対性の発見とともにその存在を指摘したM理論では11次元が上限です。また10次元で超対称性を仮定すると，重力理論とゲージ理論の量子化の整合性から，ゲージ対称性は $E_8 \times E_8$ もしくは $Spin(32)/Z_2$ に限られます。

超弦理論の低エネルギー有効理論として実現できないようなラグランジアンの集合は，ランドスケープの補集合として，スワンプランド (沼地) と呼ばれています。ランドスケープとスワンプランドの境界を特定することは，超弦理論の実験的検証のために重要な問題です。

たとえば，これまでに超弦理論から導出されたすべての低エネルギー有効理論では，スカラー場の値の変動幅に上限があることが知られています [9, 10]。スカラー場の値が任意の大きさで変動できるような場の理論のラグランジアンを書くことは容易ですが，超弦理論の低エネルギー有効理論の適応範囲内では実現されていません。この事実は，超弦理論から初期宇宙のインフレーション模型を構成しようとするときに重要です。もしスカラー場が大きく変動できる理論がスワンプランドに属しているのなら，たとえば，インフレーション時代からの重力波の放出に強い制限が加わり，現在進行中および計画中の宇宙マイクロ波背景放射の偏光や重力波の測定などの宇宙初期の観測に直接関わることになります。

次に，超弦理論のランドスケープの中で，4次元の「素粒子の標準模型」に似たものがどのくらい存在するのかを考えてみましょう。

11.3 コンパクト化

1980年代半ばに超弦理論が脚光を浴びたのは，10次元の時空間をコンパクト化して，4次元の「素粒子の標準模型」が再現される道筋が提示されたからです。キャンデラス，ホロビッツ，ストロミンジャーとウィッテンは，1984年にヘテロティック弦理論の余計な6次元をカラビ–ヤウ多様体と呼ばれる空間にコンパクト化し，4次元の素粒子模型を構成しました[11]。この構成法の著しい点は，クォークやレプトンといった物質場，その間のゲージ相互作用，またそのゲージ相互作用を自発的に破るためのヒッグス機構などの標準模型の基本材料が，カラビ–ヤウ多様体の幾何学的性質から自然に現れる点です。

標準模型では，素粒子は3世代に分類されます。第1の世代はアップとダウンと呼ばれる2種類のクォーク，そして電子とニュートリノからなっています。電子とニュートリノはレプトンと呼ばれています。素粒子の標準模型では，このように2種類のクォークとレプトンを1組にして世代と呼びます。標準模型では世代の存在は仮定で，なぜ素粒子に世代があるのかは説明されていません。素粒子の世界で，同じ構造が3回も繰り返されているのはなぜでしょう。ヘテロティック弦理論では，クォークの各世代は，カラビ–ヤウ多様体の上の一般化されたラプラス方程式の解に由来し，世代の数はカラビ–ヤウ多様体のトポロジーによって決まります。素粒子の世代の起源が，高次元の幾何学から説明できるのです。

しかし，このコンパクト化は標準模型を完全に導出するものではありませんでした。たとえば，クォークはヒッグス場と結合することで質量を得ますが，この結合定数はカラビ–ヤウ多様体の形に依存しています。カラビ–ヤウ多様体の形が決まらないと，クォークの質量は演繹できません。また，カラビ–ヤ

ウ多様体の形を記述するパラメータは，4次元ではスカラー場として現れます。カラビ–ヤウ多様体の形が決まらないということは，このスカラー場の期待値が任意である，すなわちスカラー場の質量がゼロであることを意味します。しかし，このようなスカラー場の質量については，厳しい制限がついています。たとえば，質量があまり軽いと，初期宇宙の元素合成の機構と抵触することになります。また，質量の軽いスカラー場は長距離力を伝えるので，等価原理などについての精密実験や惑星の運動の観測による制限もあります。

このようなスカラー場に質量を与える機構があれば，カラビ–ヤウ多様体の形が定まり，標準模型のパラメータも演繹できるはずです。そもそも超弦理論は，10次元の段階では不定パラメータを一切もたず，その低エネルギー有効理論のパラメータはすべてスカラー場の期待値によって決まります。そのため，スカラー場に質量をもたせ，その期待値を決定する機構を理解することは，超弦理論から標準模型を導出し，さらにそれを超える現象を予言するための重要なステップです。

11.4 ダイン–ザイバーグの問題

しかし，超弦理論で現れるすべてのスカラー場に質量をもたせることは容易ではありません。マイケル・ダインとネーサン・ザイバーグは，次のような考察でその難しさを指摘しました [12]。超弦理論のすべてのパラメータはスカラー場の期待値で定まります。特に，量子効果の大きさを支配するスカラー場があり，これはディラトン場と呼ばれます。超弦理論の低エネルギー有効理論が，ディラトン場 ϕ に質量を与えるポテンシャル $V(\phi,\cdots)$ をもっていたとしましょう。ここで，$\cdots$ はディラトン場以外の様々なスカラー場を表しています。超弦理論の

量子効果が無視できる極限を $\phi \to \infty$ とすると，この極限では摂動近似が使えて，ポテンシャルは指数関数的にゼロになることがわかります。もしポテンシャルが無限遠点の近くで正にもち上がっていれば，$\phi \to \infty$ の点は安定になりますが，これは量子効果が起きないつまらない (自明な) 世界です。この考察から，ダインとザイバーグは，$V(\phi, \cdots)$ の非自明な極小値は，摂動計算では手の届かない領域にあると主張しました。レーストラック模型や KKLT 模型のようにこの問題を部分的に解決したとされる例もありますが，すべてのスカラー場に質量を与えるのは難しく，超弦理論の非摂動論的効果の本格的な理解が必要です。

2000 年代になって，個々の真空を探すのではなく，ランドスケープの全体にどのように真空が分布しているのかを統計的に捉えようとする新しいアプローチが現れました。

11.5 標準模型の導出に向けて: F-理論

超弦理論には真空がたくさん存在することがわかりましたが，その多くは我々の世界とはかけ離れた性質をもっています。そこで，実験で確かめられている素粒子の世界の定性的な性質を要請したときに，真空の選択肢がどのくらい狭められるかが次に問題になります。この点において，最近注目を集めている F-理論構成法について解説します。

F-理論とは，10 次元の IIB 型の超弦理論のある種の状態を，12 次元の仮想的な空間を使って記述する方法です。IIB 理論には，前節で現れたディラトン場の他に，アクシオン場と呼ばれるもう 1 つのスカラー場 θ が存在します。これを複素数に組んだ場

$$\tau = \theta + ie^{-\phi}$$

を考えましょう。IIB 理論 は $SL(2,\mathbb{Z})$ 双対変換,

$$\tau \to \tau' = \frac{a\tau+b}{c\tau+d}, \quad \begin{pmatrix} a & b \\ c & d \end{pmatrix} \in SL(2,\mathbb{Z}) \tag{1}$$

の下で不変です。ディラトン場 $e^{-\phi}$ は量子効果の強さを支配するので,特に変換 $\tau \to -1/\tau$ は弱結合領域と強結合領域を入れ替えることに注意してください。

IIB 理論の 10 次元時空間を 8 次元ミンコフスキー時空間 $\mathbb{R}^{7,1}$ と 2 次元空間 M^2 の直積と考え,M^2 の複素座標を z と書きましょう。このとき,τ が z の正則関数

$$\tau = \tau(z) \tag{2}$$

であれば,それを使って M^2 の計量テンソルを

$$ds^2 = \mathrm{Im}[\tau(z)]|f(z)|^2 dz d\bar{z} \tag{3}$$

と定めると,IIB 理論の運動方程式の解になります。ここで,(3) 式右辺の正則関数 $f(z)$ は,計量テンソルが正しく変換をするように選びます。この解は IIB 理論の超対称性の半分を保つので,量子効果を取り入れても厳密な真空状態として存在することが保証されます。

さて,IIB 理論には $SL(2,\mathbb{Z})$ 双対性 (1) 式がありますが,これは 2 次元トーラスのモジュラー変換と同じ構造をしています。具体的には,与えられた τ に対して,複素平面 $\mathbb{C}$ の座標を w と取って,トーラス $T^2(\tau)$ を商空間,

$$T^2(\tau) = \mathbb{C}/(w \sim w + m + n\tau;\ n,m \in \mathbb{Z})$$

として定義すると,(1) 式で写りあう τ と τ' に対応するトーラスは同じ複素構造をもちます。そこで,$\tau = \tau(z)$ で与えられた IIB 理論の解を,

$$\pi : E^4 \to M^2;\ \pi^{-1}(z) = T^2(\tau(z)),\ z \in M^2$$

で定義されるファイバー束 E^4 を使って幾何学的に解釈することができます。このとき，考えている空間は $\mathbb{R}^{7,1}$ と E^4 の直積で，合計 12 次元の空間となっています。このように，12 次元の空間の幾何学を使って IIB 理論を記述する方法を F-理論と呼ぶのです。この記述では，トーラスの部分はあくまで仮想的なものであり，実際の空間ではないことに注意してください。

カムラン・バッファは，特に M^2 が球面になるように $\tau(z)$ を選んだとき，F-理論は，2次元トーラスを使って $\mathbb{R}^{7,1}$ にコンパクト化されたヘテロティック弦理論と等価になっていると予想しました [13]。この場合，ヘテロティック弦理論の量子効果の大きさを支配するのは，F-理論のディラトン場 ϕ ではなく，球面の面積です。たとえば，ヘテロティック弦理論の弱結合領域は，F-理論側では球面が小さい場合に対応します。

これは 8 次元にコンパクト化された F-理論とヘテロティック理論の対応です。この対応を保ったまま両者をさらにコンパクト化すると，6 次元のカラビ–ヤウ多様体を使って 4 次元にコンパクト化されたヘテロティック弦理論が，8 次元のファイバー束で 4 次元にコンパクト化された F-理論と等価になることがわかります。

ヘテロティック弦理論を 6 次元のカラビ–ヤウ多様体にコンパクト化すると，4 次元の時空間の素粒子模型が構成できることを 11.3 節に書きました。ヘテロティック弦理論と F-理論は双対性によって結びついているので，ヘテロティック弦理論の摂動展開では手の届かない領域でも，F-理論を使えば解析が可能になります。そのためには，8 次元のファイバー束の幾何学から，素粒子の種類やその間の相互作用を読み取る規則を理解する必要があります。この方面で最近画期的な進歩がありました。

F-理論では τ が特異性をもつ場所で面白いことが起きます。

たとえば，複素座標 z の原点 $z=0$ の近くで

$$\tau(z) = \frac{1}{2\pi i}\log(z) + \cdots \quad (4)$$

となっている場合を考えましょう．原点の周りを一周すると，$\tau \to \tau+1$ となりますが，これは $SL(2,\mathbb{Z})$ 双対性 (1) 式の下で同一視できます．IIB 理論の言葉では，これは $z=0$ に D7 ブレーンがあることを意味します．IIB 理論では 10 次元の中の閉じた弦を考えますが，D7 ブレーンがあると弦が開いて，その端点が 8 次元の部分空間の上を走ることができます．(D7 ブレーンは空間 7 次元に拡がっていて，時間方向までを考えると 10 次元の時空間の 8 次元部分空間を占めます．) 複素座標 z の原点に D7 ブレーンを置くと，τ に (4) 式のような特異性が現れるのです．

上では $z=0$ で指定される 8 次元部分空間の周りで $\tau \to \tau+1$ となる特異性を考えました．ファイバー束 E^4 の特異性は小平邦彦によって分類されており，ADE 型のリー群である $SU(N), SO(2N), E_6, E_7, E_8$ に対応することが知られています．そこで，ADE 型のリー群 G の各々に対応する 7-ブレーンが考えられます．このような 7-ブレーンの上には，ゲージ群を G とするゲージ場の自由度が局在して現れます．たとえば E_8 型の場合にはファイバー束の局所構造は $\mathbb{C}^3$ の中の方程式

$$x^2 + y^3 + z^5 = 08$$

で表現されますが，このとき $z=0$ に E_8 ゲージ場が現れるのです．このように例外群がゲージ対称性として現れるのは F-理論の特徴で，IIB 理論の摂動的取扱いでは見えない現象です．これが F-理論による現象論の可能性を拡げます．

このように，F-理論では 7-ブレーンの上にゲージ場の自由度が出現します．さらに，7-ブレーンが交差すると，そこからクォークやレプトンなどの物質場の自由度が現れます．この 2

年ほどの間に，一般の 7-ブレーンの交差からどのような物質場が現れるか，また，そのような物質場の間の相互作用が F-理論の幾何学によってどのように決まるかについての規則が明らかになってきました。このようにゲージ場や物質場の自由度が 12 次元空間の中の部分空間に局在して現れるので，高次元空間の局所的構造 (7-ブレーンの交わり具合) だけを使って 4 次元の素粒子模型が構築できることが，F-理論の特長です。

F-理論による構成では，標準模型の $SU(3) \times SU(2) \times U(1)$ の 3 つのゲージ相互作用は，高エネルギーで 1 つのゲージ相互作用に大統一されます。このゲージ相互作用は 7-ブレーンの指定する部分空間から出現するのに対し，重力相互作用の強さは余剰次元全体の体積から決まるので，この 2 つの力を特徴づけるエネルギースケール E_{GUT} と E_{Planck} は必ずしも一致しません。ここで，E_{GUT} は 3 つのゲージ相互作用が大統一されるエネルギー，E_{Planck} は重力の強さによって決まるプランク・エネルギーです。実際，$E_{\mathrm{GUT}}/E_{\mathrm{Planck}} \sim 10^{-3}$ であり，ゲージ相互作用と重力相互作用が異なる起源をもつと考えるのは自然です。

最近バッファの研究グループは，$E_{\mathrm{GUT}}/E_{\mathrm{Planck}} \to 0$ となる極限が存在する F-理論のコンパクト化に着目し，我々が経験的に知っている素粒子の世界の定性的な性質や期待される性質 (4 次元の時空間，$SU(3) \times SU(2) \times U(1)$ のゲージ相互作用による力の伝達とその大統一，3 世代ある素粒子など) を要請すると，F-理論の局所的構造がほとんど一意的に決まってしまうと主張しました [14]。また，クォークの混合を表す小林・益川行列やレプトンの混合を表す牧・中川・坂田行列のパターンが定量的に再現できるとの報告もあります [15]。

超弦理論には膨大な真空があるので，そのランドスケープの中では，どのような低エネルギー有効理論も実現できるはずで

あるという考えを提唱する研究者もいます。しかし，F-理論を使って現実的な素粒子模型を構成しようとする最近の取組みは，素粒子の標準模型の定性的性質を再現せよとの条件が思いのほか縛りが強いことを示唆しています。この条件をさらに突き詰めることで，超弦理論の第一原理から実験的に検証可能な予言を導くことができるようになるかもしれません。この方面の研究は現在活発に進められているので，今後の発展が期待されます。

謝辞

この記事の原稿に有益なコメントを頂いた立川裕二，中山優，山崎雅人，渡利泰山の各氏に感謝します。

参考文献

[1] 江口徹・今村洋介，『素粒子の超弦理論』，岩波講座物理の世界，岩波書店 (2005 年).

[2] 数理科学 特集「ゲージ重力対応」，サイエンス社 (2008 年 2 月号).

[3] 橋本幸士，『D ブレーン——超弦理論の高次元物体が描く世界像』，東京大学出版会 (2006 年).

[4] 夏梅誠，『超ひも理論への招待』，日経 BP 社 (2008 年).

[5] 数理科学 特集「トポロジカルな弦の世界」，サイエンス社 (2008 年 9 月).

[6] 江口徹，「超弦理論のモジュライ」，数理科学，サイエンス社 (2005 年 8 月号).

[7] Strings 2008 のウェブサイトから入手可能.
http://indico.cern.ch/getFile.py/access?contribId=38&resId=0&materialId=slides&confId=21917

[8] L. Susskind, "The Anthropic Landscape of String Theory," hep-th/0302219.

[9] C. Vafa, "String Landscape and the Swampland," hep-th/0509212.

[10] H. Ooguri, C. Vafa, "On the Geometry of the String Landscape and the Swampland," Nucl. Phys. **B766**, 21 (2007), hep-th/0605264.

[11] P. Candelas, G. T. Horowitz, A. Strominger, E. Witten, "Vacuum Configurations for Superstrings," Nucl. Phys. **B258**, 46 (1985).

[12] M. Dine and N. Seiberg, "Is the String Theory Weakly Coupled?," Phys. Lett. **B162**, 299 (1985).

[13] C. Vafa: "Evidence for F Theory," Nucl. Phys. **B469**, 403 (1996) [hep-th/9602022].

[14] J. Heckman, C. Vafa, "From F-Theory GUT to the LHC," arXiv:0809.3452.

[15] J. Heckman, C. Vafa, "CP Violation and F-Theory GUTs," arXiv:0904.3101.

第 12 章
超弦理論

丸善出版の『現代数理科学事典』の第 2 版の「超弦理論」の項目のために書きました。この事典は広中平祐さんが編集代表で，当代一流の数学者や数理科学者が編集委員になっています。執筆者は 200 名以上，全体で 1450 ページという大プロジェクトです。編集担当の先生が原稿を丁寧に読んでくださり，最初の原稿は英文和訳調であると指摘されました。　　　　　　　　　　　　　　　　　(難易度: ☆☆☆)

12.1　超弦理論とは何か

　素粒子の標準模型は自然界の知られたすべての素粒子と重力以外の相互作用をきわめて正確に記述している。2006 年現在，標準模型と矛盾する素粒子現象は見つかっていない。標準模型においては素粒子は数学的な点とみなされるのに対し，超弦理論 (superstring theory) は 1 次元的に広がった弦を自由度とする理論である。超弦理論は，素粒子の標準模型を構成するために必要なすべての要素 (クォークやレプトンといった物質場，それらの間のゲージ相互作用，またこのゲージ対称性を破るためのヒッグス機構，パリティを破るカイラル非対称性など) を含んでいるうえに，重力相互作用が理論の基本構造から自然に現れるため，標準模型を超える素粒子とその相互作用の統一理論の有望な候補とみなされている。重力相互作用は自然界のほかの相互作用と著しく異なり，特にこれを量子力学の枠組みと矛盾なく組み合わせることは理論物理学の長年の課題であった。

場の量子論には相互作用の強さを表す結合定数と呼ばれる量があり，量子振幅の結合定数についてのべき展開 (摂動展開) はファインマン図の足し上げとして表すことができる。ファインマン図とは点粒子の時空の中の伝播を表す線分を相互作用点でつなぎ合わせたグラフである。点粒子の伝播の軌跡が線分で表されるのに対し，1 次元的に広がり輪のように閉じた弦の軌跡は 2 次元の筒になるので，超弦理論においてファインマン図に対応するものは 2 次元の面である。弦が相互作用を行うと，時空の中に様々なトポロジーの 2 次元面が描かれることになる。超弦理論の振幅を 2 次元面によって表されたファインマン図の足し上げとして記述するのが超弦の摂動論である。

　この項目では，超弦の摂動理論を紹介した後で，その枠組みの中で素粒子の標準模型がどのように実現できるかを解説する。摂動展開は結合定数が小さいときにはよい近似であるが，物理的に重要な問題の中にはこの方法が有効でないものも多い。この項目の後半では，1995 年以来理解の進んだ超弦の非摂動効果について解説する。

12.2　超弦の摂動論的構成

超弦のスペクトル

　ミンコフスキー時空の中の質量 m をもつ相対論的な自由粒子の作用汎関数は

$$S \sim m \int dt \sqrt{-\dot{x}^2}$$

で与えられる。ここで，$\dot{x}^2 = -(dx^0/dt)^2 + (d\vec{x}/dt)^2$，また t は点粒子の世界線上の座標である。(この項目では光速やプランク定数を 1 とおく自然単位系を使っている。) この系を量子化すると，ヒルベルト空間は時空上の 2 乗可積分関数 $\phi(x)$ の

全体となる．上の作用汎関数には世界線上の座標 t を任意に取り替えるゲージ対称性があり，それに対応する拘束条件は量子化によって $\phi(x)$ についてのクライン–ゴルドン方程式となる．場の量子論ではこのスカラー場自身を力学変数としてこれをさらに量子化するので，点粒子の量子化を第 1 量子化，それから現れる場の量子化を第 2 量子化と呼ぶ．

これに対し，1 次元に広がった弦の軌跡は 2 次元の世界面から時空への写像 $X^\mu(t,s)$ によって表される．弦として，輪のように閉じたものと 2 つの端点をもつ開いたものが考えられる．閉じた弦では $X^\mu(t,s)$ は s について周期関数であるのに対し，開いた弦では $X(t,s)$ は s のある区間上で定義されており，その端点に適当な境界条件が課される．開いた弦とその境界条件については，以下で D ブレーンについて解説するときにまとめて議論することにして，この節では閉じた弦だけを考える．

弦を完全弾性体と考えると，その運動は南部–後藤の作用汎関数

$$S_{\mathrm{NG}} \sim \frac{1}{l_s^2} \int dt ds \sqrt{|\det(\partial_a X \partial_b X)_{a,b=t,s}|}$$

で記述される．ここで l_s は時空の中での弦の広がり具合の目安であり，「弦の長さ」と呼ばれる．これは点粒子を基本的な自由度とする通常の場の量子論と弦理論との違いが顕著になる距離でもある．$X^\mu(t,s)$ のみを自由度とする理論をボゾン的弦理論と呼ぶ．この理論の第 1 量子化は 2 次元の世界面上の場の量子論を与え，そのヒルベルト空間はループ空間 (S^1 から時空への写像の全体) 上の 2 乗可積分関数となる．ループ空間は無限次元空間なので様々な無限大を適切に取り扱う必要がある．特に，世界面上の座標 (t,s) を任意に変換するゲージ対称性 (2 次元面上の一般相対性) については量子異常が生じ，時空の次元を 26 としないとゲージ対称性とヒルベルト空間のノルムの

正定値との間に矛盾が現れる。この 26 次元はボゾン的弦理論の臨界次元と呼ばれる[*1]。

弦の世界面上の座標変換の不変性は第 1 量子化されたヒルベルト空間に拘束条件を課す。点粒子の場合と同様にこれを弦の場の運動方程式とみなすと，弦の振動から現れる粒子のスペクトルを読み取ることができる。これによると，粒子の質量の 2 乗は l_s^{-2} の単位で量子化されており，特に質量のない粒子としてはスカラー場，2 階対称テンソル場，2 階反対称テンソル場が含まれている。このスカラー場は，その期待値が弦の結合定数を定める重要な自由度であり，ディラトン (dilaton) と呼ばれている。2 階対称テンソル場が重力子 (重力場の量子) であることは米谷とシャーク–シュワルツによって独立に発見された。これらの質量のない粒子は弦の第 1 励起状態であり，弦の基底状態は質量の 2 乗が負になるタキオン粒子である。タキオンの存在はボゾン的弦理論が摂動論的に不安定であることを示している。このため，ボゾン的弦理論は量子論的には意味をなさないと考えられている[*2]。

超弦理論を構成するためには世界面上に X^μ の超対称パートナーである (ψ_L^μ, ψ_R^μ) を導入する。これは世界面上の質量のない 2 成分スピノル場であり，(L, R) はそのカイラリティを表している[*3]。時空間では ψ^μ は添え字 μ が示すようにベクトルと

[*1] 2 次元世界面上の計量テンソルを力学変数の一部と考えると，臨界次元では計量テンソルからくる自由度が本質的に有限次元となり，他の次元ではそれが無限次元となる。非臨界次元の弦理論の問題は，計量テンソルの無限次元自由度であるリューヴィル場を無視できないことに起因していると考えることもできる。特に時空が 2 次元以下の場合にはリューヴィル場を正しく扱う方法が知られており，弦理論のおもちゃの模型として数理的な興味がもたれている。

[*2] 本来の真空が摂動論的領域から大きく離れたところに存在している可能性は否定されていないが，そのようなものが存在する根拠も知られていない。

して変換する。X^μ と ψ^μ を使って超弦の世界面を記述する方法は RNS(ラモン–ヌブー–シュワルツ) 形式と呼ばれる。RNS 形式では世界面上の場の理論が簡単になるので超弦理論の摂動理論で広く使われているが，時空上の超対称性があからさまでないという欠点がある。一方，時空の超対称性をあからさまに取り入れた GS (グリーン–シュワルツ) 形式には，世界面上のゲージ対称性の取り扱いが難しいという問題がある。最近開発されたベルコビッツ形式は，これらの欠点を克服するものと期待されており，形式の整備と摂動計算への応用が進行中である。この項目では RNS 形式を使うことにする。

RNS 形式では $\psi^\mu(t,s)$ は世界面上のスピノル場であり，その値には 2 値性があるので，s 方向の境界条件を周期的にとるか反周期的にとるかの選択肢がある。ψ_L^μ と ψ_R^μ について別の境界条件をとることができるが，ローレンツ不変性を保つためにはすべての μ について同じ境界条件にする必要がある。周期的境界条件の場合はラモン，反周期的境界条件の場合はヌブーとシュワルツによって考え出されたので，これらの境界条件はおのおの R，NS と呼ばれている。第 1 量子化した超弦のヒルベルト空間には ψ_L と ψ_R の境界条件に対応して NS-NS，NS-R，R-NS，R-R の 4 つのセクターがあることになる。

ボゾン的弦理論の臨界次元が 26 であったように，超弦理論の場合には理論の整合性から時空の次元が 10 に限られる。このままでは NS-NS セクターの基底状態はボゾン的弦の場合と同様にタキオン粒子を含み，理論は摂動論的に不安定である。しかし世界面上のフェルミオン ψ_L と ψ_R に関するフェルミオン数の偶奇性を判定する作用素 $(-1)^{F_L}, (-1)^{F_R}$ を使って $P^2 =$

---

*3 2 次元のローレンツ空間にはマヨラナ–ワイルスピノルが存在する。ψ_L と ψ_R とは逆向きのカイラリティをもったマヨラナ–ワイルスピノルである。

P をみたす **GSO 射影作用素** $P = \frac{1}{4}[1-(-1)^{F_L}][1-(-1)^{F_R}]$ を定義し，ヒルベルト空間を $P = 1$ の空間に制限すると，タキオンを取り除くことができる。R セクターの基底状態は 10 次元のスピノルの空間であり，$\frac{1}{2}[1-(-1)^{F_L}]$ および $\frac{1}{2}[1-(-1)^{F_R}]$ は基底状態にはスピノルのカイラリティ固有状態への射影として作用する。ここで，カイラリティを左巻き・右巻きのどちらに射影するかの選択肢があり，この条件を ψ_L と ψ_R について独立にとることができるので，GSO 射影作用素の定義に $2 \times 2 = 4$ 通りの選択肢がある。その 2 つは時空のパリティ変換によって残りの 2 つと入れ替わるので，実質的には 2 通りの GSO 作用素があることになる。その 1 つでは NS-R と R-NS の 2 つのセクターは逆向きのカイラリティをもち，また R-R セクターの基底状態は逆向きのカイラリティをもつスピノルの対からなっている。このような超弦理論を IIA 型の理論と呼ぶ。これに対し NS-R と R-NS が同じカイラリティをもつようにとることもでき，このときは R-R セクターは同じカイラリティのスピノルの対からなる。これを IIB 型の超弦理論と呼ぶ。この 2 種類の超弦理論は 10 次元で $\mathcal{N} = 2$ の超対称性をもつ。IIA 型 (IIB 型) の場合，超対称性の生成子は逆向き (同じ向き) のカイラリティをもつマヨラナ–ワイルスピノルの対である。

　GSO 射影を施した後には，超弦理論の基底状態は質量のない場の粒子と対応する。特に NS-NS セクターの基底状態は重力場，2 階反対称テンソル場およびディラトンからなる。また NS-R セクターと R-NS セクターの基底状態はおのおのラリタ–シュビンガー場 (スピン 3/2) とスピノル場とからなるが，そのカイラリティは IIA 型では NS-R セクターと R-NS セク

ターでは逆向き，IIB 型では同じになる。R-R セクターの基底状態はカイラルスピノルの対からなり，これは IIA 型では偶数次の微分形式，IIB 型では奇数次の微分形式全体となる。IIA, IIB 型の超弦理論の低エネルギー有効理論はおのおの IIA, IIB 型超重力理論と呼ばれる。

IIA 型理論が時空のパリティ変換の下で不変であるのに対し，IIB 型理論はパリティを破っており量子異常が生じる可能性がある。IIB 型の超重力理論で量子異常が相殺していることは，アルバレツ・ゴーメとウィッテンによって示された。

弦の運動方程式により $X(s,t)$ は $X_L(s+t) + X_R(s-t)$ と書けるので，X_L を左向き自由度，X_R を右向き自由度と呼ぶ。同様にフェルミオン $\psi_L(s,t)$ は $(s+t)$ のみに依存する左向きの自由度，$\psi_R(s,t)$ は $(s-t)$ のみに依存する右向きの自由度である。グロス，ハーベイ，マルチネックとロームは，10次元の超弦理論の左向きの自由度 X_L^μ, ψ_L^μ ($\mu = 0, 1, ..., 9$) と 26次元のボゾン的弦理論の右向きの自由度 X_R^I ($I = 0, 1, ..., 25$) を組み合わせて，ヘテロティック弦理論を構成した。ここで $X(s,t)$ のゼロモードの自由度の取り扱いに注意すると，右向きの 16 の余次元 X^I ($I = 10, ..., 25$) は R^{16} を $E_8 \times E_8$ もしくは $SO(32)$ 群のルート格子で割ったトーラスにとる必要がある。ヘテロティック弦理論の低エネルギー理論は 10 次元の $\mathcal{N} = 1$ 超重力理論と $\mathcal{N} = 1$ 超対称ゲージ理論 (ゲージ群はトーラスの取り方によって $E_8 \times E_8$ もしくは $SO(32)$) である。$\mathcal{N} = 1$ 超重力理論には量子異常が生じることが知られていたが，グリーンとシュワルツはゲージ群を $E_8 \times E_8$ もしくは $SO(32)$ にとった $\mathcal{N} = 1$ 超対称ゲージ理論と組み合わせることで，すべての量子異常が相殺することを示した。歴史的にはヘテロティック弦理論は，このグリーン–シュワルツ機構の発見に触発されて構成されたのである。

摂動振幅

　自然界の構成要素を点粒子でなく空間的に広がったものとすることで紫外発散の困難を解消するというアイディアは，湯川の非局所場の理論をはじめ古くから存在した。摂動振幅の有限性は超弦理論が重力の量子化に成功しているという主張の根幹である。

　弦の相互作用は 2 次元の世界面の分岐として記述されるので，弦のファインマン図は様々なトポロジーをもつ 2 次元面となる。境界のない 2 次元面のトポロジーは種数 g と呼ばれる数で分類される。特に $g = 0$ は球面，$g = 1$ はトーラスである。一般に g は面のハンドルの数である。g ループの振幅を求めるには，まず種数 g 面上の場の理論の振幅を計算する。ボゾン的弦の場合には世界面上の場の理論は 2 次元の共形対称性の下で不変であるので (そのため共形場の理論と呼ばれる)，振幅は面の複素構造にのみ依存する。弦の摂動振幅はこれを複素構造のモジュライ空間の上で積分して得られる。この表式を使うと場の理論の紫外発散にあたるものが実際に取り除かれていることをみることができる。しかしながらボゾン的弦理論の場合にはタキオンのために真空の不安定性に起因する赤外発散が存在する。GSO 射影によってタキオンを取り除いた超弦理論では，量子振幅はすべて有限になると考えられている。超弦理論の場合，RNS 形式では摂動振幅は超対称化された複素構造のモジュライ空間 (超モジュライ空間) 上の積分となる。低い種数の場合には，超モジュライ空間のフェルミオン的自由度を先に積分することで，超弦の振幅を通常の複素構造のモジュライ空間の上の積分として表すことができる。一般の種数ではフェルミオン的自由度を通常のモジュライから分離することが不可能であるため，RNS 形式は摂動振幅の具体的表式を求めるためには不都合である。ベルコビッツ形式はこの RNS 形式の欠

点を補うものとして期待されている。

摂動振幅の研究は 2 次元面上の共形場理論の幾何学的理解を深めた。

12.3　余次元のコンパクト化

超弦理論は 10 次元の時空に定義されているので，この理論から現実的な模型を構成するためには余分な 6 次元がこれまでの実験で観測されていない事実を説明しなくてはいけない。1 つの可能性は，10 次元が我々が通常経験する 4 次元時空と 6 次元の空間との積になっており，6 次元部分が十分小さいというものである。これをカルツァ–クライン型のコンパクト化と呼ぶ。この他に，物質場が 10 次元時空の中の 4 次元部分時空に局在化するブレーン・ワールド (Brane World) 型のコンパクト化も考えられている。

超弦理論をコンパクト化して得られる 4 次元理論を分類するうえで超対称性の大きさは重要な概念である。II 型の超弦理論は $\mathcal{N} = 2$ の超対称性をもち，その生成子は 2 つのマヨラナ–ワイルスピノルの対である。10 次元のマヨラナ–ワイルスピノルは 16 個の独立な実係数成分をもつのに対し，4 次元マヨラナスピノルは 4 個の独立成分をもつので，II 型の超弦理論を 4 次元にコンパクト化するときにすべての超対称性が壊れないようにすると，低エネルギー理論は 4 次元で $\mathcal{N} = 8 (= 2 \times \frac{16}{4})$ の超対称性をもつことになる。これは 4 次元で最大限に可能な超対称性でもある。たとえば II 型の超弦理論を 6 次元トーラスの上にコンパクト化して得られる 4 次元の低エネルギー理論は $\mathcal{N} = 8$ 超重力理論である。同様に 10 次元で $\mathcal{N} = 1$ の超対称性をもつヘテロティック弦理論は，4 次元では最大 $\mathcal{N} = 4$ の超対称性をもつことができる。

4次元で超対称性が $\mathcal{N}=2$ もしくはそれ以上の模型には，右巻きと左巻きのカイラルフェルミオンが対称に現れるので，素粒子の弱い相互作用の特徴であるパリティの破れを組み込むことができない。一方，超対称性のある模型はヒッグス質量の放射補正に対する安定性やゲージ結合定数の統一など現象論的に好ましい要素を多く含んでいるので，$\mathcal{N}=1$ の超対称性をもつ理論は素粒子の標準模型を超える理論の有望な候補とされている。そこで，$\mathcal{N}=1$ の超対称性をもつ現実的な模型が超弦理論のコンパクト化の低エネルギー理論として現れるかどうかは重要な問題である。ヘテロティック弦理論のコンパクト化は現実的な低エネルギー理論を構成する道筋の1つを示した。これは弦理論のコンパクト化の基本的な例なので詳しく解説することにしよう。

ヘテロティック弦理論のコンパクト化

　$\mathcal{N}=1$ の超対称性をもつ4次元模型として最初に考えられたのは，ヘテロティック弦理論のカラビ–ヤウコンパクト化である。10次元のミンコフスキー時空では，ヘテロティック弦理論の超対称性は16成分のマヨラナ–ワイルスピノルで生成される。この10次元が4次元のミンコフスキー時空と6次元のコンパクトな空間の積になっているときには，10次元のスピノルは4次元時空上の4成分スピノルと6次元コンパクト空間上の4成分スピノルの積になる。簡単のために計量テンソルとゲージ場のみが非自明な配位をもっている場合を考えよう。この場合，4次元の模型が $\mathcal{N}=1$ の超対称性をもつためには6次元空間上のスピノル ξ で次の方程式をみたすものが，定数倍を除いてただ1つだけ存在することが必要である：

$$\nabla_m \xi = 0. \tag{1}$$

ここで $\nabla_m(m=1,...,6)$ は 6 次元空間上の共変微分である。さらにゲージ場の配位がこの超対称性を保つためには,

$$F_{mn}\Gamma^m\Gamma^n\xi = 0 \tag{2}$$

がみたされていることが必要十分である。ここで F_{mn} はゲージ場の曲率であり，Γ^m は 6 次元空間上のスピノルに作用するディラック行列である。さらにこのような配位の下で，反対称テンソル場を 0 とおくことができるためには，拡張されたビアンキ恒等式

$$\mathrm{tr}R \wedge R = \mathrm{tr}F \wedge F \tag{3}$$

が 6 次元部分でみたされていなくてはいけない。この 3 つの式がみたされているときに，4 次元のミンコフスキー時空と 6 次元のコンパクトな空間の積はスピノル $\epsilon \otimes \xi$ で生成される超対称性で不変になる。ここで ϵ は 4 次元時空上で一定の値をとるスピノルである。このような ξ がただ 1 つだけあるということと，4 次元の模型が $\mathcal{N}=1$ の超対称性をもつということは必要十分である。超対称性を保つ場の配位は場の運動方程式を自動的にみたす。

スピノルについての方程式 (1) 式が解をもつためには，6 次元空間がケーラー多様体でありさらにリッチ曲率 R_{mn} が 0 であることが必要十分である[*4]。このような空間はカラビ–ヤウ多様体と呼ばれる。カラビ–ヤウ多様体の上では，ゲージ場についての条件 (2) 式は以下と同等である。

$$F_{ij} = F_{\bar{i}\bar{j}} = 0, \ g^{i\bar{j}}F_{i\bar{j}} = 0. \tag{5}$$

[*4] 多様体が複素構造をもち，複素座標 $z^i(i=1,2,3)$ を使うと計量テンソルが局所的にケーラーポテンシャル K を使って

$$g_{i\bar{j}} = \partial_i \partial_{\bar{j}} K \tag{4}$$

と書けるとき，これをケーラー多様体と呼ぶ。

最初の2つの式は対応するベクトル束が正則であることを表している。

一般の6次元空間ではリーマン曲率テンソルは$SO(6)$リー環に値をとる2形式である。カラビ–ヤウ多様体ではこの曲率テンソルの値が$SO(6)$の中の$SU(3)$部分環に制限される。このことを使うと(3)式に次のような簡単な解を与えることができる。話を具体的にするため，$E_8 \otimes E_8$ゲージ群をもつヘテロティック弦理論を考えてみよう。E_8は$E_6 \otimes SU(3)$を極大部分群としてもつので，ゲージ場の曲率の$SU(3)$部分をリーマン曲率と同一視し，

$$R = F \tag{6}$$

とおくことができ，これは(3)式の解を与える。この条件を課すと，カラビ–ヤウ多様体に関する部分についてはヘテロティック弦理論とII型の超弦理論の世界面上の場の理論は同じものになる。このような場の理論は世界面の右向き，左向き自由度についておのおの$\mathcal{N}=2$の対称性をもつので，このような配位を$(2,2)$型コンパクト化と呼ぶ。これに対して，ビアンキ恒等式(3)式には従うものの，より強い条件(6)式はみたさない場合には，世界面上の理論は左向きの自由度のみが超対称性をもつので，このようなコンパクト化は$(2,0)$型と呼ばれる。ここで述べている超対称性は世界面の場の理論の対称性であり，4次元時空ではいずれの場合も$\mathcal{N}=1$超対称性が現れる。

これまでの解析は，超弦理論を10次元の超重力と超対称ヤン–ミルズ理論で近似したものであった。これは，時空の場の変動が弦の長さl_sより長い距離にわたって起きているときや，時空の曲率がl_s^{-2}より小さいときにはよい近似となる。しかし，超弦のコンパクト化では6次元空間の大きさが弦の長さ

と同じくらいになる場合が重要になることが多い。弦理論の運動方程式は世界面上の場の理論が共形変換の下で不変になることと等価である。この観点では，世界面上の場の理論の摂動展開は運動方程式の l_s のべき展開に対応する。(2,2) 型コンパクト化の場合には，カラビ–ヤウ条件をみたす計量テンソルを 1 つ与えると，l_s についてのべき展開のすべての次数でそれを適当に変形していくことで，弦の運動方程式の解が求まることが知られている。また計量テンソルの指定する複素構造やケーラー構造は変形を受けないことが知られている。このために，(2,2) 型コンパクト化の場合には，超弦理論の 4 次元有効理論の性質の多くをカラビ–ヤウ多様体の幾何学的解析によって厳密に求めることができるのである。

一方，(2,0) 型コンパクト化の場合には，世界面上の場の理論のインスタントン効果によって 10 次元の超重力/超対称ヤン–ミルズ理論の解が摂動的に変形を施しても弦理論の運動方程式の解にならない可能性が指摘されていた。しかし，トーリック多様体の上で多項式を 0 とおいて構成されるカラビ–ヤウ多様体上では，解に問題を起こすインスタントン効果が相殺されていることが最近明らかになった。ヘテロティック弦理論から構成される 4 次元模型の中でも，素粒子の現象論的要請とうまく合うものは (2,0) 型コンパクト化を使っているので，このようなコンパクト化がどのようなときに弦理論の運動方程式の解になっているのかを理解することは重要な課題である。

ヘテロティック弦理論の (2,2) コンパクト化によって実現される 4 次元の低エネルギー理論の概要をみてみよう。コンパクト化の以前にあった $E_8 \otimes E_8$ のゲージ対称性は，ゲージ場が (6) 式によって $SU(3) \subset E_8$ に値をとるために，$SU(3)$ と可換な部分群 $E_6 \otimes E_8$ にまで破れる。10 次元の超対称ヤン–ミルズ場は $E_8 \otimes E_8$ の随伴表現 $248 \oplus 248$ に従い，これを

$E_6 \otimes E_8$ の表現に分解することで，コンパクト化によって 4 次元時空に現れる様々な場を特定することができる。E_8 随伴表現は $SU(3) \otimes E_6$ の下では

$$248 \to (1, 78) \oplus (3, 27) \oplus (3^*, 27^*) \oplus (8, 1)$$

と分解する。この右辺の 4 つの項に対応する 4 次元の質量のない粒子がどのようなものであるかをみていこう。

$(1, 78)$: もう 1 つの E_8 のゲージ場と組んで，$E_6 \otimes E_8$ をゲージ群とする 4 次元の超対称ヤン–ミルズ場を構成する。

$(3, 27)$: E_6 の 27 表現に従う超対称物質場 (質量のないカイラルスピノルとスカラー場とからなる) をつくる。$SU(3)$ の 3 表現に従っていることから，この表現をもつ場は 6 次元のカラビ–ヤウ多様体上のコホモロジー $H^{1,1}$ の元と 1 対 1 に対応していることを示すことができるので，27 表現に従う超対称物質場の数 (世代数) は $h^{1,1} = \dim H^{1,1}$ で与えられる。

$(3^*, 27^*)$: 上の場合と同様に E_6 の 27^* 表現に従う超対称物質場をつくる。$SU(3)$ の 3^* 表現に従っていることから，6 次元のカラビ–ヤウ多様体上のコホモロジー $H^{1,2}$ の元と 1 対 1 に対応し，その世代数は $h^{1,2} = \dim H^{1,2}$ となる。

ちなみに，4 次元の超対称性が $\mathcal{N} = 1$ を超えないためには，$h^{3,0} = 1, h^{1,0} = 0$ でなければならない。

$(8, 1)$: $H^1(\text{End } T)$ の元に対応し，$(2, 0)$ 型コンパクト化への変形の自由度に対応する。一般的な考察からこのような場は世界面上のインスタントン効果によって質量をもつと考えられていたが，最近の研究でこのような効果が相殺されている場合があることが指摘されている。

素粒子の統一模型を構成するためには E_6 ゲージ群が標準模型の $SU(3) \times SU(2) \times U(1)$ に自発的に破れる機構が必要であ

る．1つの可能性としてはカラビ–ヤウ多様体上の E_6 ベクトル束を非自明にとることが考えられる．この場合 E_6 の 27 表現は $SU(3) \times SU(2) \times U(1)$ について 15 次元と 12 次元表現に分割する．この 15 次元の部分は標準模型のクォークとレプトンの 1 世代分と一致し，しかも $SU(3) \times SU(2) \times U(1)$ ゲージ場との結合は標準模型の要請するものと一致する．残りの 12 次元の部分は非カイラルな粒子に対応し，標準模型より高いスケールの質量をもちうると考えられている．一方，E_6 の 27^* 表現は標準模型の 1 世代分の逆の量子数をもつ粒子をつくり，これは 27 表現と組み合わさって標準模型より高いスケールの質量をもちうるので反世代と呼ばれる．したがってこのようなコンパクト化から現れる世代数は $|h^{1,1} - h^{2,1}|$ となる．これはカラビ–ヤウ多様体のオイラー数の絶対値に等しい．

10 次元の $\mathcal{N} = 1$ 超重力場からは，4 次元の $\mathcal{N} = 1$ 超重力場とともに，カラビ–ヤウ多様体のケーラー構造や複素構造の変形に対応する物質場が現れる．後者は質量のないスカラー場 (いわゆるモジュライ場) を含み，素粒子の現象論的考察から望ましくない．反対称テンソル場のフラックスによるモジュライ安定化の機構は，こうしたスカラー場に質量をもたせる方法の 1 つとして盛んに研究されている．

T-デュアリティ，ミラー対称性

通常の幾何学は空間を点の集合としてとらえることから出発するので，1 次元的に広がった弦を自由度とする超弦理論は幾何学に新しい見地を開くと考えられる．弦の幾何学の新しい現象の簡単な例として，10 次元の平坦な時空を S^1 の上にコンパクト化して時空が $R^{8,1} \times S^1$ となっている場合を考えてみよう．S^1 の半径を r とすると，その上の粒子の運動量は $p = n/r$ $(n \in Z)$ と量子化される．10 次元における粒子の質量

が m であったとすると，コンパクト化の後の 9 次元の質量が $\sqrt{m^2 + (n/r)^2}$ となることはカルツァ–クライン理論の基礎としてよく知られている．これに対し，弦は 1 次元的に広がっているので時空の中の S^1 に巻きつくことができる．弦の張力を $1/l_s^2$ と書くと (ここで l_s^2 は以前に出てきた弦の長さである)，S^1 に w 回巻きついた弦は，9 次元で質量

$$M_{n,w} = \sqrt{m^2 + \left(\frac{n}{r}\right)^2 + \left(\frac{wr}{l_s^2}\right)^2}$$

の粒子として現れる．この質量公式は，運動量 n と巻きつき数 w を入れ替えることを許すと $r \to l_s^2/r$ の変換の下で不変になっている．この事実は，吉川と山崎によって発見された．ヘテロティック弦理論では，この変換は質量公式のみならず弦理論のすべての振幅を不変に保つ．これを **T-デュアリティ** と呼ぶ．この不変性のために，弦理論においては S^1 の半径の空間は $0 < r < \infty$ ではなく $l_s \leqq r < \infty$ となる．特に半径の下限 $r = l_s$ は T-デュアリティの下で不変である．ヘテロティック弦理論を S^1 にコンパクト化すると，9 次元で $U(1)$ ゲージ場が現れるが，$r = l_s$ ではゲージ対称性が $SU(2)$ に高まる．ここで $(r - l_s)$ はゲージ対称性を $SU(2) \to U(1)$ と自発的に破るヒッグス場の働きをし，このことから T-デュアリティ $r \to l_s^2/r$ が破れた $SU(2)$ 対称性の反映であることがわかる．一方 II 型の弦理論では，IIA と IIB を入れ替える働きをする．すなわち S^1 にコンパクト化した後には IIA と IIB の区別はなくなるのである．

このように，弦理論では時空の幾何を特徴づけるスケール (上の例では S^1 の半径) が弦の距離 l_s に近づくと，通常の幾何学ではみられなかった現象が現れる．より高度な例としてカラビ–ヤウ多様体のミラー対称性があげられる．2 つのカラビ–ヤ

ウ多様体 M_1, M_2 があって，IIA 型弦理論を M_1 の上にコンパクト化したものが IIB 型弦理論を M_2 の上にコンパクト化したものと同等なとき，この 2 つの多様体をミラー対とよぶ。この場合 M_1 上の IIA 型理論の物理量は M_2 上の IIB 型理論の物理量と等しくなり，これがミラー対称性である。

II 型超弦理論のカラビ–ヤウコンパクト化から現れる 4 次元低エネルギー有効作用の重要な構成要素としてプレポテンシャルと呼ばれる量がある。IIB 型理論では，プレポテンシャルはカラビ–ヤウ多様体上の正則 3 形式の周期積分によって厳密に求められ，特にその値は弦の長さ l_s に依存していない。一方 IIA 型理論では，弦の世界面がカラビ–ヤウ多様体の中の 2 次元部分空間に正則に写像される配位が，インスタントン効果としてプレポテンシャルに寄与する。このインスタントン効果の計算からグロモフ–ウィッテン不変量と呼ばれるカラビ–ヤウ多様体の不変量が定められる。この場合にミラー対称性をあてはめると，カラビ–ヤウ多様体上の正則 3 形式の周期積分とそのミラー対の多様体のグロモフ–ウィッテン不変量とが関係づけられる。プレポテンシャルは「トポロジカルな弦理論」の分配関数の摂動展開のはじめの項と見なすことができ，これから高次の種数の場合に自然な拡張が考えられる。トポロジカルな弦理論については，本書第 15 章を参照されたい。

12.4 Dブレーン

D ブレーン構成法の発見は，超弦理論の非摂動効果の理解に重要な役割を果たしてきた。12.2 節で述べたように，II 型の超弦理論の R-R セクターは $(p+1)$ 次形式 A_{p+1} をポテンシャルとする反対称テンソルゲージ場を含む。ここで IIA 型理論では $p = 0, 2, 4, 6, 8$，IIB 型では $p = -1, 1, 3, 5, 7, 9$ が現れる。

このゲージ場は10次元における双対条件

$$dA_{p+1} = *dA_{7-p} \tag{7}$$

をみたす。ここで $*$ は微分形式のホッジ双対操作を表している。特にIIB型理論の A_4 は自己双対 $dA_4 = *dA_4$ となる。これらをR-Rゲージ場と呼ぶ。

4次元の電子が電場の源泉であるように，p ブレーンはR-Rゲージ場 A_{p+1} について単位電荷と A_{7-p} についての単位磁荷を担うものとして定義される[*5]。具体的には，p ブレーンが10次元の時空の中の $(p+1)$ 次元 (空間 p 次元，時間1次元) の中の部分空間 $\gamma_p \times$(時間方向) に位置しているとき，この p ブレーンがR-Rゲージ場 A_{7-p} について磁荷を担うとは，γ_p を9次元空間の中で包み込む $(8-p)$ 次元空間 $\tilde{\gamma}_{8-p}$ について，適当な単位系で

$$\int_{\tilde{\gamma}_{8-p}} dA_{7-p} = n, \quad (n = 1, 2, 3, \cdots) \tag{8}$$

であることを意味する。R-Rゲージ場は双対条件(7)式をみたしているので，A_{7-p} について磁値を担う p ブレーンは A_{p+1} についての電荷をもつ。したがって4次元で磁気単極子の存在が電荷の量子化を要請するのと同様に，p ブレーンが存在するとR-Rゲージ場についての電荷が量子化されなければならないことがわかる。

超弦理論の中に p ブレーンが存在するという最初の根拠は，10次元低エネルギー有効理論であるII型超重力理論に(8)式をみたす古典解が存在するという事実であった。DブレーンがR-Rゲージ場について電磁荷を担うことから，超対称性の代数

[*5] この他に，NS-NSセクターの反対称テンソル場について磁荷を担うNS5ブレーンがあるが，ここではR-Rゲージ場について電磁荷を担うブレーンについてのみ考える。

関係を使うとその単位体積当たりの質量に非負の下限値があることがわかる。実際，10次元の時空が無限遠で漸近的に平坦な場合には，10次元の$\mathcal{N}=2$超対称荷電(32成分)の半分(16成分)を不変にする超重力理論の解で(8)式をみたすものが一意的に構成され，これが単位体積当たりの質量の下限値を与えることがわかる。

Dブレーン構成法

Dブレーン構成法はpブレーンの量子論的性質を定量的に調べることを可能にし，これによりpブレーンが超弦理論の双対性などの非摂動効果に本質的な役割を果たしていることが明らかになった。超重力理論の古典解としての構成では，pブレーンの質量や電磁荷によってその近傍の時空は曲がったものになっている。これに対してDブレーン構成法では時空はミンコフスキー空間のままとする。このミンコフスキー空間の中に線形$(p+1)$次元部分空間 = $\gamma_p \times$(時間方向) を考え，そこにpブレーンを置いてみよう。II型の超弦理論は閉じた弦のみからなっているが，Dブレーン構成法によると，この$(p+1)$次元部分空間の上に限っては閉じた弦が開くことができて，その開いた弦の端点はこの部分空間の上を走ることができると考える。すなわち，世界面上に穴を開けることを許し，その周りの境界条件を世界面上の場X^μについて，$(p+1)$次元部分空間の方向にはノイマン条件，それに直交する方向にはディリクレ条件を課すのである。また世界面上のフェルミオンの境界条件は，超対称荷電の半分(16成分)を保つという条件で定められる。

同じ$(p+1)$次元部分空間上にN個のDブレーンを置くと，R-Rゲージ場についての電磁荷や単位体積当たりの質量は当然N倍になる。Dブレーンの上には開いた弦の端点を置くこ

とができるので，D ブレーンが N 個あるときには，開いた弦の2つの端をどのブレーンに置くかによって (弦の向きまで考えると) N^2 種類の開いた弦があることになる。これは $U(N)$ 群の次元と同じである。実際，D ブレーン上の開いた弦の低エネルギー有効理論は $U(N)$ のゲージ対称性をもつ。D ブレーンが 16 成分の超対称性を保つということから，その低エネルギー有効理論は一意的に定まる。16 成分の超対称性は重力を含まない場の量子論がもちうる最大の超対称性である。たとえば $p=3$ の場合には D ブレーンは 4 次元，その上の有効理論は $\mathcal{N}=4$ 超対称性をもつヤン-ミルズ理論である。

オリエンティフォルドと I 型超弦理論

一般に Dp ブレーンは R-R ゲージ場 A_{p+1} について電荷を担っているので，その余次元方向に電場 $F_{p+2}=dA_{p+1}$ を放出する。しかし，超弦理論の時空は 10 次元なので，$p=9$ の場合には問題が起きる。IIB 理論の R-R ゲージ場 A_{10} は 9 ブレーンの上の作用に $\int_{\gamma_9\times(\text{time})} A_{10}$ と現れるが，対応する電場が存在しないので (10 次元時空では恒等的に $dA_{10}=0$ となるから)，通常の作用 $\int F^2$ を書くことができない。したがって A_{10} の変分からくる運動方程式をみたすことができない。この問題はオリエンティフォルド (orientifold) を導入することで解消される。

弦の世界面の複素座標を $(z,\bar{z})$ とし，また時空を不変に保つ $\mathbb{Z}_2$ の作用があったとしよう。時空の $\mathbb{Z}_2$ の作用と世界面上のパリティ変換 $(z,\bar{z})\to(\bar{z},z)$ を組み合わせたものを考え，新たに世界面上のゲージ対称性として要請することにする。すなわちこの変換の下で移り合う世界面の配位は物理的に等価なものであるとみなすことにするのである。このとき時空の $\mathbb{Z}_2$ 対称

性で不変な部分空間をオリエンティフォルドプレーンと呼ぶ。たとえば IIB 型理論の GSO 射影は世界面のパリティ変換で不変なので，時空上の $\mathbb{Z}_2$ を恒等写像ととることができ，この場合オリエンティフォルドプレーンは 10 次元の時空そのものである。一般に $(p+1)$ 次元のオリエンティフォルドプレーンは R-R ゲージ場 A_{p+1} について，Dp ブレーンの -2^{p-5} 倍の電荷を担うことを示すことができる。そこで，IIB 理論で 10 次元のオリエンティフォルドプレーンを考えると，16 個の D9 ブレーンの電荷を相殺することができる。オリエンティフォルドがなければ 16 個の D ブレーン上の理論は $U(16)$ のゲージ対称性をもつことになるが，オリエンティフォルドは開いた弦の両端を入れ替える作用を導入するのでゲージ対称性を $SO(32)$ に変えることになる。このようにして構成された理論は，閉じた弦と開いた弦からなり，10 次元で $\mathcal{N}=1$ の超対称性をもつので I 型の超弦理論と呼ばれる。その低エネルギー極限は超重力理論と超対称ヤン–ミルズ理論との組み合わせとなる。12.2 節の「超弦のスペクトル」で述べたように，$\mathcal{N}=1$ 超重力理論は量子異常を含み，それ自身では矛盾のない量子理論の低エネルギー極限となり得ないが，これを超対称 $SO(32)$ ヤン–ミルズ理論と組み合わせると，すべての量子異常が相殺される。オリエンティフォルドによる R-R 電荷の相殺はこの量子異常の相殺と密接な関連がある。

ゲージ理論との関係

低エネルギー極限をとるときに，重力相互作用は消えても D ブレーン上のゲージ相互作用が消えないようにすることができる。たとえば，D3 ブレーン上の $\mathcal{N}=4$ ゲージ理論は紫外発散をもたず，その結合定数 g_{YM} は超弦の結合定数 g_s によって $g_{YM}^2 = g_s$ と与えられる。一方 D3 ブレーンの埋め込まれてい

る10次元のニュートン定数は $G_N = g_s^2 l_s^8$ で与えられる。したがって g_s を有限に保ったまま弦の長さ l_s が0になる極限をとれば，10次元の重力場に代表される閉じた弦の自由度や開いた弦の励起状態を4次元のゲージ理論の自由度と分離することができる。このようにして，Dブレーン上のゲージ場の理論を超弦理論の極限として定義することができる。

またDブレーンを曲がった空間の中に置いたり，異なるDブレーンが互いに交わるような配位を考えることで，様々なゲージ理論をDブレーンの上に実現することができる。これは超弦理論を使った素粒子の現象論的模型の構築に重要な道具となる。Dブレーンを介したゲージ理論と超弦理論の関係によって，ゲージ理論の知識を超弦理論の理解に役立てたり，また逆に超弦理論の幾何学的性質を使ってゲージ理論の物理を理解したりすることもできる。この面で最も重要な結果の1つとして，ストロミンジャーとバッファによるブラックホールのエントロピー公式の導出があげられる。これはベケンシュタインとホーキングによって量子重力の半古典的熱力学的考察から導き出されたエントロピー公式を，ブラックホールがDブレーンの組み合わせとして構成できるときに，Dブレーン上のゲージ場の状態数を数え上げることで統計力学的に再現したものである。この結果の意義については，本書第18章を参照されたい。

AdS/CFT 対応

Dブレーンを使うと，超重力理論の古典解として構成される p ブレーンの量子力学的な性質を，ブレーンの上に端点をもつ開いた弦の力学によって記述することができる。たとえば，Dブレーン上のゲージ理論の計算から重力の p ブレーン解の下での閉じた弦の振る舞いが正しく再現される。AdS/CFT 対応は，このようなDブレーン上のゲージ場の力学と時空の重力

理論との対応の本質をとらえるものである。

前節でみたように4次元の $\mathcal{N}=4$ 超対称 $U(N)$ ゲージ理論はIIB型超弦理論で N 個の平行なD3ブレーンがあるときに, g_s を有限に保ったまま $l_s \to 0$ の極限をとることでDブレーンの上に実現できる。マルダセナは,同じ極限の下で超重力の3ブレーン解のつくる10次元の時空が5次元の反ドジッター時空と5次元の球面の直積 ($AdS_5 \times S^5$) になることを指摘し,この10次元の時空の中の閉じた弦理論が4次元の $\mathcal{N}=4$ 超対称 $U(N)$ ゲージ理論と等価であると予想した。これは10次元の重力を含む理論と4次元の重力を含まない場の量子論が,同じ理論である (すなわちヒルベルト空間とその上の作用素代数が同型である) との主張である。特に,この4次元の場の量子論は共形場の理論 (CFT) であり,その共形不変性が10次元の重力理論の時空 (AdS と球面の直積) の対称性と一致していることから,この予想は **AdS/CFT** 対応と呼ばれる。この予想には様々な検証がなされており,またその特別な極限では第1原理からの導出も与えられている。12.2節でみたように超弦理論の定義は振幅の摂動展開によるものであり,そのままでは結合定数に関する非摂動効果を評価することはできない。AdS/CFT対応は, $AdS_5 \times S^5$ の中のIIB型理論に関しては,その非摂動論的定義を4次元の超対称ゲージ理論によって与えるものと考えることもできる。これにより,量子重力の非摂動効果についての理解が飛躍的に高まった。たとえば,重力崩壊によるブラックホールの生成とホーキング放射によるブラックホールの蒸発の過程は,量子重力においてユニタリティを破る効果があるのではないかと思われてきた。これがいわゆるブラックホールの情報パラドックスである。しかし,これを4次元のゲージ理論で記述するとユニタリな時間発展となるのは明らかであり,情報パラドックスは超弦理論においては解消して

いると考えられている。

AdS/CFT 対応は様々なゲージ理論に拡張されている。特に超対称性をもたない純粋な4次元ヤン–ミルズ理論やこれにクォーク場を加えた QCD についても, 対応する10次元の超弦理論の配位が考えられ, ハドロン物理学の強結合効果の理解に貢献している。

12.5 双対性

摂動論的には弦理論には, IIA, IIB, I 型, また $SO(32)$ もしくは $E_8 \times E_8$ のゲージ群をもつヘテロティック弦理論の5種類が考えられる。このうち IIA と IIB 型理論は, 12.3 節の「T-デュアリティ, ミラー対称性」でみたように, S^1 上にコンパクト化し T-デュアリティを使うことで結びつけることができる。同様にヘテロティック弦理論の2つのゲージ群の選択肢も S^1 上にコンパクト化しその上のゲージ束を連続的に変形することで結びつけることができる。これらは世界面上の場の理論の対称性を使って導かれるものであり, 摂動論的な関係である。

これに対し異なる弦理論を非摂動論的効果で結びつける対称性も予想されてきた。1995 年にウィッテンは, このような予想の中で弦理論の様々な性質とうまくかみ合うものを取捨選択し, 一連の双対性予想を定式化した。その重要な部分は D ブレーンを使いゲージ理論の問題に帰着することで検証がなされてきた。たとえば, IIB 型理論については S-デュアリティ変換 $g_s \to 1/g_s$ の下での自己同型性が予想されている。10次元時空が $AdS_5 \times S^5$ のときには, これは対応する4次元 $\mathcal{N} = 4$ ゲージ理論の対称性 $g_{YM} \to 1/g_{YM}$ と等価である。後者については, BPS 状態 (超対称性を部分的に保つ状態) の分類や分配関数の計算などによる検証がなされている。

双対性予想はまた，IIA 型理論が $g_s \to \infty$ の強結合極限で 11 次元の超重力理論になると主張する。これについては，すでに 1987 年にダフ, ハウ, 稲見, ステレが, 11 次元理論を S^1 にコンパクト化して 10 次元理論をつくると，11 次元超重力理論に存在する 2 ブレーンを S^1 に巻きつけることで，10 次元の IIA の超弦が得られると予想していた。この予想についても，D ブレーンによって定量的な検証がされている。たとえば，S^1 上のカルツァ-クライン励起のスペクトルの性質が D0 ブレーンの束縛状態の計算から再現されている。そこで，g_s が有限な場合にも，11 次元に相互作用をもつ重力の理論が存在すると考えられており，M 理論と呼ばれている。

　超弦の双対性の研究はまだ試行錯誤の状態であり，理論の全貌を見渡すことのできる定式化が望まれている。

参考文献

超弦理論の基本的教科書としては

[1] M. B. Green, J. H. Schwarz, and E. Witten, "Superstring Theory," volumes 1 and 2, Cambridge Univ. Press (1987).

[2] J. Polchinski, "String Theory," volumes 1 and 2, Cambridge Univ. Press (1998).

が挙げられる。より最近の発展については，

[3] K. Becker, M. Becker, and J. H. Schwarz, "String Theory and M-Theory, A Modern Introduction," Cambridge Univ. Press (2006).

を勧める。

第13章
数理物理学，この10年 (1991年–2001年)——超弦理論からの展望

> この記事は雑誌『数学セミナー』の 2002 年 3 月の特集「数理物理この 10 年」に掲載されました．数学者向けの雑誌なので，超弦理論の発展の中でも，数学と関係が深いものに焦点をあてています．
> この記事は，深谷賢治さんの記事と対になっていて，雑誌に出版されたときの私の記事の題は「物理の立場から——超弦理論からの展望」，深谷さんの記事の題は「数学の立場から–回想と妄想」でした．
>
> (難易度: ☆☆)

13.1 数学のもたらすもの

物理学の目的は宇宙の基本法則を発見し，それを使って自然現象を説明することです．そもそも基本法則というものがあるかどうかは自明ではありません．仮にその存在を認めるとしても，それを人間が発見し理解できるという保証はありません．人間の脳の構造が進化の偶然の産物だとすると，素粒子の標準模型[*1]が人間の身長の 10^{18} 分の 1 のスケールまでに起きているすべての現象を精密に記述できるようになったということは奇跡のように思えます．

それを可能にしてきたのは数学の力です．自然言語は我々

[*1] $SU(3) \times SU(2) \times U(1)$ のゲージ対称性をもつ場の量子論で，ゲージ場のほかに，3 世代のクォーク・レプトン場とゲージ対称性を自発的に破るヒッグス場とからなる．現在の加速器実験で観測されるすべての現象を高い精度で再現できる．ただし重力現象はその枠組みに含まれていない．また最近の宇宙線観測によりニュートリノに質量があることがわかり，模型に改訂を加える必要がでてきた．

がふだん経験するできごとを表現することには長けていますが，物理学で対象とする非日常的な現象の記述には適していません。物理学の発展は，数学のもつ普遍性・抽象性・厳密性によって初めて可能となったのです。新しい物理現象が既存の数学で理解できるとは限りません。微積分がニュートン力学とともに誕生したことはよく知られていますし，一般相対性理論や量子力学は当時最新の数学であったリーマン幾何学やヒルベルト空間の理論に基づいて構成されました。最近の例では，ゲージ場の理論が数学の新しい発展を促し，それがまたゲージ場の記述する物理現象のさらに深い理解に役立ってきたことが挙げられます。物理学のフロンティアの開拓は新しい数学を必要としてきたのです。

13.2 超弦理論のめざすもの

この記事では，最近目覚しい発展を遂げた超弦理論を例にとって，この 10 年間の数学と物理学の交流について振り返ります。物理学の他の分野の成果に触れられないことをお詫びします。

超弦理論の目指すものは重力理論と量子力学の統合です。これまで物理学はより微小の世界を理解しようとすることで進歩してきました。この過程で自然には「原子⇒核子⇒クォーク」という階層構造があることもわかってきました。自然法則が短距離のフロンティアの探索によって漸次に理解できてきたことは物理学者にとって幸運でした。いわば自然が徐々にその姿を我々の前に現してきてくれたかのようです。

ところが重力理論では距離を定める時空の計量場自身が力学変数なので，距離のスケールをあらかじめ設定してから重力を量子化[*2]することはできません。重力と量子力学を統合する

理論はどのような短距離の現象も記述できるものでなくてはならない。このため自然の階層構造は量子重力の理論で打ち止めになると期待されています。重力を含む統一理論の構成はこのような野心的な目標なので、そのような理論の候補が1つでも存在していて、しかもそれが素粒子の標準模型を含みうるものであることは驚きに値します。

13.3 共形場の理論

　超弦理論は現在建設中の理論で、その全貌がどのようなものであるのかはわかっていません。我々はその理論の様々な極限を理解しているにすぎないのです。

　通常の場の理論はラグランジアンによってその古典論的性質が定義され、その量子化は経路積分によって定式化されます。経路積分を厳密に実行することは困難なことが多いので様々な近似法が開発されました。場の理論には相互作用の強さを特徴づける結合定数と呼ばれるパラメータがあります。経路積分がガウシアン積分[*3]からどのくらいずれているのかの目安といってもいいでしょう。この結合定数が微小な場合に、量子振幅をその漸近展開によって計算する方法を摂動展開と呼びま

[*2] アインシュタインの重力理論は時空の計量場の時間発展を記述する古典力学系である。これに量子化の手続きを形式的にほどこすと、4次元以上では「くりこみ不可能」な発散など様々な困難が現れる。4次元以上で計算可能な量子重力理論は、これまでのところ超弦理論しか知られていない。

[*3]
$$\int \prod_i dx_i \exp\left(-\sum_{i,j} M^{ij} x_i x_j\right) \sim (\det M)^{-1/2}$$

場の量子論では M が無限次元空間上の作用素 (たとえばラプラス作用素) の場合を考える。このとき経路積分はガウシアンであるといい、x_i に対応する力学変数を自由場と呼ぶ。

す。場の理論では，摂動展開の各項はファインマン・ダイアグラム[*4]を使って計算されます。

ところが超弦理論ではこのラグランジアンにあたるものがまだ見つかっていません。特に 1995 年までは，超弦の量子振幅を計算する唯一の方法は摂動展開でした。場の量子論のファインマン・ダイアグラムに対応するものは 2 次元のリーマン面です。図 13.1 のように，摂動展開の各項は，このリーマン面の上の共形場の理論の量子振幅を計算し，さらにそれをリーマン面のモジュライ空間[*5]の上で積分して得られます。したがって共形場の量子振幅がリーマン面のモジュライ空間上でどのよ

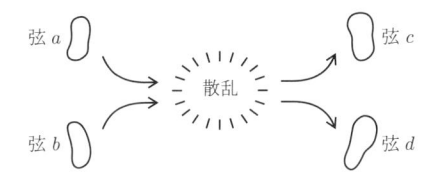

図 13.1 2 つの弦の (散乱振幅 $a+b \to c+d$) の摂動展開 (g についての漸近展開) の各項はリーマン面上の共形場の理論の量子振幅で与えられる。

[*4] たとえば，前頁のガウシアン積分を以下のように変形してみよう。

$$\int \prod_i dx_i \exp\left(-\sum_{i,j} M^{ij} x_i x_j - g \sum_{i,j,k} c^{ijk} x_i x_j x_k\right)$$

この積分を結合定数 g について漸近展開すると，$O(g^n)$ の項は n 個の頂点それぞれに c^{ijk} をおき，それらを M の逆行列で繋いだものとして計算される (試してみてください)。おのおののグラフをこの積分のファインマン・ダイアグラムと呼ぶ。

[*5] リーマン面上の複素構造のパラメータ空間。

うな幾何学的性質をもつのかを理解する必要がありました。

一方で共形場の振幅はビラソロ代数やカッツ–ムーディ代数などの無限次元リー代数の表現論とも深い関わりがあります。このため共形場の理論の研究を通じてリーマン面のモジュライ空間上の幾何学と無限次元リー代数の表現論との間の関係が明らかになり，この方面の数学の発展を促しました。この分野は1980年代後半にさかんに研究され，私自身いろいろな数学の方と何度も研究会を開いて勉強した楽しい思い出があります [1]。

90年代になると超弦の振幅が時空間の幾何構造にどのように依存しているのかを知ることが重要になってきました。そもそも超弦理論は10次元の時空間を対象にしますが，物理学者はそのうちの6次元がコンパクトなカラビ–ヤウ多様体になっていて残りの4次元が我々が日常経験するミンコフスキー空間であると解釈しています。6次元のカラビ–ヤウ多様体を1つ決めると，4次元の世界が1つ定まる。そこで，我々の生きているこの4次元世界がどのようなカラビ–ヤウ多様体によって与えられているのか，カラビ–ヤウ多様体を変えたら4次元の物理量の値 (たとえば電子の質量) はどのように変わるのかを知ることが必要になります。

ところで物理学では以前から双対性という概念が重要な役割を果たしてきました。たとえば粒子と波動の双対性は量子力学の基礎の1つです。一般に2つの見かけ上異なる理論が量子力学系として同型である (すなわちヒルベルト空間やその上の作用素代数が同型である) とき，2つの理論は双対であると呼びます。双対性の例として次に述べるミラー対称性があります。

カラビ–ヤウ多様体 M の上の超弦理論を記述するためには，リーマン面から M への写像を力学変数とする場の理論，すなわちシグマ模型を使います。このとき M をシグマ模型の標的空間と呼びます。たとえば，素粒子の質量の起源とされる

クォークやレプトンとヒッグス場との湯川結合は，3 つの作用素の真空期待値 (相関関数) を計算することで求められます。

これらの作用素は，カラビ–ヤウ多様体 M 上のコホモロジー $H^{1,2}(M)$ もしくは $H^{1,1}(M)$ の元に対応しています。この場合，シグマ模型の経路積分が厳密に実行できて，$H^{1,2}$ の 3 つの元 $\omega_i, \omega_j, \omega_k (i,j,k = 1,2,\cdots,h^{1,2})$ の相関関数は，コホモロジー環の係数

$$C_{ijk}(M) = \int_M \Omega \wedge \partial_i \partial_j \partial_k \Omega \tag{1}$$

と一致することが知られています。ここで，Ω はカラビ–ヤウ多様体上の (定数係数を除いて一意に存在する) 正則 3 形式であり，$\partial_i, \partial_j, \partial_k$ は M の複素構造のモジュライについての微分でそれぞれ $\omega_i, \omega_j, \omega_k$ に対応するものです。

これに対し，$H^{1,1}(M)$ の 3 つの元 $k_a, k_b, k_c (a,b,c = 1,2,\cdots,h^{1,1})$ の相関関数は無限和の形で

$$\tilde{C}_{abc}(M) = \int_M k_a k_b k_c + \sum_n d(n,M) \frac{n_a n_b n_c e^{-t\cdot n}}{1 - e^{-t\cdot n}} \tag{2}$$

と書くことができます。ここで $d(n,M)$ はカラビ–ヤウ多様体 M の中に正則に埋め込まれている 2 次元球面で，f を埋め込み写像としたとき $\int k_a = n_a$ となるものの数，また $t \cdot n = \sum_a t^a n_a$ で t_a は複素化されたケーラー・モジュライと呼ばれる M を特徴づけるパラメータです。すなわち超弦理論では，$H^{1,1}$ の相関関数はカラビ–ヤウ多様体の中の正則な球面の数を数える母関数になっているのです。

カラビ–ヤウ多様体 M を標的空間とするシグマ模型について，$H^{1,1}$ と $H^{1,2}$ に対応する作用素の入れ替えが場の理論の同型写像を引き起こすことは早くから知られていました。グリーンとプレッサーは，$H^{1,1}(M)$ と $H^{1,2}(M)$ を入れ替えて得られ

る場の理論が別の多様体 W を標的空間とするシグマ模型と同型になっている例を具体的に構成し，このような M と W との対応をミラー対称性と名づけました．この場合，2 つのシグマ模型は双対対応にあるというわけです．

さらにキャンデラスのグループは，M について計算した (2) 式と W について計算した (1) 式とが一致するべきであるとして，これから $d(n, M)$ をすべての n について決定しました [2]．この量は，それまで n の小さな値についてだけ計算されていたので，それがすべての n について一挙に求められ，しかもそれが異なる多様体 W の (1) 式で与えられるということは驚きをもって迎えられました．

また，ベルシャドスキー，チェコッティ，バッファと筆者は，ミラー対称性の考察を高い種数のリーマン面に拡げ，カラビ-ヤウ多様体の中のリーマン面の数の母関数がミラー多様体上のファインマン・ダイアグラムで求められることを示し，それを逐次に計算する処方を与えました．これは自明でない共形場の理論について，リーマン面のモジュライ空間の上の積分を解析的に実行した最初の例にもなりました．

ミラー対称性は，超弦理論による時空間の幾何の記述が通常の場の理論によるものと大きく異なることを示唆しており，これを量子幾何学と呼ぶこともあります．前に述べた粒子と波動の双対性は数学的にはフーリエ変換によって理解されています．ミラー対称性にもこのような解釈が可能であると期待されています．ミラー対称性はコンツェビッチ，ギベンタール，深谷賢治らの仕事によって数学的に定式化され，この方面の研究はさらに発展を続けています．

13.4 超弦理論の双対性

このように超弦理論の摂動計算が整備されつつある中で,変革の第一波が押し寄せてきました。ザイバーグとウィッテンによる4次元の $N=2$ 超対称性 [*6]をもつゲージ理論の厳密解の発見です。この結果は,数学の立場からは,これまで困難であったドナルドソン不変量の計算に手がかりを与えたことで知られています。ドナルドソンの理論では,非可換ゲージ場を使って4次元空間の位相不変量を定義します。ザイバーグ–ウィッテン解は,これがもっと簡単な可換ゲージ場の方程式の解空間の上の計算に帰着できることを明らかにしたのです。ほぼ同時にバッファとウィッテンは4次元の $N=4$ 超対称性をもつゲージ理論の分配関数が結合定数 g についての保形形式になっていることを,中島啓や吉岡康太の数学的結果を使って示し,結合定数 g をもつ理論と $1/g$ をもつ理論が双対であるという以前からの予想に重要な証拠を与えました。

第二の波は1995年の南カリフォルニア大学の会議で起きました。ウィッテンがこれらのゲージ理論についての考察を超弦理論に押し広げ,超弦理論の双対性についての一連の予想を提示したのです [3]。この双対性は,たとえば弦の結合定数 g についての漸近展開を $1/g$ についての漸近展開と結びつける変換なので,ウィッテンの予想を摂動展開の枠内で証明することはできません。理論自身が定義されていないのですから,これは証明されるべき予想というよりも将来構成される理論のもつべき性質を述べたものといえます。もちろんウィッテンが提示した様々な予想が,相互に矛盾がないことや,摂動計算から知られている事実と適合していることを確かめる必要があります。

[*6] ボゾンとフェルミオンを入れ替える対称性。4次元の重力を含まない場の理論では最大 $N=4$ の超対称性が可能である。

この予想の検証の過程で，これまでまったく無関係と思われていた計算の間の関連が明らかになりました。たとえば，前に述べたミラー対称性を使った超弦振幅の計算と $N=2$ ゲージ理論のザイバーグ–ウィッテン解の間に対応があることがわかったのです。

この超弦理論の双対性予想の検証に大きな役割を果たしたのが，ポルチンスキーの D ブレーンです。たとえば閉じた弦のみからなる IIA(IIB) 型の超弦理論では，D ブレーンは 10 次元の時空間の中の奇数 (偶数) 次元の部分多様体で，弦がそこから吸収されたり放出されたりできるようになっているものです。図 13.2 のように，閉じた弦が吸収・放出されている様子を横から眺めると，弦に端点があってそれが D ブレーンの占める部分多様体の上に乗っていることがわかります。このように D ブレーンは，摂動論的には閉じた弦しかもたなかった IIA・IIB 型の理論の中に開いた弦を導入します。

なぜこのようなものを考える必要があるのでしょうか。双対性予想は超弦理論のヒルベルト空間が様々な非摂動的状態を含んでいることを予言します。超弦理論の結合定数を g とする

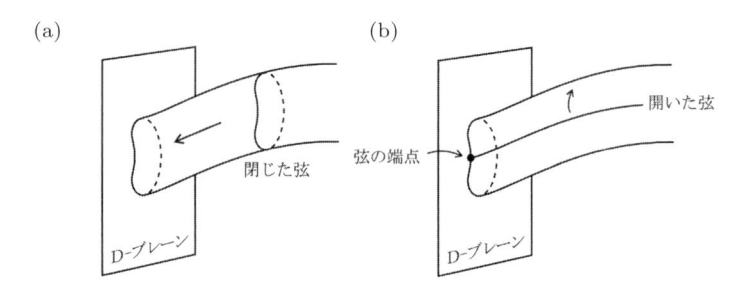

図 13.2 (a) D ブレーンは時空間の部分多様体で，閉じた弦を吸収・放出できる。　(b) 同じ図を横から眺めると，D ブレーンは開いた弦の可能な端点の集合と考えることもできる。

と，これらの状態は $1/g$ に比例する質量をもち，g についての漸近展開では構成することができません。Ｄブレーンを使うとこれらの多くを構成することができます。ここで必要になるのは，Ｄブレーン上のゲージ理論の束縛状態の分析です。

たとえば，Ｄブレーンが時空の4次元部分多様体を占めているときには，その束縛状態のうちで重要なものはゲージ場のインスタントン解[*7]の解空間上のコホモロジーによって与えられます。このコホモロジーにアファイン・リー代数が作用するという中島の発見は，超弦理論の双対性の予想と見事に一致する結果を与えました。またＤブレーンの状態空間の高次コホモロジーの漸近公式は，ベケンシュタインとホーキングが予想したブラックホールのエントロピー公式[*8]と密接な関係があることも知られています。

10次元の時空間がコンパクトな6次元のカラビ–ヤウ多様体と4次元のミンコフスキー空間の積になっているとすると，カラビ–ヤウ多様体の部分多様体に巻きついたＤブレーンは4次元上の粒子状態を与えます。そこでどのような部分多様体がどのような粒子状態を与えるのか，また前節で述べたミラー対称性がこれらの粒子状態にどのように作用するのかを理解することが必要になります。この問題についても，数学と物理学双方の立場から精力的な研究が進められています。

超弦理論の双対性予想は，この他にも様々な数学的問題を提起しています。しかし物理学者の立場からすると，超弦理論の

[*7] 4次元のゲージ場で曲率2形式 F が自己（反）双対，すなわち $F = *F (F = -*F)$ となっているもの。ここで $*$ はホッジ作用素。
[*8] ベケンシュタインとホーキングは，ブラックホールは非常に多くの量子力学的状態の統計力学的な集まりであると予想し，そのエントロピーすなわち log(状態数) を質量の関数として与えた。これを量子重力の第一原理から計算することは理論物理学者の長年の夢であった。

全貌を知るにはまだ道のりは遠いといわざるを得ません。この10年間の急激な進歩にもかかわらず，我々はまだ場の理論のラグランジアンにあたるものが超弦理論では何であるのかを見つけていないのです。最近発見された AdS/CFT 対応は，特殊な状況のもとで超弦理論のラグランジアンが何であるのかという問いの答えを与えています [4]。しかし，我々は超弦理論の全貌が俯瞰できる枠組みを必要としているのです。弦の場の理論による定式化の試みは部分的な成功を収めていますが，それを使って超弦理論の非摂動効果を研究するのには多くの改善を必要としています。超弦理論を建設するのには我々はまだ適切なことばを得ていない。21 世紀の数学がそれをもたらすことを期待しつつ，筆をおくことにします。

参考文献

[1] 共形場の理論の基本的文献についでは，論文選集 "Conformal Invariance and Applications to Statistical Mechanics," World Scientific (1988).

[2] ミラー対称性の基本的文献については，論文選集 "Mirror Symmetry I, II," International Press (1992, 1997).

[3] 超弦理論の最近の話題の案内としては，コロラド大学での夏の学校の講義録 TASI 96, World Scientific (1997) がお勧めです。超弦理論を基礎から学ばれたい方には，ポルチンスキー著の "String theory I, II," Cambridge Univ. Press (1999) が良いでしょう。

[4] AdS/CFT 対応については，Aharony, Gubser, Maldacena, 大栗, Oz 著の総説記事 "Large N Field Theory, String Theory and Gravity," Physics Reports, 323 (2000) p.183.

第 14 章
超弦理論，その後の 10 年 (2001 年–2011 年)

> 前章の記事は 2001 年に書かれたものだったので，その後の約 10 年の発展について振り返ってみました。本書のための書下ろしです。
>
> (難易度: ☆☆)

前章の記事は 2001 年の年末に執筆した。その後の約 10 年間の発展について振り返ってみよう。弦理論の研究分野を大きく 3 つに分けて考えることにする。

- 素粒子の統一理論としての超弦理論
- 超弦理論の理論的基礎
- 理論物理学の他の分野への応用

14.1 素粒子の統一理論としての超弦理論

20 世紀の終わりには，宇宙物理学の精密観測により標準宇宙模型が確立し，特に宇宙のエネルギーの 74%が暗黒エネルギーであることが明らかになった。暗黒エネルギーの有力な候補は，アインシュタインの重力方程式の宇宙項である。そこで，超弦理論から，宇宙項のあるドジッター宇宙模型を導出できるかが問題になった。このような模型を構成する方法として，6 次元のカラビ–ヤウ多様体の上に一般化された電場や磁場を入れるフラックス・コンパクト化が考案され，ある近似の元に 10^{500} とも見積もられる膨大な数の解があることが示唆された。これが超弦理論のランドスケープと呼ばれるものである。

超弦理論の宇宙論への応用を考える上で1つの障害は，ドジッター宇宙模型のように時間に依存した時空間に対応する解の性質がよくわかっていないことである。ドジッター時空間のホログラフィックな記述についても提案がなされているが，その本格的な理解は今後の課題である。

この10年の間には，超弦理論のコンパクト化によって4次元の素粒子模型を導出する技術も進歩した。本書第11章の「素粒子の統一理論としての超弦理論」では，その中でもF理論を使った模型の構成について解説している。

14.2 超弦理論の理論的基礎

AdS/CFT 対応

1997年に提案された AdS/CFT 対応は，この10年の間に大きく進歩した分野である。この対応を一般化して，量子重力のすべての現象は空間の果てにおいたスクリーンに投影することができ，その上の重力を含まない量子力学理論によって記述できるとするホログラフィー原理が提唱されている。ホログラフィー原理ついては，本書第18章の「重力のホログラフィー」で簡単に，また第19章の「量子ブラックホールと創発する時空間」でさらに詳しく解説している。

AdS/CFT 対応の最も基本的な例として，4次元の $N=4$ 超対称ゲージ理論と，5次元の反ドジッター空間と5次元球面の直積を標的空間とする IIB 型超弦理論との対応がある。この例では，$N=4$ 超対称ゲージ理論と，IIB 型超弦理論の世界面上の共形場の理論の双方で，ある種の物理量については厳密な計算ができるようになった。これによって，5次元の反ドジッター空間上の量子重力理論の計算と，4次元のゲージ理論の計算が，どのように結びついているかが定量的に理解できるよう

になってきた。

　また，このような発展に触発されて，4次元のゲージ理論や重力理論の摂動計算について，ファインマン図を使った従来の方法に代わるまったく新しい方法が開発されつつあり，これまで技術的に困難とされてきた摂動の高次の計算ができるようになってきた。

場の量子論の数理

　超弦理論の研究に触発されて，場の量子論の数学的性質の理解も大きな進歩を遂げた。特に，超対称性を持つゲージ理論については，分配関数，相関関数，ウィルソン・ループやトフーフト・ループなどの厳密な計算方法，BPS状態数の数え上げと壁超え現象の理解，可積分模型や2次元の共形場の理論との関係，双対性の微視的理解や数学の深い構造 (たとえばラングランズ・プログラム) との関係などが明らかになった。

トポロジカルな弦理論

　私は，1993年にミハイル・ベルシャドスキー，セルジオ・チェコッティ，カムラン・バッファとの共同研究で，トポロジカルな弦理論の分配関数が，超弦理論のある種の散乱振幅を与えることを指摘していた。しかしそのような振幅の物理的な意義は明らかではなかった。その後2004年に，私は，カムラン・バッファやアンドリュー・ストロミンジャーとの共同研究で，トポロジカルな弦理論の分配関数とある種のブラックホールの量子状態との正確な関係を発見した。

　トポロジカルな弦理論は，ブラックホールの量子状態の研究のほかにも，超対称性を持つゲージ理論の有効ポテンシャルの計算に応用され，またチャーン–サイモンズのゲージ理論や3次元の組みひもの理論，コバノフ・ホモロジーの理論とも深い

関係がある。これらの結果は，閉じた弦の理論と D ブレーンのある開いた弦の関係を与えるものでもあり，トフーフト予想を実現する例である。詳しくは，本書 15 章の「トポロジカルな弦理論とその応用」で解説をしているので，そちらを参照していただきたい。

トポロジカルな弦理論とチャーン–サイモンズのゲージ理論との関係は，トポロジカルな弦理論の振幅の計算に応用され，トポロジカル・バーテックスの理論に発展した。これを使って，トーリック型と呼ばれるカラビ–ヤウ多様体については，トポロジカルな弦理論の分配関数を摂動展開のすべての次数で計算することができるようになった。しかし，トーリック型のカラビ–ヤウ多様体は体積が無限大であり，超弦理論のコンパクト化に直接使うことはできない。コンパクトなカラビ–ヤウ多様体についてのトポロジカルな弦理論の振幅を計算する方法は，現在のところ私が 1993 年にベルシャドスキー，チェコッティ，バッファと開発した正則アノマリーの漸化式を使ったものしか知られていない。コンパクトな多様体について，弦理論の計算を系統的に行うより強力な手法の開発は重要である。

14.3　理論物理学の他の分野への応用

物理学の基礎的問題に動機づけられてできた美しい理論は，思いがけない応用を持つことがある。超弦理論の研究から生み出された理論物理学の手法は，素粒子の統一理論の構成の他にも，物理学の様々な問題に応用されている。特に，AdS/CFT 対応は，クォーク–グルーオン・プラズマの熱力学的性質やハドロン物理，さらには物性物理学の量子相転移や量子流体などの強相関現象などの理解に新しい視点を与えている。

2005 年にブルックヘブン国立研究所は，金イオンの高エネ

ルギー衝突でクォーク-グルーオン・プラズマが生成され，その粘性とエントロピー密度の比が地上のどのような流体より低いものであったと発表した．ところが，すでにその1年前に，パベル・コブトゥン，ダム・ソンとアンドレイ・スタリネッツは，準古典近似が成り立つ重力理論によってホログラフィックに記述される量子流体については，この比が通常の流体よりはるかに低い値になることを示していた．この超弦理論の予言が，加速器実験で実現したことは大きく注目された．ブルックヘブン国立研究所の記者発表では，当時米国エネルギー省次官であったレイモンド・オーバックは，「弦理論と重イオン衝突実験との関係はまったく思いもかけず，心が躍る」と述べている．

　物性物理学の高温超伝導現象は，25年前に発見されたが，これを説明する理論は存在していない．(ちなみに，通常の超伝導現象の機構の解明は，最初の実験から47年かかった．) 超弦理論は，ホログラフィー原理を使って，このような奇妙な物質の性質を解明しつつある．超弦理論と物性物理学との交流については，本書第7章に詳しい．

　酒井忠勝と杉本茂樹は量子色力学(QCD)のホログラフィックな模型を構成して，低エネルギーハドロン物理現象の導出に成功している．また，高柳匡と笠真生が開発したエンタングルメント・エントロピーのホログラフィックな計算方法は，物性物理学や量子情報理論の分野で注目を集めている．

第15章
トポロジカルな弦理論と その応用

『日本物理学会誌』2005年11月号に掲載されました。この解説記事は、2004年の秋に依頼され、2005年の初めには書き上げました。しかし、執筆中にトポロジカルな弦理論とブラックホールの量子状態を関係づけるいわゆるOSV予想を発見して、それまでに書いたものでは物足りなくなってしまいました。そこで、この結果を含めるために記事を最初から書き直すことになり、記事の完成が予定より半年以上遅れて、編集委員の先生方にはご迷惑をおかけしました。

(難易度: ☆☆☆)

トポロジカルな弦理論はそもそも「おもちゃの模型」として考え出されたが、その後筆者らのグループはこの理論が素粒子の統一理論としての超弦理論の計算に直接利用できることを明らかにした。この記事ではブラックホールの量子状態や4次元のゲージ理論の強結合問題といった素粒子物理学理論の重要な課題にトポロジカルな弦理論がどのように応用されているかを解説する。

15.1 はじめに

理論物理学の歴史の中で「おもちゃの模型」は重要な役割を果たしてきた。場の量子論では2次元のサイン–ゴルドン模型やヴェス–ズミノ–ウィッテン模型などの可解模型がその例として挙げられる。こうした摸型は、現実の問題への直接的な応用を目指すのではなく、むしろ理論の構造についての数学的な理解を高め、一般的な教訓を引き出すことを目的とする。トポロジカルな弦理論もまた弦理論の一般的性質を理解するための簡

単化された「おもちゃの模型」として考え出された。

筆者らのグループは 1993 年に, トポロジカルな弦理論が「おもちゃの模型」にとどまらず, 素粒子の統一理論としての超弦理論の厳密計算に直接利用できることを示した [1]。以来 12 年の間にトポロジカルな弦理論の応用範囲は大きく広がり, 超弦理論の 4 次元低エネルギー有効理論の導出をはじめとして, 超対称ゲージ理論の厳密解, ゲージ理論と重力理論の双対性の理解, また最近ではブラックホールの量子状態の分析などに力を振るっている。この記事では理論物理学の様々な問題に対するトポロジカルな弦理論の応用について解説する。

トポロジカルな弦理論の解説に入る前に, 超弦理論研究の現状について反省してみたい。超弦理論は (1) 重力を含む量子理論であり (2) 素粒子の標準模型を構成するために必要なすべての要素を含んでいる。1 つの理論がこの 2 つの性質をもつことがいかに奇跡的であるかをまず力説したい。

物理学的世界には各々の距離のスケールに特有の法則があり, ある距離に当てはまる法則はより短い距離の法則から演繹される低エネルギー有効理論であると考えられている。このため物理学の基本法則の探求は, 短距離すなわち高エネルギーのフロンティアーの開拓を目指す。(初期宇宙の研究も, より短い「距離＝宇宙創生からの時間」の探索といえる。) 自然界のこのような階層構造が物理学者にとって僥倖であったことはいうまでもない。もし水素原子のエネルギー準位の理解にクォーク間の強い相互作用の詳細な知識が必要であったなら, ボーアやハイゼンベルグが量子力学を発見することははるかに困難だっただろうと思われる。

ところが重力理論では距離を定める時空の計量場自身が力学変数なので, 距離のスケールをあらかじめ設定してから重力を量子化することはできない。したがって重力と量子力学を統合

する理論はどのような短距離の現象も一気に記述できるものでなければならない。すなわち自然界の階層構造は量子重力で打ち止めになると考えられている。実際，プランク・エネルギー (量子重力に特有のエネルギースケール) に届く加速器をつくったらどうなるかという思考実験を行ってみると，かなり一般的な仮定の下で，衝突エネルギーがこのスケールを超えるあたりでブラックホールができて，それより短距離の領域は事象の地平に隠されてしまうことを示すことができる。量子力学が位置と運動量を同時に測定することを原理的に不可能にしてしまったように，量子重力はプランク・スケール以下の距離の測定を不可能にする。このように重力を含む統一理論の構成は自然界の短距離フロンティアの終焉を意味するので，そのような理論の候補が1つでも存在することは驚きに値する。

超弦理論が素粒子論研究の主流の1つとなったのは，この理論が素粒子の標準模型を構成するために必要なすべての要素を含んでいることがわかったからである。アインシュタインの一般相対性理論が任意の次元で意味をもつのに対し，超弦理論では (摂動展開の範囲では) 理論の整合性から時空が 10 次元に限られる。これが我々が日常的に経験する 4 次元でなかったことは必ずしも不運なことではない。超弦理論には時空がコンパクトな 6 次元空間と 4 次元のミンコフスキー空間の積となる真空解 $(6 + 4 = 10)$ があって，超弦理論が素粒子の統一理論になるためにはこの隠された 6 次元が本質的な役割を果たす。たとえば，クォークやレプトンといった物質場，それらの間のゲージ相互作用，またこのゲージ対称性を破るためのヒッグス機構などを含む素粒子の標準模型の豊富な内容は，超弦理論では 6 次元の幾何学的構造から生み出されるのである。

そこでより野心的に標準理論のもつ 18 個 (ニュートリノの質量を含めると 25 個) のパラメータを超弦理論から演繹でき

ないかという目標が生じる。これを野心的と呼んだのは，低エネルギー有効理論をきちんと導き出すことは物理学のこれまでの階層でも難しい問題であったからである。たとえば，QCDからハドロンの低エネルギー現象を定量的に導くことは格子ゲージ理論の数値計算に頼らない限りは困難で，特にクォーク閉じ込めの解析的理解は長年の課題である。同様のことはナビエ–ストークス方程式の大域解についてもいえる[*1]。これらは依然として今日的な課題であり，この2つがクレイ数学研究所のミレニアム問題に取り上げられたことはこれらの本質的な理解が新しい数学を必要とすると期待されていることを示している。

もちろんQCDにはその特有なエネルギースケールにおける定量的な予言とそれらの実験による検証があり，それがゆえに私たちはQCDが正しい理論であると確信している。超弦理論についてもそれに特有なエネルギースケールでは様々な予言ができる。しかし，このエネルギースケールがあまりに高いので現在の実験・観測ではこれらの予言の検証ができないでいる[*2]。そのため，自然界が超弦理論を採用しているかどうか判断するためにも，その低エネルギー理論の理解がとりわけ重要な課題となるのである。

QCDと同様に，超弦理論の低エネルギー現象を理解するには強結合の物理を理解する必要がある。この記事では，トポロジカルな弦理論によって超弦理論の様々な強結合問題がどのよ

[*1] 流体力学からの例としては，ボルツマン方程式の粗視化によるナビエ–ストークス方程式の導出も挙げられる。
[*2] 超弦理論の真空解の選び方によっては，このエネルギースケールが比較的低くなり，次世代の加速器実験で超弦理論に特有な量子重力効果が観測されたり，また宇宙初期に生成された巨視的な弦からの重力波が検出される可能性が指摘されている。

うに克服されてきたか，またそれが低エネルギー有効理論の理解にどのように役立っているのかを解説する。またトポロジカルな弦理論の見地から，弦の非摂動論的定式化についても展望したい。興味のある読者のためにいくらか掘り下げて解説している部分もあるので，最初に読まれるときには技術的と思われる部分は読み飛ばされてもよいかもしれない。トポロジカルな弦理論という一見数学的に思われるかもしれない話題が，超弦理論，また広くは素粒子論の主要な潮流として研究が進んでいることを感じ取っていただければ幸いです。

15.2 ブラックホールのエントロピー

この節では，トポロジカルな弦理論の応用の例として，最近の話題であるブラックホールのエントロピーの計算を紹介する。ブラックホールに熱力学的性質があることは，ベケンシュタインによってアインシュタイン方程式の古典解の数学的性質から予想された。これによると，巨視的なブラックホールは事象の地平の面積 A に比例するエントロピー S をもつ。

$$S = c_0 A. \tag{1}$$

一般に A はブラックホールの質量 M の単調増加関数 $\partial A/\partial M > 0$ であるから，質量をエネルギーと解釈して通常の熱力学的公式を用いると，温度 T を定義することができる[*3]。

$$\frac{1}{T} = \frac{\partial S}{\partial M} = c_0 \frac{\partial A}{\partial M}. \tag{2}$$

ホーキングは1974年に，量子重力の半古典近似からブラックホールが黒体放射をすることを発見した。そして上の公式で定数 c_0 を $1/4$ とおいたものが，このブラックホール時空の温度

[*3] 以下では光速，プランク定数，プランク質量，ボルツマン定数をすべて 1 とする単位系を使う。

と一致することを示した。そこで $S = A/4$ はベケンシュタイン–ホーキング (BH) のエントロピー公式と呼ばれている [2]。

ホーキング放射によってブラックホールは徐々にそのエネルギーを失う。ブラックホールが球対称で電荷・磁荷をもたない場合には温度 T は一様に上昇し[*4]，爆発的な終末 $T \to \infty$ を迎えると考えられている。しかし放射によって質量が小さくなってくるとブラックホールの近くでの時空の曲率が大きくなるので，量子重力効果が無視できなくなる。一般に量子重力の効果は計量テンソルについての高階微分項 (たとえば曲率テンソルについて高次のべきをもつ項) として現れる。そして曲率が大きくなると高階微分項が無視できなくなるのである。

ブラックホールに電荷 e や磁荷 m を与えると情況は異なってくる。この場合にはブラックホールの質量に下限 $M(e,m)$ がある。そして質量がこの下限と一致する極限で温度 T は 0 となり，このようなブラックホールは安定である。これを極限ブラックホールと呼ぶ。電磁荷を十分大きくとることで，$M(e,m)$ を大きく，したがってブラックホールの近傍での時空の曲率を小さく保つことができる。このように質量の大きいブラックホールについては BH 公式 $S = A/4$ への量子補正は無視できるので，エントロピーについて通常の統計力学的解釈が成り立つとすると，極限ブラックホールは $\exp(A/4)$ 個の量子状態からなっていると解釈される。これを量子状態の数え上げから再現できるかどうかは量子重力理論の試金石の 1 つとされてきた。超弦理論がこのチャレンジにどのように応えたかを振り返ってみよう。

[*4] 質量が小さくなるにつれて温度が上昇するということは，このようなブラックホールは負の比熱をもち，熱力学的に不安定であるということを意味する。

超弦理論には極限ブラックホールが様々な形で現れる。超弦理論は 10 次元の時空間に定義されているので，この 10 次元が 4 次元のミンコフスキー時空と 6 次元のカラビ–ヤウ空間[*5] の積になっているとする。このようにして得られた 4 次元理論における荷電ブラックホールの多くは D ブレーンを使って構成することができる。

　話を具体的にするために輪のように閉じた弦からなる II 型の超弦理論に限って考えることにして，その場合に D ブレーンについて簡単な説明をしよう[*6]。D ブレーンを定義するには，まず 10 次元時空の部分空間を指定する。II 型の超弦理論は閉じた弦のみからなっているが，D ブレーンがあると閉じた弦が開くことができて，その開いた弦の端点は D ブレーンの指定する 10 次元時空の部分空間の上を走ることができると考える。D ブレーンは弦のように時空の中で振動することができ，その振動の自由度は D ブレーン上に端点をもつ開いた弦が担っている。D ブレーンには様々な次元のものがあり，空間 p 次元と時間 1 次元方向に伸びているものを Dp ブレーンと呼ぶ。特に弦のように空間 1 次元に伸びているものは D1 ブレーンであり，膜のように 2 次元的に拡がったものは D2 ブレーン

[*5] 一般に計量をもつ空間では，リーマンの曲率テンソルは接空間の微小回転を与える。6 次元空間の場合には，微小回転の全体 $so(6)$ はリー環として $su(4)$ と同じであるので，$su(3)$ を部分環としてもつ。この $su(3)$ 部分環を 1 つ定めたときに，リーマンテンソルが常に同じ $su(3)$ 部分環に含まれるようになっている空間のことを「カラビ–ヤウ空間」と呼ぶ。このような空間は弦の運動方程式の解となっており，その幾何学的構造は 4 次元理論の構成に本質的な役割を果たす。

[*6] D ブレーンの D は 19 世紀の数学者 Lejeune Dirichlet の頭文字であり，開いた弦の端点の境界条件が D ブレーンと直交する方向には Dirichlet 型になっていることに由来している。ブレーンは，2 次元の膜のことである Membrane の brane から取られた。

である。Dブレーンについての日本語による解説としては文献 [3] をお薦めする。

6次元のカラビ–ヤウ空間の中に p 次元の部分空間があるときに，Dp ブレーンをこの部分空間に巻きつけてやると，4次元時空では拡がりのない点粒子となる。この粒子は p 次元部分空間の体積に比例する質量 M とこの部分空間のホモロジーによって指定される電磁荷 e, m をもつ。(Dブレーンが同じ部分空間に何度も巻きついているときには，質量や電磁荷は部分空間の体積やホモロジーに巻きつき数をかけたものになる。)この粒子の質量は，荷電ブラックホールの質量と同じ不等式 $M \geq M(e,m)$ をみたし，部分空間の体積が極小となるときに $M = M(e,m)$ となる。このようなDブレーンが極限ブラックホールと同一であるというのがDブレーン構成法の基本的仮定である。この仮定の正当性はDブレーンによってブラックホールの様々な性質が再現されるということによって検証されてきた。

ブラックホールの固有な自由度はDブレーン上に端点をもつ開いた弦によって与えられる。特に極限ブラックホールのような基底状態については，開いた弦の低エネルギー有効理論であるゲージ理論による記述が正確な答えを与える場合が多い。ストロミンジャーとバッファは1996年にこのようなゲージ理論を使って極限ブラックホールの微視的量子状態を数え上げ，さらにブラックホールの質量が大きくなる極限でこれがBHのエントロピー公式を再現することを示した [4]。これは超弦理論が重力理論の量子化に成功しているという強力な証拠となった。この計算とその意義の日本語による解説としては文献 [5] をお薦めする。

これまで述べてきたように，BHのエントロピー公式はブラックホールの質量が大きく量子補正が無視できるときに成り

立つ．ブラックホールが小さくなると，ブラックホールの近くで時空の曲率が大きくなり，BH公式は量子補正を受ける．一方，Dブレーン構成法は原理的にはどのような大きさのブラックホールについても適用できる．ブラックホールとDブレーンとの対応関係は，AdS/CFT対応をはじめとする近年の超弦理論の発展の基礎であり，超弦理論やゲージ理論のさらなる進歩に重要な役割を果たすと考えられている．そのため，小さいブラックホールに関してBH公式の量子補正を計算し，ゲージ理論との対応を精密化することは，超弦理論の重要な課題であるとされてきた．

BH公式への補正の目安として，2つの重要なスケールがある．1つは「プランクの長さ」l_P であり，ニュートン定数を光速・プランク定数と組み合わせて得られる長さである．この記事ではこれを1とおく自然単位系を使っている．プランクの長さより短い距離では量子重力効果が重要になり，時空の概念が本質的に変更を受けると考えられている．もう1つは「弦の長さ」l_s であり，これは超弦の張力定数を光速・プランク定数と組み合わせて得られる．弦の長さは弦がどのくらい拡がっているのかの目安と考えることができ，点粒子を基本的な自由度とする通常の場の電子論と弦理論との違いが顕著になる距離である．したがって，ブラックホールの事象の地平の面積が l_P^2 や l_s^2 に近くなると，量子重力や弦理論に特有の効果が重要になると考えられる．

弦の長さ l_s のスケールで起きる補正を評価するためには，ブラックホールの時空の中での弦の伝播の方程式を解かねばならず，またプランクの長さ l_P のスケールの補正を計算するためには弦の摂動展開の足し上げが必要になる．一般的には，このような計算は現在の超弦理論の技術水準を超えている．しかしこの数年の間にBHのエントロピー公式についてはトポロジカ

ルな弦理論を使うことで両方のタイプの補正について厳密で明示的な解答が得られることがわかったのである。

1993年に筆者はベルシャドスキー，チェコッティ，バッファとの共同研究によって，超弦理論から求められる4次元有効理論のラグランジアンの中で特に「プレポテンシャル」と呼ばれる関数によって指定される項については，トポロジカルな弦理論を使うと摂動展開のすべての次数で厳密に計算ができることを示した[1]。プレポテンシャルは，超弦理論の4次元の低エネルギー理論の理解に重要な役割を果たす。特に，1998年にカルドソ，ド・ウィット，モハウプトは，ある仮定の下で，BHエントロピーの量子補正の計算に必要なのはプレポテンシャルのみであることを指摘した[6]。すなわち荷電ブラックホールの基底状態のエントロピーについては，その量子補正の全貌がトポロジカルな弦理論によって決定できると主張したのである。

これを受けて，筆者はストロミンジャー，バッファとともに文献[6]のエントロピー公式を分析・整理し，2004年に次のような予想を得るに至った[7]。すなわち，$\Omega(e,m)$を電荷e，磁荷mをもつブラックホールの基底状態の量子縮退度とすると，摂動展開のすべての次数にわたってΩとトポロジカルな弦理論の分配関数Z_{top}がラプラス変換，

$$|Z_{\text{top}}|^2 = \sum_e \Omega(e,m) e^{-e\phi} \tag{3}$$

によって関係づいていると主張したのである。分配関数Z_{top}の定義は次の節で与えるが，これは超弦理論を4次元にコンパクト化するためのカラビ–ヤウ空間の幾何学的構造とトポロジカルな弦理論の結合定数に依存しており，上の公式が成り立つためには，左辺のZ_{top}に含まれるこれらの情報は，右辺で指定されている磁荷mと電荷ポテンシャルϕの簡単な関数とし

て表される。この公式についてはこの 1 年の間に様々な検証がなされ，右辺と左辺が独立に計算できる例についてこの公式が摂動展開のすべての次数で成り立っていることが確認されている。

この公式の意義については，次節でトポロジカルな弦理論の定義を与えた後で議論することにしよう。

15.3 トポロジカルな弦理論

点粒子を基本的な自由度とする通常の場の量子論では，ファインマン図によって量子補正の計算を視覚化することができる。場の量子論のファインマン図は粒子の伝播を表す線分を相互作用点でつなぎ合わせたものである。弦理論では，弦の軌跡が時空の中で 2 次元の面を形づくるので，この 2 次元の世界面を場の理論のファインマン図に対応するものと考える。弦理論の量子補正を求めるには，まずこのような 2 次元の世界面上の場の量子論の振幅を計算し，それをさらにすべての可能な世界面について足し上げることになる。この解説では輪のように閉じた弦からなる II 型の超弦理論を考える。この場合，世界面は境界のない閉じた面であり，そのトポロジーは種数すなわち面のもつハンドルの数である g によって分類される (g は種数を意味する genus の頭文字である)。たとえば $g = 1$ の世界面は閉じた弦が真空から対生成されその後対消滅するというプロセスを記述している (図 15.1 参照)。一般に世界面の種数 g は摂動展開の次数に対応する。

ここで考えている世界面上の場の量子論とは次のようなものである。2 次元の世界面が時空間の中でゴム膜のように振動するというのが弦理論の直感的な描像なので，これを数学的に定式化するため世界面から 10 次元の時空間への写像 X を考え，

図 15.1 閉じた弦が真空から対生成されその後対消滅する軌跡を時間の流れに沿ってたどると，種数 $g=1$ の世界面が現れる。

これを世界面上の場の自由度と考える。写像 X は世界面の時空間の中での配位を指定するので，その面積を計算することができる。この面積は南部–後藤の作用と呼ばれる X の汎関数であり，弦の作用汎関数の基本的な部分となる。(作用が面積に比例しているということは，弦が完全弾性体であることを意味している。) 超弦理論では，この作用にフェルミオンを含んだ項を加えて全体が超対称性をもつようにする。

さて，超弦理論から 4 次元の有効理論を導くために，10 次元の時空間が 4 次元のミンコフスキー時空 と 6 次元のカラビ–ヤウ空間の積になっているとする。カラビ–ヤウが曲がった空間であることは，世界面上の場の量子論が非線形な相互作用項をもつことを意味する。超弦理論の計算をするためには，このような場の量子論の振幅を計算した上で，さらにそれを世界面のパラメータ空間 (モジュライ空間) 上で積分する必要がある。そもそもカラビ–ヤウ空間の計量テンソルの具体形すら知られていないので，このような計算は一般には困難といえる。

ウィッテンは 1988 年に超弦理論を簡単化した模型としてトポロジカルな弦理論を考えた [9]。この「おもちゃの模型」が

超弦理論の摂動計算の練習問題になると考えたのである。トポロジカルな弦理論を定義するには，まず4次元ミンコフスキー時空の中での弦の運動を無視して，6次元のカラビ–ヤウ空間の中での弦の配位にのみ注目する。このように簡単化した理論にさらに「トポロジカルなひねり」と呼ばれる数学的な魔法をかけると，弦の振動の効果が相殺されて，弦の世界面の大域的な配位だけが重要になる。そして，世界面上の場の理論は本質的に有限自由度のシステムに簡単化する。この「ひねり」を入れた弦理論を「トポロジカルな弦理論」と呼ぶのである。トポロジカルな弦理論の教科書としては文献 [10] をお薦めする。

カラビ–ヤウ空間はいくつかの幾何学的変形 (たとえば体積を増減するとか，複素構造を変えるとかの) の自由度をもち，そのパラメータの空間の構造は数学的によく理解されている。これをカラビ–ヤウのモジュライ空間 と呼ぶ。世界面の上の場の理論の振幅は，カラビ–ヤウのモジュライと世界面のモジュライの両方の関数と考えることができる。このような場の理論の振幅を種数 g の世界面のモジュライ空間上で積分したものが，トポロジカルな弦理論の g ループ振幅 F_g であり，これはカラビ–ヤウのモジュライのみの関数となる。筆者らは1993年の論文 [1] で，F_g がカラビ–ヤウのモジュライ空間上で微分方程式をみたすことを示した。「正則アノマリー方程式」として知られるこの微分方程式は，種数 g についての漸化式の形を取る。したがって $g=0$ すなわち古典極限の振幅を知っていると (これは既知の幾何学的方法で求めることができる)，F_g を g について逐次に計算していくことができる。トポロジカルな弦理論の振幅を計算する技術はここ数年の間に急速に進歩したが，4次元の物理への応用に必要なコンパクトなカラビ–ヤウ空間の場合には正則アノマリー方程式以外にはまだ系統的な手法は存在しておらず，この方面の今後の発展が望まれている。

このようにトポロジカルな弦の摂動論は数学的によく整備された理論になりつつある。それだけでは超弦理論を簡単化した「おもちゃの模型」で終わってしまうところであるが，この理論のさらに重要な点は超弦の 4 次元有効理論の計算に直接利用できるというところにある。前節で述べたように，トポロジカルな弦理論を使うと 4 次元有効ラグランジアンのプレポテンシャルを完全に決定でき，特にブラックホールの量子状態数 $\Omega(e,m)$ について予想 (3) 式が成り立つと考えられている [7]。ここでトポロジカルな弦理論の分配関数は F_g と弦の結合定数 λ によって

$$Z_{\text{top}} = \exp\left(\sum_{g=0}^{\infty} F_g \lambda^{2g-2}\right) \tag{4}$$

と定義されるので，(3) 式を

$$\left|\exp\left(\sum_{g=0}^{\infty} F_g \lambda^{2g-2}\right)\right|^2 = \sum_e \Omega(e,m) e^{-e\phi} \tag{5}$$

と表すことができる。この記事では解説する紙面がないが，この公式はブラックホールの対応原理や事象の地平の量子力学的安定性について重要な知見をもたらしつつある。

予想 (5) 式はトポロジカルな弦理論の非摂動論的な定義を与えているとみなすこともできる。一般に摂動展開 $\sum_g F_g \lambda^{2g-2}$ は発散級数であり，そのままでは理論の定義とはいえない。通常の場の量子論にはラグランジアンがあって，形式的には汎関数積分，もっと厳密には格子上の統計模型の連続極限として定義することができる。弦理論では一般にラグランジアンに対応するものは知られていないので，摂動展開を超えて理論が定義されているのかどうかは重要な問題である。今の場合には，ブラックホールの状態数 $\Omega(e,m)$ は D ブレーン上のゲージ理論

によって厳密に定義できるので，(5) 式の右辺を左辺の弦理論の振幅の定義とすることができる。これは，AdS/CFT 対応が共形不変なゲージ理論によって反ドジッター空間上の弦理論の「定義」を与えるという事実の特殊な場合ともいえる[*7]。

15.4 Dブレーンとゲージ理論

前節では輪のように閉じたトポロジカルな弦理論を考え，それがブラックホールのエントロピーの計算に役立つことを見た。このような超弦理論とトポロジカルな弦理論の関係は，Dブレーンがあっても成り立つことが知られている [1]。超弦理論ではDブレーンを導入すると開いた弦が現れて，Dブレーンの上の低エネルギー有効理論はゲージ理論で記述される。一方，トポロジカルな弦理論でもDブレーンを考えることができる。以下に見るように後者は行列模型などの手法を使って厳密に解くことができるので，これを超弦理論に応用して様々なゲージ理論の強結合現象について知見を深めることができる。

[*7] ここで AdS/CFT 対応について少しでも説明したいところであるが，残念ながら紙面が足りない。興味のある方は文献 [3] をご覧ください。AdS/CFT 対応のより技術的な側面についての解説記事としては文献 [8] を挙げる。ここで考えている極限ブラックホールの事象の地平の近くでは，10 次元時空間は 2 次元の反ドジッター空間 (AdS_2)×2 次元の球面 × カラビ–ヤウ空間となっており，(5) 式の左辺はこの 10 次元時空間の中の超弦理論の分配関数を摂動展開したものとみなすことができる。一方右辺はブラックホールをDブレーンによって構成したときの，Dブレーン上のゲージ理論の分配関数である。したがって (5) 式は，AdS_2 上の超弦理論とDブレーン上のゲージ理論の等価性を主張していると考えることができる。

トフーフト極限とゲージ理論のスーパーポテンシャル

これまでのように 10 次元時空を 6 次元のカラビ–ヤウ空間と 4 次元のミンコフスキー空間の積として，そこにいくつかの D$(p+3)$ ブレーン (空間的には $p+3$ 次元，時間的には 1 次元に拡がったブレーン) を置いてみよう。ここで，ブレーンはカラビ–ヤウ空間の中の p 次元の部分空間に巻きついているものとし，残りの $3+1$ 次元は 4 次元ミンコフスキー空間を充満しているとする。カラビ–ヤウの部分空間をうまく取ると，4 次元の低エネルギー有効理論は $\mathcal{N}=1$ の超対称性 (最低限の超対称性) をもったゲージ理論となる。このゲージ理論はゲージ場とその超対称パートナーであるグルイーノ場をもち，ゲージ群は $U(n)$，ただし n は D ブレーンの枚数である。またゲージ場のほかに 4 次元のスピノール場とスカラー場からなる「物質場」が現れる場合もあるが，どのような物質場が現れてそれらがどのように相互作用するのかはカラビ–ヤウ空間とその部分空間の選び方に依存している。このゲージ理論の強結合物理現象を理解する上で鍵になるものの 1 つに，グルーボール場と呼ばれるグルイーノ ψ の複合場 $S=\psi\psi$ の有効スーパーポテンシャル $W(S)$ がある。トポロジカルな弦理論はこの有効スーパーポテンシャルを決定する。

対応するトポロジカルな弦理論では，同じ p 次元の部分空間に D ブレーンを N 枚置くことにする。(この N は，超弦理論の D ブレーンの枚数 n とは異なる。N と n とを独立にとる理由は，以下の対応関係で明らかになる。) D ブレーンがあるとトポロジカルな弦理論は開いた弦を含み，その端点は D ブレーンの上を走る。すなわち弦の世界面は境界をもつことが許され，ただし境界は D ブレーンに密着していなければならない。この場合弦理論の振幅は面の種数 g (これは相変わらず世界面のハンドルの数をかぞえる) のほかに境界の数 h にも依存

することになる[*8]。この振幅を $F_{g,h}$ と書くことにする。この場合分配関数 Z_{open} は次のように展開できる。

$$\ln Z_{\text{open}} = \sum_{g,h} F_{g,h} \lambda^{2g-2} (\lambda N)^h. \tag{6}$$

ここで境界ごとに λN の重みがかかるのは次の理由による。結合定数 λ が現れるのは弦理論のファインマン則に由来しており，N は各々の境界が N 枚の D ブレーンのどれに密着するかの場合の数を表している。この λN はゲージ理論のトフーフト結合定数と呼ばれるもので，次節の議論において重要な役割を果たす。

超弦理論から現れるグルーボール場の有効スーパーポテンシャル W はトポロジカルな弦理論の $g = 0$ の振幅 $F_{0,h}$ を使って

$$W(S) = n \frac{\partial}{\partial S} \sum_h F_{0,h} S^h \tag{7}$$

で与えられる [1][*9]。これを，トポロジカルな弦理論の分配関数の定義 (6) 式と組み合わせると，

$$W(S) = n \frac{\partial}{\partial S} \lim_{\lambda \to 0} \lambda^2 \ln Z_{\text{open}}(\lambda, \lambda N = S) \tag{8}$$

と書くこともできる。ここで $\lambda \to 0$ 極限は $g = 0$ の項を取り出すための操作である。特に重要なのは，トポロジカルな弦理論のトフーフト結合定数 λN が 4 次元のグルーボール場 S と同一視されている点である。右辺では，$\lambda N = S$ の値を有限に

[*8] h は hole の頭文字である。これは境界があることを世界面に穴が開いていると考えるからであり，この見方は次節のトフーフト予想の議論で役に立つ。

[*9] 種数 g が 0 より大きい場合の $F_{g,h}$ はゲージ場と超重力場との相互作用項を計算する。

保ちながら $\lambda \to 0$ の極限をとっているので，$N \to \infty$ とする必要がある．このような極限のとり方をトフーフトの N 無限大極限と呼ぶ．一方，4 次元ゲージ群 $U(n)$ のランク n は，N とは異なり，有限のままにおいていることに注意していただきたい．超弦理論の D ブレーンの数 n と対応するトポロジカルな D ブレーンの数 N とを独立にとったのはこのためである．標語的にまとめると，「D ブレーン上のトポロジカルな弦の分配関数の N 無限大の極限は，4 次元の超対称ゲージ理論の有効スーパーポテンシャルを与える」といえる．

開いた弦の場の量子論

　これまでは，弦理論の摂動振幅を計算するにあたり，世界面の上の場の量子論を考え，さらにその振幅を世界面のモジュライ空間の上で積分するという，いわゆる第一量子化に基づいた方法で解説してきた．この場合，世界面は弦のファインマン図形と見なすことができる．ところで，通常の場の量子論では場を力学変数とするラグランジアンがあり，ファインマン図形は場の量子化から導かれる 2 次的な概念である．そこで弦理論についても「弦の場」とそのラグランジアンを使った定式化を探るのは自然である．通常の場が時空の点の関数であるのに対し，「弦の場」は時空間の中の弦の配位の汎関数であり，技術的難易度は格段に高い．開いた弦については摂動展開を正しく再現する場の理論が知られており，D ブレーンの対消滅の解析などで成功を収めている．この方面の最近の進歩については，日本語による解説 [11] をお薦めする．

　トポロジカルな弦理論は有限自由度の系なので，場の理論による定式化に適している．特に開いた弦の場合には，弦の場の量子論はチャーン–サイモンズゲージ理論や行列模型など，数

理物理学でよく知られた低次元可解模型になる[*10]。これらを弦の場の理論の「おもちゃの模型」としてとらえて，弦理論の場の理論についての一般的な教訓を学ぶ実験室として使うことも有益である。これについては15.6節で議論することにして，ここでは，トポロジカルな弦理論と超弦理論との関係 (8) 式を使うと，4次元の超対称ゲージ理論の有効スーパーポテンシャルがこれら低次元可解模型によって計算できるという強力な主張が得られることに注目しよう。

(1) チャーン–サイモンズゲージ理論

「トポロジカルな弦の場の理論」をはじめに考えたのはウィッテンである [12]。彼は，カラビ–ヤウ空間 の中の3次元の部分空間を覆う D ブレーンを考えると，その上の開いたトポロジカルな弦理論が3次元のチャーン–サイモンズゲージ理論 と等価であることを示した。チャーン–サイモンズ理論の作用 I_{CS} は次のように簡単なものである：

$$I_{CS} = \frac{1}{\lambda} \int \mathrm{Tr}\left(A\,dA + \frac{2}{3}A^3\right). \tag{9}$$

ここで，A は $U(N)$ 群についてのゲージ場，ゲージ群のランク N は D ブレーンの数，Tr は群の表現空間上の跡であり，また λ は弦理論の結合定数である。(正確には，上の作用はトポロジカルな弦の世界面上のインスタントン効果によって変形を受ける場合もある。)

チャーン–サイモンズ理論の分配関数は様々な3次元空間に

[*10] 閉じた弦理論についても小平–スペンサー理論を場の理論として使うことが提案されており，摂動の0次と1次では正しい答えを与えることが知られている [1]。小平–スペンサー理論の量子化は数学的に深い内容をもち，摂動展開の高次の項の構造はコンツェビッチらによって解明されつつある。

ついて厳密に計算できるので，それがトポロジカルな弦理論の分配関数 Z_{open} と同じであるとして (8) 式をあてはめると，対応する 4 次元のゲージ理論の有効ポテンシャルを求めることができる．たとえば，3 次元空間が球面のときにはチャーン–サイモンズ理論の計算は

$$W(S) = n \sum_{m=-\infty}^{\infty} (S+im)\ln(S+im)$$

を与える．特に $m=0$ の項は，グルイーノの真空凝縮など，4次元ゲージ理論の強結合物理を理解する上で基本的に重要なベネティアーノ–ヤンキロビッツのスーパーポテンシャル

$$W_{\text{VY}}(S) = nS \ln S \tag{10}$$

を再現している [16]．

(2) 行列模型

ディジグラーフとバッファは，特に D ブレーンが 2 次元球面を覆っているときには，開いたトポロジカルな弦の場の量子論が行列模型となることを示した [13]．これを (8) 式と組み合わせると，行列模型の N 無限大の極限が 4 次元ゲージ理論の有効スーパーポテンシャルを与えるという強力な主張が導かれる．

最も簡単な例として，カラビ–ヤウ空間の中に 1 つの 2 次元の球面が孤立してトポロジカルに安定に存在している場合を考えてみよう．(6 次元のカラビ–ヤウ空間とその中の 2 次元球面を視覚化するのは難しいので，イメージをつかむために 2 次元の筒を考え，その一部を絞ったものを想像してみよう (図 15.2)．このとき筒の表面全体をカラビ–ヤウ空間にたとえると，一番くびれたところにある円周が問題の 2 次元球面の類

似となる[*11]。) この2次元球面を N 個の D ブレーンで覆うと，その上の開いたトポロジカルな弦の場の理論はガウシアン行列模型となる。これは $N \times N$ のエルミート行列 M を変数とし，その作用は

$$I_{\mathrm{matrix}} = \frac{1}{\lambda} \mathrm{Tr} M^2$$

で与えられる。チャーン–サイモンズ理論の場合のように，λ はトポロジカルな弦理論の結合定数である。ガウシアン模型は一見トリビアルのように思われるが，行列の積分測度のために，その分配関数 Z は M のランク N に依存して，

$$Z_{\mathrm{open}} = \int [dM] \exp(-I_{\mathrm{matrix}}) = (N-1)!\,(N-2)!\cdots 3!\,2!\,1! \tag{11}$$

となる。弦の結合定数 λ は行列 M の積分の変数変換に吸収することができるので，分配関数 Z_{open} は N のみに依存するのである。この場合対応する4次元のゲージ理論はゲージ場とその超対称対のグルイーノ場のみからなる純粋な (物質場を含まない) 超対称ヤン–ミルズ理論である。ここで，トポロジカルな弦理論の分配関数とゲージ理論の有効ポテンシャルを関係づ

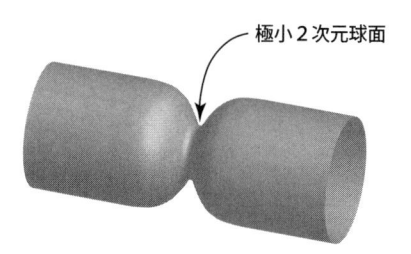

図 15.2 カラビ–ヤウ空間の中に2次元の極小球面がある様子を，次元を落として表してみた。

[*11] 正確には，2次元の球面が6次元のカラビ–ヤウ空間の中にどのように埋め込まれているのかに選択の余地がある。以下では，いわゆる resolved conifold と呼ばれる状況を考えている。

ける公式 (8) 式を使うと，この $U(n)$ ゲージ群をもつ超対称ヤン–ミルズ理論の有効ポテンシャルが

$$W(S) = n\frac{\partial}{\partial S}\lim_{\lambda\to 0}\lambda^2 \ln Z_{\text{open}}(N=S/\lambda) = nS\ln S$$

と導かれる。またしても，ゲージ理論のベネティアーノ–ヤンキロビッツスーパーポテンシャル (10) 式が正しく再現された。

カラビ–ヤウ空間やその部分空間を変えることでより複雑なゲージ理論を構成することもできる。この場合に対応する行列理論は，一般の多項式を使ったポテンシャル $\text{Tr}\,V(M)$ をもったり，またより一般にはいくつもの行列がからみ合ったものになる。

15.5 トフーフトの夢

トフーフトは今から 30 年以上前に，$U(N)$ ゲージ理論のすべての場がゲージ群の随伴表現に従うときには，その量子振幅を N の関数として $1/N$ について漸近展開をすると展開の各項が閉じた弦理論の摂動振幅で与えられるであろうと予想した [14][*12]。

この予想は，次のようなファインマン図形の組み合わせ論的分析に基づいている。まず，随伴表現に従う粒子の伝播を図 15.3 の左のように矢印の対で表すことにする。$U(N)$ 群の随伴表現は基本表現とその複素共役の積になっているので，各々の矢印を基本表現とみなすことができる。基本表現は N 次元なので，各々の矢印は 1 から N までの添え字をもっていると考える。(随伴表現は N^2 次元なので，基本表現とその複素共役の積として勘定があっている。) この二重線表示の便利な点

[*12] 基本表現の場を含む場合には，対応する弦理論には開いた弦が現れるとされる。

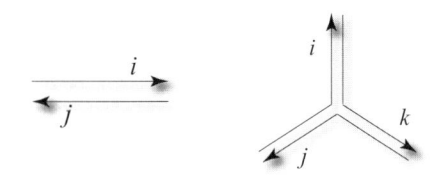

図 15.3 ゲージ群の随伴表現に従う粒子 (ゲージ場自身を含む) の伝播は矢印の対で表すのが自然である。またこれらの粒子のゲージ不変な相互作用は二重線の組み換えとして表される。このとき各々の矢印は基本表現を表し、添え字 $i, j, k = 1, \cdots, N$ を伴っている。

の 1 つは，$U(N)$ 群のもとで不変な相互作用を，図 15.3 の右のように矢印を自然につなぐことで表現できることである。つながっている矢印は同じ添え字を保っているとする。

簡単のために外線のないいわゆる真空振幅を考えることにしよう。このとき 1 本の矢印をたどっていくと，外線がないのでいつかはもとの点に戻って閉じたループが得られるはずである。これをすべての矢印について繰り返すと，ファインマン図を矢印つきのループの集まりと表すことができる (図 15.4 参照)。このようなループの数を h とすると，1 から N までの添え字の足し上げによって N^h の係数が得られる。これが，このファインマン図形の N 依存性となる。

次にゲージ結合定数 λ_{YM} についての依存性を考えてみよう。簡単のために，3 点相互作用は λ_{YM}，4 点相互作用は λ_{YM}^2，一般に n 点相互作用は $\lambda_{\mathrm{YM}}^{n-2}$ に比例しているとしよう。この結合定数をすべての相互作用点について掛け合わせたものは $\lambda_{\mathrm{YM}}^{2p-2v}$ となる。ただし v はファインマン図形の相互作用点の総数，p は相互作用点の間の粒子の伝播を表す線分の総数である。なぜこうなるのかは，読者各自に考えてもらうことにしよ

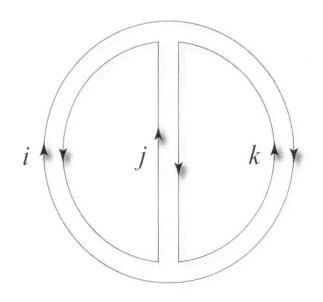

図 15.4 随伴表現のファインマン図は矢印つきループの集まりと表すことができる。この図の場合には $v=2, p=3, h=3$ であり，(13) 式により $g=0$ となる。したがって，この図に対応する量子振幅は $\lambda_{\mathrm{YM}}^2 N^3 = (\lambda_{\mathrm{YM}}^2 N)^3 \lambda_{\mathrm{YM}}^{-4}$ に比例する。3 つのループの各々に円盤を張り合わせると 2 次元球面が得られる。これが，ゲージ理論のファインマン図と弦理論の世界面の large N 対応を表している。

う[*13]。

まとめるとゲージ理論の摂動振幅には

$$\lambda_{\mathrm{YM}}^{2p-2v} N^h = \lambda_{\mathrm{YM}}^{2(-v+p-h)} (\lambda_{\mathrm{YM}}^2 N)^h \tag{12}$$

という係数がかかることになる。ファインマン図の例として図 15.4 を参照されたい。ここで λ_{YM} の肩にある $(-v+p-h)$ には次のような意味がある。まず h 個のループの各々について，平坦な円盤を用意して，円盤の端とループとを張り合わせると (つまりループの内側を円盤で埋めると)，ファインマン図形から閉じた 2 次元の面を構成することができる。このとき，v, p および h はこの閉じた面の単体分割をしたときの頂点，線，面の数なので，$v-p+h$ はこの面のオイラー数，すなわち

[*13] ヒント: p 個の線分には各々 2 つの端点があって，各々の端点はどれかの相互作用点に張りついている。

$$v - p + h = 2 - 2g \tag{13}$$

と書ける。ここで g はこの面の種数である。したがってゲージ理論の真空振幅 $\mathscr{F}$ を次のように整理することができる。

$$\mathscr{F} = \sum_{g,h} F_{g,h} (\lambda_{\mathrm{YM}}^2)^{2g-2} (\lambda_{\mathrm{YM}}^2 N)^h. \tag{14}$$

ここで $F_{g,h}$ は，決まった種数 g とループの数 h をもつファインマン図の効果を足し上げたものである。ここで $\lambda = \lambda_{\mathrm{YM}}^2$ とおくと，上の展開式が開いた弦の分配関数の摂動展開 (6) 式と同じ構造をしていることに注目していただきたい。これは，開いた弦の理論が低エネルギー極限によってゲージ理論と結びついていることからも期待できることである。

さて，トフーフト予想を定義するために，任意のパラメータ t について

$$F_g(t) = \sum_h F_{g,h} \, t^h \tag{15}$$

と書いてみると，ゲージ理論の摂動展開式 (14) 式は

$$\mathscr{F} = \sum_g F_g(t = \lambda N) \lambda^{2g-2} \tag{16}$$

と表される。これはまさしく閉じた弦理論の真空振幅の摂動展開の形 (4) 式をしている。そこでトフーフトは，$F_g(t)$ が何らかの閉じた弦の g ループ振幅であり，トフーフト結合定数 $t = \lambda N$ はその弦理論の世界面上の場の理論のパラメータであると予想した。閉じた弦の摂動展開 (12) 式ではトフーフト結合定数を有限に固定して λ について漸近展開している。これは N を大きくとって $1/N$ について展開するのと同じことなので，ゲージ理論と閉じた弦理論との関係は「large N 対応」とも呼ばれる。また閉じた弦理論は重力場の自由度を含んでいるので，これをゲージ場と重力理論との双対性と呼ぶこともある。

トフーフトの予想を証明すること，特に QCD に対応する閉じた弦理論を発見することは，場の量子論を研究するものにとって長年の夢であった。トフーフトの予想を証明するためには，まず閉じた弦理論とゲージ理論との対を正確に指定しなければならない。超弦理論の進歩によって，ここ 10 年ほどの間に弦理論=ゲージ理論の対が数多く予想された。特にゴパクマーとバッファは，3 次元球面上のチャーン–サイモンズゲージ理論と 2 次元球面を孤立した部分空間としてもつカラビ–ヤウ空間の上の閉じたトポロジカルな弦理論とが，トフーフトの意味で等価であることを予想した [15]。この場合，チャーン–サイモンズ理論のトフーフト結合定数 $t = \lambda N$ は，閉じた弦理論の側では 2 次元球面の表面積と解釈される。

　筆者とバッファは論文 [16] において，この対応関係に基本原理からの説明を与えた。トフーフト展開 (15) 式は t が小さいとしたときの漸近展開なので，世界面上の場の理論が $t \to 0$ でどのように振舞うかを理解する必要がある。閉じた弦理論の側では，t は 2 次元球面の表面積と解釈されるので，この極限ではカラビ–ヤウ空間の中の球面が無限小になり，$t = 0$ は理論の特異点であると期待される。実際，世界面上の場の理論はこの極限で相転移を起こし，カラビ–ヤウ空間の中の弦の運動を記述する相 (幾何学的な相) と，カラビ–ヤウ空間が無に崩壊してしまう相 (無の相) に分離する。図 15.5 を参照されたい。筆者らは無の相の経路積分を実行し，その効果を取り入れると，残された幾何学的な相の上の弦理論はまさしく開いた弦理論のように振舞い，トフーフト展開 (15) 式が再現されることを示した。たとえば図 15.5 に示された世界面から無の相の領域を取り除くと，残りの世界面を連続的に変形して図 15.6 のファインマン図の形にすることができる。(どのように変形していったらよいか考えてみてください。)

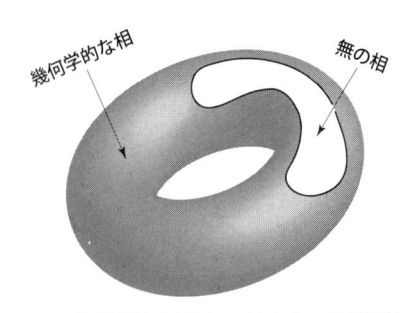

図 15.5 トフーフト展開を行うと,対応する世界面上の場の量子論は相転移を起こし,世界面は「幾何学的な相」と「無の相」とに分離する。

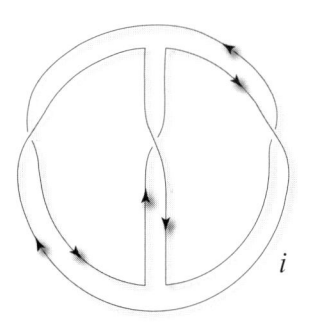

図 15.6 このファインマン図は $v=2, p=3$ である点は図 15.4 と同じであるが,矢印に沿ってすべての線を一筆書きにかけるので $h=1$ であり,したがって公式 (13) 式から $g=1$ であることがわかる。一方,図 15.5 の世界面から「無の相」を取り除くと,残された 2 次元面もまた種数 $g=1$,境界の数 $h=1$ をもつ。実際,上の図の二重線をリボンの両端と見なしてファインマン図の全体を境界をもつ 2 次元面と考えると,これを連続的に変形してこの図のような世界面の形にすることができる。

前節で見たように,チャーン–サイモンズ理論や行列模型は開いた弦の場の理論と考えることができる。そこで,行列理論についても large N 対応があると期待できる。実際この場

合には対応する閉じた弦理論は脚注 10 で触れた小平-スペンサー理論になる。トフーフト結合 $t = \lambda N$ を有限に保ったまま $N \to \infty$ とするためには弦の結合定数 λ を同時に 0 とする極限をとらなければならない。したがってトフーフトの意味での N 無限大極限では，行列模型と large N 対応の関係にある閉じた弦理論は古典極限 $\lambda \to 0$ にあることになり，このような弦理論の振幅はカラビ-ヤウ空間の古典的な幾何学を使うことで計算できる [13]。一方，行列模型の N 無限大極限は行列 M の固有値の分布を知ることで解くことができ，そこに深い幾何学的内容があることは古くから知られていた [17]。large N 対応はこの固有値の分布の背後にあるのがカラビ-ヤウ空間の幾何学であり，さらに行列積分の $1/N$ 展開は小平-スペンサー理論の量子化と解釈できることを明らかにしたのである。

これまで見てきたように，トポロジカルな弦理論は超弦理論の計算に役に立つ。そこで，このトポロジカルな弦理論によるトフーフト予想の証明をさらに発展させることで，AdS/CFT 対応自身の摂動論レベルでの証明が得られるのではないかと期待されている。これはまた，QCD に対応する弦理論を理解することで，QCD の低エネルギー理論を演繹し，特にクォークの閉じ込めの証明を得るという，トフーフト予想の究極の目的への道を示しているように思われる。これらの点についてさらに解説するには紙面が足りないので，別な機会に譲ることにする。

15.6　弦の理論の非摂動論的構成にむけて

弦理論の基本的課題の 1 つに理論の非摂動論的定義・構成がある。15.4 節の「開いた弦の場の量子論」で見たように開いたトポロジカルな弦理論についてはチャーン-サイモンズ理論

や行列模型といった場の理論的な定式化が存在する．これらは開いた弦の摂動展開を再現するという条件から得られたものである．これらの場の理論は開いた弦の理論の非摂動論的定義になっているのであろうか？ また前節で見たように，開いた弦理論はトフーフト対応によって閉じた弦理論と関係づけることができる．それでは，チャーン–サイモンズ理論や行列模型は閉じた弦理論の非摂動論的定義にもなっているのであろうか？

筆者は問題はそれほど簡単ではないと考える．確かに行列摸型の摂動展開は弦理論の計算を再現する．しかしそのようなものはほかにも存在するかもしれない．よく引き合いに出される例としては，結合定数 λ について $e^{-1/\lambda}$ という関数がある．この関数を $\lambda = 0+$ の周りで漸近展開すると展開の係数はすべて 0 となる．この例の示すことは，摂動展開を再現するという条件のみでは非摂動論的定義を指定するには弱すぎるということである．したがって，理論を非摂動論的に構成するためにはこのような不定性を物理的要請によって取り除かなければならない．AdS/CFT 対応 が注目されたのは，1 つにはこれが超弦理論の基本的な仮定 (特に 15.2 節で触れた D ブレーンとブラックホールの同一性) から必然的に導かれるものであり，反ドジッター空間という特定の時空に限っては超弦理論のまぎれもない非摂動論的定義を与えていると考えられているからである．実際，超弦理論の非摂動論的現象が AdS/CFT 対応で定められるゲージ理論によって正しく記述できることは，様々な例によって確認されている．

振り返って，トポロジカルな弦理論の場合にはチャーン–サイモンズ行列模型を非摂動論的定義とする根拠があるのであろうか？ 実は，この場合には，これとはまったく別な非摂動論的定義が存在する．15.2 節で見たように，閉じたトポロジカルな弦の分配関数 Z_{top} は摂動論のすべての次数においてブラッ

クホールの基底状態の数 $\Omega(e,m)$ とラプラス変換によって関係づけられている。この縮退度 $\Omega(e,m)$ は D ブレーン上のゲージ理論を使って厳密に定義できる量である。したがって，トポロジカルな弦理論をこのようなゲージ理論によって定義することも可能なはずである。実際，このようにして定義された理論は，弦の振幅の摂動展開を正しく再現するのみならず，重力のインスタントン効果の計算から定性的に期待されていた非摂動論的現象を定量的に導くことが指摘されている [18]。しかも，脚注 7 で簡単に触れたように，この定義は AdS/CFT 対応の枠組みに自然に当てはまるのである。

ブラックホールのエントロピーを使った定義と，チャーン–サイモンズ行列模型とを比較すると，非摂動効果については異なった答えを与えることを具体的に示すことができる。すなわちこの 2 つの定義は等価ではない。このように，トポロジカルな弦理論においては，摂動展開を再現するという条件だけでは複数の同等でない非摂動論的定義がありうることが具体的に示されているのである。このことは超弦理論の非摂動論的な構成に取り組む際の重要な教訓になると思われる。

15.7　おわりに

トポロジカルな弦理論には豊富な数学的内容があり，この 15 年の間に非常に洗練された理論になってきた。ここではこの面についてはほとんど触れることができなかった。むしろこの解説ではトポロジカルな弦理論の物理的応用に焦点を当てることにしたからである。

トポロジカルな弦理論は超弦理論の驚くべき現象を明らかにしてきた。この解説で触れることのできた範囲でも，行列理論とゲージ理論の強結合物理の関係，開いた弦と閉じた弦のト

フーフト対応とその証明，またブラックホールのエントロピーとそれによる弦理論の非摂動論的定式化が挙げられる。その各々は10年前には想像もつかなかったことである。トポロジカルな弦理論のさらなる応用が見つかる可能性は高いと思われる。

　トポロジカルな弦理論は弦理論の「おもちゃの模型」として始まったにも関わらず，豊富な物理的内容をもつことが明らかになった。もちろんトポロジカルな弦理論は超弦理論のごく一部に光を当てるものであり，その影の部分にはさらに目の覚めるような発見が待ち受けているはずである。トポロジカルな弦理論を超えて，その未知の部分に踏み込むさらに強力な手法が開発されることを期待しつつ，この解説を閉じたい。

謝辞

　この解説の原稿に有益なコメントを頂いた青木愼也，稲見武夫，大川祐司，大木谷耕司，大河内豊，河本昇，重森正樹，菅原祐二，立川裕二，橋本幸士の各氏に感謝します。

参考文献

- [1] M. Bershadsky, S. Cecotti, H. Ooguri and C. Vafa, Commun Math. Phys. **165** (1994) 311, hep-th/9309140.
- [2] J. D. Bekenstein, Phys. Rev. D 7 (1973) 2333; S. W. Hawking, Nature **248** (1974) 30.
- [3] 江口　徹，今村洋介，『素粒子論の超弦理論』，岩波書店 (2005年).
- [4] A. Strominger and C. Vafa, Phys. Lett. **B379** (1996) 99, hep-th/9601029.
- [5] 夏梅　誠，日本物理学会誌，**54** (1999) 178.
- [6] このグループの研究の詳しい解説記事として T. Mohaupt, Fortsch. Phys. **49** (2001) 3，hep-th/0007195 を挙げる。

[7] H. Ooguri, A. Strominger and C. Vafa, Phys. Rev. **D70** (2004) 106007, hep-th/0405146.

[8] O. Aharony, S. S. Gubser, J. M. Maldacena, H. Ooguri and Y. Oz, Phys. Rep. **323** (2000) 183, hep-th/9905111.

[9] E. Witten, Commun. Math. Phys. **117** (1988) 353.

[10] K. Hori, et al., "Mirror Symmetry," Clay Mathematics Monograp, Vol. 1, American Mathematical Society (2003).

[11] 畑　浩之，日本物理学会誌，**60** (2005) 344.

[12] E. Witten, Prog. Math. **133** (1995) 637, hep-th/9207094.

[13] R. Djkgraaf and C. Vafa, Nucl. Phys. **B644** (2002) 3, hep-th/0206Z55.

[14] G. 't Hooft, Nucl. Phys. **B72** (1974) 461.

[15] R. Gopakumar and C. Vafa, Adv. Theor. Math. Phys. **3** (1999) 1415, hep-th/9811131.

[16] H. Ooguri and C. Vafa, Nucl. Phys. **B641** (2002) 3, hep-th/0205297.

[17] E. Brezin, C. Itzykson, G. Parisi and J. B. Zuber, Commun. Math. Phys. **59** (1978) 35.

[18] R. Dijkgraaf, R. Gopakumar, H. Ooguri and C. Vafa, hep-th/0504221.

第16章
ディビッド・グロス教授に聞く

　IPMUの広報誌『IPMU News』では，毎回著名な科学者との対談記事を掲載しています。ここに転載した記事は，「強い相互作用の理論の漸近的自由性の発見」に対しノーベル物理学賞を受賞されたディビッド・グロスさんとの対談です。グロスさんはカリフォルニア大学サンタバーバラ校のグリュック冠教授で，同校にある理論物理学研究の所長をなさっています。ノーベル賞のほかにも，1988年にディラック・メダル，2004年にフランスで科学上の最高の栄誉であるフランス科学アカデミー最高金章を受賞されるなど，数々の輝かしい受賞歴をお持ちです。

　この記事は2010年1月のIPMU研究棟完成記念特集号に掲載されました。60年代の素粒子物理学の状況，漸近的自由性の発見の経緯，1984年の超弦理論革命前夜の話など科学史としても興味深いお話をお聞きし，また理論物理学研究所の所長としての経験に基づいた異分野との連携への助言もいただきました。

(難易度: ☆)

素粒子物理が金の鉱脈だった1960年代，理論家は無力でした

　大栗　あなたは漸近的自由性の発見で現在の素粒子物理学のパラダイムを確立され，ノーベル賞を受賞されました。また，弦理論のような，素粒子物理の野心的な分野にも大きな貢献をされました。これらの科学的な成果に加えて，過去10年ほどに渡り所長としてカブリ理論物理学研究所(KITP)を理論物理学の世界的中心地に成長させました。私たちは日本でIPMUという新しい研究所を確立しようとしていますので，とりわけあなたから教えていただくことが多いと思います。今日はお話しを伺えて光栄です。最初に伺いたいことですが，科学一般，

また特に素粒子物理学のような難解な学問に興味をもたれたのはいつ頃でしょうか。物理学者になりたいとお決めになったのはいつですか。

グロス　物理学がどんな学問かを知るよりずっと前のことです。13 か 14 歳の頃に理論物理学者を志しました。

大栗　それはかなり早いですね。ほとんどの人は，その年頃ではそんな学問があることさえ知らないでしょう。

グロス　理論物理学者になるとはどういうことなのか知らなかったのですが，ガモフらの書いた一般向けの科学書を読んで刺激を受けました。思考の力で現実の世界の仕組みを理解したり，宇宙の謎を解いたりできるかもしれないということに感動して，理論家になろうと決めたのです。私は幸運だったと思います。たいていの人はずっと後にならないと何を本当にやりたいのかはっきりしないものですから。

大栗　そして当時素粒子物理で超一流だったバークレーの大学院に行かれたのですね。

グロス　あの頃，バークレーは素粒子実験の中心でしたし，理論の大家もいました。当時，素粒子物理は本当に金の鉱脈でした。毎月のように多くの新粒子が発見されており，新粒子や新現象の発見は難しいことではありませんでした。実験的にはすごくエキサイティングな時代で，実験家がこの分野の支配者でした。理論家はまったく無力でした。

大栗　それでもあなたの理論物理学への情熱は衰えなかったのですね。

グロス　解くべき多くの問題があったからです。ほとんど何も理解できていないこと，ほんのわずか理解していたことはその場しのぎで矛盾に満ちていたことが明らかでした。素粒子物理学に対する見方を変える新しい発見が相次いで，刺激的でした。

大栗　バークレーで大学院修了後，あなたはハーバード，続いてプリンストンに行き，大学院生の指導もうまくいきました。

グロス　多くの優秀な学生がいれば，大学院生を指導するのは簡単です。フランク・ウィルチェック（ノーベル賞受賞者）が私の最初の大学院学生で，エド・ウィッテン（フィールズ賞受賞者）が3番目か4番目だったと思います。それが普通だと思っていました。科学と数学では，いまだに非常に古風な教育方法を保っています。私たちは学生を教えるのに，まるで絵描きの親方が弟子を教育のため工房に連れて行き，作品の制作に参加させるのと同じやり方をします。学生が誰でもいきなり研究に携われるわけではありませんが，プリンストンのような優れた研究大学の最も優秀な学生は早い時期から研究を開始できます。

大栗　バークレーから東海岸に移ったとき，研究の方向も変わりました。

グロス　バークレーでは私の指導者だったジョフリー・チューが仕切っていました。彼は，いわば理論のない理論ともいえる

ブートストラップ (靴ひも) の提唱者でした。それは場の理論と真っ向から対立するアプローチで,「場」は測定できないもの,物理的ではないものである。観測できない「場」を用いて理論を構成するべきではなく,観測できるS行列 (散乱行列) を規定する一般的原理のみを考えるべきであるという考え方でした。そして,一般的原理と矛盾しないS行列がただ1つ存在するという仮説でした。この方法からは大した成果を得ることができなかったので,私はバークレーを離れる前に飽き飽きしてしまいました。東海岸に移って良かったのは,まだ場の理論に対して寛大だったことです。

大栗　しかし東海岸でも場の理論はまだ主流ではありませんでした。

場の理論は役立たずを証明しようとしてうまくゆく理論を発見

グロス　確かに場の理論は主流ではありませんでした。場の理論は無力だったからです。物理学者にとって,計算できるこ

と，理論の限界を探れること，アイディアの正否を判定可能な予言ができることは必須です。当時の場の理論では，摂動論的な手法であるファインマン図形でしか計算ができなかったので，強い相互作用にはまったく不十分でした。

大栗 そこであなたが漸近的自由性を発見し，素粒子物理学を記述する言葉としての量子場の理論の有用性について認識を一変させました。

グロス 漸近的自由性という現象は，強い相互作用が近距離で弱くなる理由を説明できる理論を探して得られた答えでした。そこから強い相互作用の理論であるQCD(量子色力学)が導かれました。しかし，もっと一般的にいえば，紫外領域での振る舞いが十分に良くて制御可能な理論を手に入れたことで，非常に高い計算能力が得られ，また紫外領域での発散のために量子場につきまとっていた疑念が解消されました。そこで私自身も含め，皆の考え方がまったく変わってしまったのです。それ以前には，私自身も場の理論は強い相互作用の理論にはならないと確信していたのです。実際，私の最初の研究計画は，漸近的スケール則を記述する量子場の理論は存在しないことを証明しようというものでした。

大栗 すると場の理論は役立たずなことを証明しようと取りかかったのに，逆にうまくいく理論を発見してしまったわけですね。

グロス 実際は3段階のプログラムでした。最初は観測されたスケール則を説明するには漸近的自由性が必要なことを示すことでした。次は漸近的自由性をもつ場の理論は存在しないことの証明で，非可換ゲージ理論を除けばそれが成り立つことをコールマンと共に示しました。最後はフランク・ウィルチェクと一緒の仕事で非可換ゲージ理論について調べたのですが，驚いたことに漸近的自由性をもつことがわかったのです。まる

で，一，二，三，QCDでした。選択の余地はありませんでした。スケール則を説明しようとして，必然的に非可換ゲージ理論にたどり着いたのです。

大栗 その後，素粒子の理論家はほとんど量子場の理論に転向しました。

グロス 計算が可能になったから，もっと良いことにはその計算が正しかったからです。そして，すばらしい実験的検証がありました。しかし，私にとって主要な問題は，もはや漸近的自由性あるいはQCDを調べる計算ではなく，もっとずっと難しいクォークの閉じ込めを理解することでした。

大栗 話を一気に80年代半ばに進めましょう。あなたは弦理論に戻ってきましたが，以前とは違う目的のためでした。

グロス 弦理論は1968年に誕生しました。その頃私は強い相互作用と近距離と深非弾性散乱についてちょうど考え始めていました。当時，強い相互作用を記述するには何かまったく革命的なものが必要だと確信しており，弦理論がそれにちょうどはまったのです。

　私は早い時期に弦理論に関わったのですが，ハドロンを説明するものではないことにも，すぐに気づいてしまいました。私は陽子内部の近距離で起きていることを理解しようという試みに集中していました。弦理論の良い点の1つは相互作用がソフトなことです。しかし，これは運動量が大きくなると断面積が指数関数的に小さくなることを意味するので，実験で観測されるべき乗則的に小さくなる振る舞いとはまったく違います。ですから，弦理論は近距離での簡単なスケール則的振る舞いを理解するには向いていなかったのです。そこで私は弦理論を用いる研究は中止したのですが，その後の弦理論の暗黒時代でさえ関心はもち続けたのです。いつでも魅力的に見えましたよ。

　1983年に私はサバティカル(研究休暇)でパリに出かけ，弦

理論に立ち返りさらに研究する好機であると決心したのです。

大栗　その1983年に何か感づいたのですか？ 超弦理論革命のちょうど1年前で，絶妙のタイミングのように思えます。

1984年に超弦理論革命が起きたときは準備済み

グロス　多少は気づいていたかもしれませんが，そのためばかりではありません。当時，弦理論から生まれた超対称をもつ理論に大きな進展がありました。その頃には素粒子理論分野では誰でも超対称理論に興味をもったのです。プリンストンではエド・ウィッテンと私が弦理論に興味をもち続けていました。ジョン・シュワルツは母親が住んでいたので年に1回か2回プリンストンを訪れたものですが，その度に私たちのところに来て進展を話してくれたりセミナーをしてくれました。

　ですから1年後にグリーンとシュワルツのアノマリー相殺が発見され，超弦理論革命が起きて，突然みんなが関心をもち始めたときには，私には準備ができていたのです。

大栗　そこであなたはヘテロティックな弦理論を構築しました。

グロス　$E_8 \times E_8$ 群をどうやって実現するかという，すぐに思いつく問題に対する，意表をついた答えでした。弦の上を右と左に伝わる波を別々に扱ってよいことに気がついてしまえば，答えを得るのはさほど難しいことではありませんでした。あの頃は実に興奮する時代でした。突然すばらしいアイディアが1つにまとまり，合理的な統一ゲージ群とカイラルな(弱い相互作用で見られるように右と左を区別する)物質場が得られたのです。

大栗　そのとき私は大学院生で，カラビ–ヤウ多様体の幾何学的構造から実に自然に3世代の素粒子が現れるという事実に感銘をうけたことを憶えています。

グロス　それ以前は，素粒子の世代数や湯川結合の階層性やフェルミオンの物質場のカイラル性などの説明は，ほとんどその場しのぎか大して意味のない対称性に基づくものでした。それが空間の幾何学的性質から説明できるとは，信じがたいほど美しいものでした。

大栗　それ以来，弦理論は素粒子の統一理論に向けて進歩をもたらしただけではなく，物理学の他の多くの分野にもつながりをもつことが明らかになってきました。たとえば，KITPでは今まさに弦理論を物性物理学に結びつける研究会を開催中です。研究会に参加している物性物理学者はこの進展に大変興奮しているように見えます。

グロス　弦理論は量子場の理論と密接に関係していることがはっきりしました。量子場の理論は単に素粒子物理だけではなく，物性物理の理論に重要な量子多体系の理論を記述する言語でもあります。弦理論は豊かで大きく，実に多くのものを含んでいます。

　最近数年間の大きな進展の１つは，弦理論によって強い相互作用を理解しようという昔の夢が実現したことです。大きな円を描いてもとに戻ったわけです。しかし私にとっては，究極の目標は力の統一です。それは素粒子物理の究極的な目標であるとともに宇宙物理の新たな目標でもあります。

大栗　将来の宇宙論や天体物理学の実験のいくつかは，力の統一という目標に直接関係があるかもしれません。たとえば，宇宙マイクロ波背景放射の偏極やインフレーション時代からの重力波の観測は，プランク・スケールの物理について情報をもたらしてくれるかもしれません。

学際的共同研究の成功には適切な問題と適切な研究者が必要

グロス　プランク・スケールの物理についてはほとんど手がかりがないので，このように極端に短い時間または長さのスケールで起きたことについてあらゆる方法で追究するべきです．天体物理学と宇宙論，素粒子実験の研究者たちの夢は実に壮大で，そのため信じられないほど困難な実験や観測を実行しようとすることに私は強い感銘を覚えます．このような英雄的努力はどうしても必要なのです．というのも，私たちの分野にとっては，美しく強力な数学的理論をつくり上げようとするだけでなく，自然自身からも手がかりを得ることが重要であるからです．IPMUの研究は，そうした実験と理論の両面での試みをすべて含んでいますね．

大栗　おっしゃる通りです．宇宙の暗黒物質の検出のような実験に関わっている研究者と会って話をすることで啓発されます．理論家が何をするべきか，道筋を指し示してくれるのです．また，ときには新しい関係を生み出すこともあります．たとえば，統計学者と天体物理学者が集まって新しい統計的解析法を開発しようというフォーカス・ウィーク(村山機構長の発案によるIPMUに独特の研究会)を計画していますが，数学者と実験家の協力という新しい学際的方法が生まれるかもしれません．また，物性物理学と弦理論との交流を目指したフォーカス・ウィークも企画しています．

グロス　KITPやIPMUのような研究機関が果たすことのできる最も重要な役割の1つは，異なる分野の研究者を結集して，共通の問題を解く手助けをすることです．大学はこういうことはあまり得意ではありません．大学の学科は閉鎖的で，他の学科のことはほとんど無視しています．そうすることに意味

がないわけではありません。たとえば，科学を前進させるためには，ときには1つのことに集中することも必要です。しかし，我々の研究機関には学際的な協力を促進する能力と責任があるのです。

大栗 KITP は学際的な協力の手本となりましたが，これにはあなたのリーダーシップが特に際だっています。何がよかったとお考えですか。

グロス 重要な点がいくつかあります。1つは適切な問題を見出すことです。他の人の問題に無理やり興味をもたせることはできません。まず，問題に興味をもってもらうことが必要です。

また，適切な人を選ぶ必要があります。他の分野の研究者に，理解できるように説明する意欲が必要です。研究者は問題に集中し，研究に集中するので，適切な問題とそれに適した雰囲気があれば，すべてが可能となります。はずかしい質問も気後れせずでき，当たり前のことを説明し，時間をかけ，わくわくする冒険として一緒に科学に対して取り組む，そういう雰囲気をつくり上げることが必要です。

大栗 それは私たち IPMU の研究者にとって大きな教訓です。

グロス IPMU の出発は極めて順調だったと思います。この夏，あなたの研究所の数人の博士研究員に会い，とてもよい評判を聞きました。若手研究者がうまくいっていることが一番です。すばらしい努力をしていますね。

大栗 最後に，日本にいる IPMU の友人たちにメッセージをいただけますか。

グロス 私は新しく発足した IPMU と，今まで IPMU について知ったことすべてについて嬉しく思っています。数学から実験的な宇宙論に至る研究グループを1つ屋根の下に集結させたという事実に感銘を受けました。すばらしい研究組織とすばら

しい人たちが集まっています。

　日本政府が，このような高水準の科学を，成果を上げるために本当に必要なレベルで支援したことは，実に賢明な措置であると思います。あなたたち全員の熱意は多くの成果を生み出すでしょう。私は，この構想は成功し，科学に対して大きく貢献するであろうと感じています。あなたたちはすばらしいスタートを切ったのです。

第III部

宇宙の数学

第 17 章
宇宙の数学とは何か

岩波書店の雑誌『科学』の 2009 年 7 月の特集「宇宙はどんな言葉で書かれているか――IPMU の挑戦」に掲載された記事です。

IPMU は Institute for the Physics and Mathematics of the Universe の頭辞語です。日本語名は「数物連携宇宙研究機構」ですが,英語名を直訳すると「宇宙の物理と数学の研究所」となります。この名前をつけるときに, "Mathematics of the Universe (宇宙の数学)" というのは英語としてありうるかという議論になりました。そこで先例がないかと探してみると, スティーブン・ホーキングとジョージ・エリスが書いた一般相対性理論の名著 "The Large Scale Structure of the Universe (時空間の大域構造)" について, 英国の数理物理学者ロジャー・ペンローズが雑誌『ネイチャー』に寄稿した書評の題名がまさしく "Mathematics of the Universe" でした。

たしかに, 20 世紀の宇宙の数学は一般相対性理論であったといえると思います。また, 17 世紀の科学革命を可能にしたのは, ニュートンが力学の定式化のために開発した微積分でした。そこで, 私たちの 21 世紀の「宇宙の数学とは何か」という題になりました。　　(難易度: ☆)

　数学は, 自然科学とは異なり, 我々が住む世界と独立に存在するといわれる。たとえば, ユークリッドの幾何学は, 定義と公理を認めれば地球以外のどの星にもっていっても成り立つ。このように, 経験に先立って存在する世界のことを, 古代ギリシャ人は"イデア"と呼んだ [1]。しかし, 数学の歴史的発展が, 外部の世界と独立に起きてきたというわけではない。自然科学の研究が, 数学のイデアの中の未開拓の領域の存在を示唆し, そこから新しい数学が開花することも少なくない。たとえば, ギリシャ語で幾何学を意味するジオメトリアが, ジオ (地面) とメトリア (測量) に由来していることからもわかるよう

に，幾何学は地面の測量という自然科学を通じて発見された。

自然界の基本法則を発見し，それを使って宇宙についての根源的な問いに答えようとする物理学の発展は，とりわけ数学と深い関わりをもってきた。17 世紀の科学革命により，人類は，月や惑星の運動という 10 億から 1 兆メートルのスケールの現象を理解できるようになった。さらに最近では，地球から 10^{26} メートルの彼方にある，光で見ることのできる宇宙の果ての様子までも観測することが可能になった。一方，最先端の素粒子加速器では，10^{-19} メートルという極微の世界の実験が行われている。このように日常経験をはるかに超えた現象が，日本語のような自然言語によって記述できる (進化論的) 根拠はない。我々の経験領域が拡がるごとに，それを記述する新しい数学が必要となるのは自然なことである。この記事では宇宙の研究のために必要な数学のことを，宇宙の数学 (Mathematics of the Universe) と呼ぶことにする。宇宙の数学の過去を振り返り，将来を展望しよう。

17.1　17 世紀の宇宙の数学: 微積分

ガリレオ・ガリレイが望遠鏡を初めて夜空に向け，宇宙の扉を開いてから，今年で 400 年になる。木星の衛星の発見により地動説の正しさを確信したガリレオは，その科学観を表明した著書『偽金鑑識官』に，「(宇宙という) 偉大な書物を読むためには，そこに書いてある言葉を学び，文字を習得しておかなければならない。この書物は数学の言葉で書かれている」と記している。自然科学の言語としての数学の重要性を認識していたガリレオであったが，その数学は初等幾何や比例の概念に基づくものであり，古代ギリシャの域を超えることはなかった [2, 3]。実際，この文章は，「その文字は三角形や円などの幾何学的図形である」と続く。

ガリレオは，実験と観測に基づく近代科学の方法を確立し，またそれによって物体の運動の本質を見抜いていたものの，力学の体系を構築するにはいたらなかった。そのためには，比例の概念よりも高度な数学である無限小の概念の精密化，微分と積分の発見，そして解析学の創設が必要であったからである。これを成し遂げたのは，ガリレオが他界した翌年に生まれたアイザック・ニュートンである[*1]。ニュートンの力学は，リンゴが木から落下するという1メートル程度の現象から，月が地球の周りを回るという10億メートル程度の現象までを，1つの体系で記述できるという画期的な理論であった。解析学の創設とそれによる運動の法則の定式化によって，それ以前には別々の法則に支配されていると考えられていた地上と天界という2つの世界が統一された。17世紀の宇宙の数学は，この統一理論を可能にした微積分であったといえよう。

17.2　20世紀の宇宙の数学: 一般相対論

　ニュートン以後，18世紀のジョセフ-ルイ・ラグランジュやピエール-シモン・ラプラスなどによる数学的整備によって，ニュートン力学は太陽系内の惑星の運動を精密に記述できることが明らかになった[*2]。しかし，太陽系を超えたより広い宇宙を理解するためには，アルバート・アインシュタインの一般相対論が必要になる。たとえば，太陽系から銀河中心までの距離はおよそ 10^{20} メートルであるが，そこには太陽の200万倍の質量をもつ巨大ブラックホールがあると考えられている。この

[*1] ニュートンと同時期にゴットフリート・ライプニッツも微積分の概念に到達していたといわれる。

[*2] 19世紀に，ユルバン・ルベリエは水星軌道の近日点の移動がニュートン力学では説明できないことを指摘した。この問題の解決には一般相対論が必要であった。

ように大規模な天体現象は一般相対論を使うことで初めて理解できる。また，1929 年にエドウィン・ハッブルによって発見された宇宙の膨張の説明にも，一般相対論が必要であった。

一般相対論の数学が整備されたのは 1960 年代以降のことである。ブラックホールを記述するシュバルツシルト時空の大域構造が解明されたのが 1960 年であり，その後 10 年の間にロジャー・ペンローズとスティーブン・ホーキングは最先端の幾何学的手法を駆使してアインシュタイン方程式の一般解について特異点定理などの重要な結果を得た。その成果を集大成したのが，1973 年に出版されたホーキングとジョージ・エリスの名著『The Large Scale Structure of Space-Time (時空間の大域構造)』である。ペンローズは，雑誌『ネイチャー』に掲載したこの本の書評 [4] を，"Mathematics of the Universe" と題している。さらに，1978 年の江口徹とアンドリュー・ハンソンによるアインシュタイン方程式のインスタントン解の発見は，素粒子論や超弦理論に大きな影響を与えた。一般相対論はまさに 20 世紀の宇宙の数学であった。

17.3　21 世紀の宇宙の数学とは何か

では，宇宙を理解するうえでの今日的問題を解くために我々が開発すべき 21 世紀の宇宙の数学とは何であろうか。筆者は，これは量子論であると考える。このように書くと，意外に思う読者もいるかもしれない。ニールス・ボーアに率いられたコペンハーゲン学派が量子力学を創設したのは，今から 80 年以上も前のことである。少数の粒子からなる量子力学系については，1930 年代にジョン・フォン・ノイマンらが数学的基礎を築き，この定式化が原子の中の複数の電子の運動の記述に使えることは，1951 年に加藤敏夫によって数学的に証明された [5]。

なぜいまさら量子論なのか。

それには2つの理由がある。1つは，素粒子物理学の基本言語である場の量子論が数学的に定式化されておらず，そのためには新しい数学が必要と考えられていること。もう1つは，場の量子論，さらには量子論と一般相対論を統合する理論が，初期宇宙の謎を解くために重要になってきたことである。

17.4　なぜいまさら量子論(その1): 千年紀の問題

場の量子論とは，電磁場などの "場" の自由度に量子力学の原理を当てはめようとするものである。場は空間の各点ごとに独立の値を取りうるので，自由度が無限個あることになる。1929年にベルナー・ハイゼンベルクとボルフガング・パウリが電磁気学と量子力学の統一を試みたのが場の量子論の始まりで，湯川秀樹の中間子論は場の量子論が核力の記述にも使えることを示した。しかし，場のもつ無限個の自由度を量子化しようとすると，様々な計算に発散が現れ，それを扱うためのくりこみ理論が完成するのに20年を要した。しかし，これで無限自由度の問題が解決したわけではなかった。1955年にレフ・ランダウは，くりこみの処方で除くことのできない特異点の存在を理論的に指摘し，くりこみによる量子電磁気学の定式化が不完全であることを示した。さらに，矢継ぎ早に素粒子が発見された1950～60年代には，それに対応できない場の量子論の有用性に強い疑念が唱えられた。1970年代初頭のゲージ理論のくりこみ可能性の証明と漸近的自由性[*3]の発見によって，場の量子論はようやく素粒子物理学の基本言語となった。しかし，80歳となった今日でも，場の量子論は数学者からは理論として認知されていない([6]および本書第5章を参照)。

[*3] この性質をもつ場の量子論にはランダウの特異点は存在しない。

2000年にクレイ数学研究所は千年紀を記念して，7つの"ミレニアム問題"を提起した。その中の1問に，「ヤン–ミルズ場の量子論を数学的に定式化せよ」というものがある [7]。このいわゆるヤン–ミルズ問題が，リーマン予想やポアンカレ予想と並んでミレニアム問題の1つに選ばれた理由は，場の量子論に数学者にも納得できる定義を与えることで，この理論を数学の一分野として確立し，数学の発展に新しい方向が開かれることを期待するからだという。

場の量子論の正しい定式化を追求することは，数学者を満足させるためだけではない。物理学者が場の量子論の計算をするときに，まず最初に試みる近似法は，相互作用の強さを表す結合定数についてのべき展開，すなわち摂動展開である。過去60年以上にわたって，この近似計算にはファインマン図を使う方法が標準的であった。しかし，ここ数年の間にこれに代わるまったく新しい方法が開発されつつあり，ファインマン図の方法では技術的に困難とされてきた高次の近似計算ができるようになってきた [8]。摂動展開のような，もはや調べ尽くされたと思われていた部分にも新しい驚きがあり，美しい数学的構造が隠されている。我々は，場の量子論とは何なのかをまだ理解していないのである。

一方，量子論に着想を得た数学は，この20年ほどの間に大きな進歩を遂げている (本書第4章参照)。これは，1990年以来のフィールズ賞受賞数学者の4割近くが，量子論に関連する数学の研究に深く関わっていることからもわかる。たとえば，場の量子論の計算の中でも特に性質のよいものを数学的に定式化した"量子不変量"の理論が，幾何学の理解に大きなインパクトを与えている[*4]。場の量子論の深淵に現代数学の光が差し

[*4] たとえば，ミラー対称性の理論やゲージ場のモジュライ空間の不変量の

17.5 なぜいまさら量子論 (その 2): 初期宇宙論

このような数学の発展とときを同じくして，初期宇宙の理解に場の量子論が重要になってきている。ビッグバンの残り火が宇宙の膨張によってマイクロ波にまで引き伸ばされた宇宙マイクロ波背景放射が，1948 年にジョージ・ガモフらによって理論的に予想され，1965 年にアルノ・ペンジアスとロバート・ウィルソンによって観測された。2006 年度のノーベル物理学賞を受賞したジョン・マザーとジョージ・スムートは，人工衛星に搭載された宇宙マイクロ波背景放射探索機 (COBE) を使って，マイクロ波の温度分布を全天にわたって観測し，そこに 10 万分の 1 程度の小さなゆらぎがあることを発見した。

佐藤勝彦とアラン・グースが独立に提唱したインフレーション宇宙論では，宇宙が指数関数的に膨張した時期があったとする。この時期には，様々な物質場やさらには時間や空間までが，量子力学の不確定性原理によってゆらいでおり，これが宇宙の指数関数的膨張によって固定される。杉山直らは，このゆらぎが宇宙全体と共鳴することで，マイクロ波の温度の高低のパターンを生じることを理論的に示した。2000 年以来大きく進歩したマイクロ波の温度分布の観測により，宇宙が空間方向に平坦であることが確認され，また暗黒物質や暗黒エネルギーの密度が精密に決定された。

天文学者のカール・セーガンは，我々を構成している元素の多くが過去の超新星爆発で合成されていたことから，「私たちは星屑でできている」と述べた。しかし，宇宙の歴史をインフレーション時代まで遡ると，我々の存在は宇宙初期の量子的ゆ

理論がこの例である。

らぎに由来するのである．実際，東京大学数物連携宇宙研究機構 (IPMU) の吉田直紀は，このゆらぎを種として星や銀河などの構造ができる仕組みを明らかにしている．ゆらぎの起源と性質を基本原理から解明することは，宇宙の謎を解く鍵の 1 つである．

一般相対論と量子力学を統合する究極の統一理論の姿は，10^{28} 電子ボルトという超高エネルギー (いわゆるプランク・エネルギー) で明らかになると考えられている．そこでは，重力相互作用も電磁気力や核力などの力と統一される．現在最も強力な欧州原子核研究機構 (CERN) の大型ハドロン衝突型加速器 (LHC) の最大出力は 10^{13} 電子ボルト程度なので，プランク・エネルギーには手が届かない[*5]．しかし，宇宙に目を向けると，インフレーション時代に宇宙が指数関数的に膨張していたために，初期宇宙のゆらぎの起源を含むプランク・エネルギーの現象が，宇宙規模で観測できる可能性がある．

今年 (2009年) 5月14日に，太陽と地球の重力のつりあう第 2 ラグランジュ点に向けて打ち上げられた欧州宇宙機関のプランク探査機を始め，米国航空宇宙局の将来計画 Beyond Einstein Program のレーザー干渉型宇宙アンテナ (LISA) やインフレーション探査機によって，今後 10〜20 年間のうちにインフレーション宇宙の理解が飛躍的に進むと期待される．さらに，LISA の後継機として検討されているビッグバン観測機は，重力波によってインフレーション時代の宇宙の様子を直接観測することを目指す．日本の宇宙レーザー干渉計計画にも期待がもたれる．初期宇宙の観測によって，プランク・エネルギーの物理の窓が開かれることも夢ではない．

[*5] 余剰次元のある模型の特別な場合には，LHC でも，プランク・エネルギーに達すると考えられている．

17.6 超弦理論

　初期宇宙の理解には，一般相対論と量子論の統合が必要である。これを達成する見込みのある理論は，現在のところ超弦理論しかない。超弦理論は，"素粒子の標準模型"[*6]を構成するために必要なすべての材料を含んでおり，さらに重力相互作用をも記述するので，一般相対論と量子力学を統合し，すべての素粒子とその相互作用を記述する究極の理論の最有力候補とされている。超ひも理論，また英語をカタカナ書きしてスーパーストリング理論と呼ばれることもあるが，同じものである。通常の素粒子模型が点粒子を基本的な自由度とするのに対し，超弦理論はバイオリンの弦のように振動する弦を最小単位とする。そして，弦の様々な振動状態から，素粒子やその間の相互作用を媒介するゲージ場，さらには重力場などが現れると考えられている。超弦理論は 21 世紀の宇宙の数学になるのであろうか。

17.7 超弦理論と数学

　複素数の概念は，3 次方程式の根の公式を導くために 16 世紀に導入されたが，虚数という言葉が示すように，その後 2 世紀にわたって不自然なものと思われてきた。しかし，18 世紀における複素平面の発見とその後の発展により，数学の多くの問題において，複素数こそが自然な数であり，実数はその影に過ぎないと考えられるようになった。たとえば，2 次方程式の実根の有無は判別式に依存するのに対し，複素根は常に存在する。このように，数の概念を拡げることで，数学のより深くよ

[*6] クォークやレプトンと呼ばれる素粒子，その間の相互作用を媒介する電磁場などのゲージ場，そしてそれらの質量の起源となるヒッグス場を支配する法則をまとめたもの。2008 年のノーベル物理学賞の対象となった小林–益川理論は，標準模型の重要な部分である。

り普遍的な構造が明らかになるのである*7。

　超弦理論によって，複素数の発見と同様の変革が幾何学に起きるかもしれない。ユークリッドの原論の第1巻が「点は部分をもたないものである」という主張から始まるように，2300年以上にわたって幾何学の基礎は大きさや構造をもたない"数学的点"であった。超弦理論は1次元に拡がった弦を基本単位にするので，幾何学に新しい見方をもたらしている。

　弦によって幾何学的対象を見ると，"形"と"大きさ"という一見して異なる概念も，ミラー対称性によって入れ替わってしまう。また，"数学的点"は構造をもたないのに，弦は無数の形状をとることができるので，これを使って様々な代数の表現が構成できる。このために，幾何学と代数学が思いがけない形で結びつくことになった。さらに，超弦理論に触発されて，有限群論 (モンスター群の表現) から確率・統計にいたる数学の幅広い分野で画期的な発見がなされている。

　一般相対論と量子力学を統合する超弦理論では，時間や空間さえ量子論的にゆらぐので，時空間を"うつわ"として，その中で物質が時間発展をするという描像は必ずしも適切ではない。むしろ，物質と時空間の区別すら相対化され，両者がより根源的な構造から立ち現れるような枠組みが必要になると考えられる。量子力学の不確定性原理の発見が我々の世界観に深遠な影響を与えたように，超弦理論は，我々の時空概念に大きな変更をもたらすことになるかもしれない。

17.8　究極理論としての超弦理論

　1974年にホーキングは，アインシュタイン方程式の解としては暗黒であるはずのブラックホールが，量子力学の効果で発熱

---

*7 有限体や p-進体といった方面への数概念の拡張も重要である。

を起こし蒸発することを示した。さらにホーキングは，この現象が科学の基礎である因果的決定論と矛盾すると主張し，この点を巡ってその後 20 年以上にわたって論争が繰り広げられた。超弦理論はブラックホールの発熱現象が因果的決定論と矛盾しないことを示し，この問題を解決した [9]。これは，超弦理論が重力場の量子化に成功している有力な証拠となった。さらに，筆者の最近の研究により，ブラックホールの量子状態が数学の量子不変量の理論と深い関係にあることが明らかになった。これらの話題については，本書第 15, 19 章を参照されたい。

　超弦理論の数学はいまだ発展途上であり，素粒子の標準模型を基本原理から演繹するには至っていない。超弦理論は 9 次元の空間と 1 次元の時間を使って定義されており，我々が日常経験する縦・横・高さの 3 次元の空間を再現するためには，6 次元が隠されている必要がある。しかしこの 6 次元は余計なものではなく，標準模型の構造は 6 次元の幾何学によって決まると考えられている[*8]。このような高次元空間の理解には最先端の幾何学を必要とする。IPMU では，気鋭の数学者と物理学者によって，高次元の幾何学から標準模型やそれを超える理論を導出するための研究が進められている。

17.9　プラトンの洞窟

　超弦理論の第 1 の目標は，究極の理論を完成させ，それから観測可能な予言を導くことである。しかし，この 10 年ほどの間に，これ以外の広範な問題にも超弦理論の技術が応用されるようになってきた。

　これが可能になったのは，ホログラフィー原理のおかげである。光学におけるホログラフィーとは，立体像を干渉縞で記

[*8] 本書第 20 章のリサ・ランドール，村山斉と筆者の鼎談を参照。

録する方法のことを指す．超弦理論では，この用語を借用して，重力理論と場の量子論が対応するという考え方をホログラフィー原理と呼んでいる．これによると，重力を含まない場の量子論は，プラトンの洞窟の比喩 [1] のように，超弦理論の現象が時空間の果てに映し出された影のようなものであるという．フアン・マルダセナが 1997 年に提案した AdS/CFT 対応はその最も明解な例である．ホログラフィー原理を使うと：

(A) 量子重力の謎を，重力を含まない通常の場の量子論の問題に翻訳することで，解決することができる．
(B) 逆に，場の量子論の技術的に難しい問題を，重力理論の問題に翻訳し，幾何学的方法で解くことができる．

陽子，中性子，中間子などのいわゆるハドロン粒子は，複数のクォークが "強い相互作用" と呼ばれる力によって結びつけられてできた，複合粒子であると考えられている．しかし，その性質を基本原理から演繹することは技術的に難しく，今のところコンピュータ・シミュレーションがほぼ唯一の手段である．マルダセナが AdS/CFT 対応を提案した数ヵ月後に，エドワード・ウィッテンは，これを使ってクォークがハドロンの中に閉じ込められているわけを定性的に説明した[*9]．筆者らは，この考えをヤン–ミルズ理論のマスギャップの計算[*10]に応用し，定量的にも期待以上の結果を得た．これらの研究は，

[*9] クォークの閉じ込めについては，これ以前に，南部陽一郎，ヘラルト・トフーフト，スタンレー・マンデルスタムが，おのおの独立な論文で超伝導体のマイスナー効果との類似による説明を提案していた．その後，ネーサン・ザイバーグとエドワード・ウィッテンは，超対称性をもついくつかの模型では，この南部らのアイディアが理論的に実現されていることを証明した．

[*10] 基底状態と励起状態の間のエネルギー幅のこと．マスギャップの存在の数学的証明は，クレイ数学研究所のヤン–ミルズ問題の一部となっている．

AdS/CFT 対応を使って素粒子の強い相互作用を理解する技術，いわゆる AdS/QCD のさきがけとなった．

AdS/QCD の技術はこの 10 年の間に大きく進歩した．初期の AdS/QCD ではクォークの自由度の扱い方に問題があったが，IPMU の杉本茂樹は酒井忠勝との共同研究によってこの点を改善し，ハドロンの様々な性質を解析的に導くことに成功した．また，ワシントン大学のグループは，ブルックヘブン国立研究所の相対論的重イオン衝突型加速器で観測されたクォーク–グルーオン・プラズマの熱力学的性質を，AdS/QCD を使って説明している．

ホログラフィー原理は，素粒子物理学にとどまらず，物性物理学の強相関現象である量子相転移や量子流体などの幅広い分野に応用されている．IPMU の高柳匡と李微 (リー・ウェイ) は，物性物理学者の笠真生との共同研究で，量子ホール効果をホログラフィー原理で理解する方法を開発している．

この 10 年間の発展から考えると，超弦理論と場の量子論は独立に存在する理論ではなく，この 2 つを止揚したより大きな枠組みの中に位置づけられることになるかもしれない．筆者は，クレイ数学研究所のヤン–ミルズ問題も，超弦理論からのアプローチによって解決されるのではないかと期待している．

17 世紀から今日に至る近代科学の発達は世界史の奇跡である．歴史を遡ると，インド，アラビア，中国など，科学技術において同時代のヨーロッパを凌駕していた地域はあったものの，これらの地域ではついに科学革命は起きなかった．近代ヨーロッパの爆発的な発展については様々な原因が指摘されているが [10]，筆者は数学的に整合な世界像への希求が 1 つの要因であったと考えている．数学を使って世界を統一的に理解するという考え方は，古代ギリシャに生まれ [11]，近代ヨーロッパに引き継がれ，この解説の冒頭に引用したガリレオの言葉に

表現されている。

天文学，天体物理学，高エネルギー物理学の飛躍的発展によって，10^{-19} メートル (LHC の陽子衝突実験で探索できる距離) から 10^{26} メートル (光で見ることのできる宇宙の果てまでの距離) までの，45 桁にまたがる世界の膨大な観測データが人類に提供されている。これらのすべてを，整合的に記述できる数学体系はまだ存在していない。21 世紀の宇宙の理解に必要な数学の開発に，IPMU が貢献できるように努力したいと思う。

謝辞

この記事の原稿に有益なコメントを頂いた高田昌広，高橋史宜，立川裕二，斎藤恭司，向山信二，渡利泰山の各氏に感謝します。

参考文献

[1] プラトン, 『国家』, 藤沢令夫訳, 岩波文庫 (1979 年).

[2] スティルマン・ドレイク, 『ガリレオの生涯』, 田中一郎訳, 共立出版 (1985 年).

[3] 高橋憲一, 『ガリレオの迷宮』, 共立出版 (2006 年).

[4] R. Penrose, "Mathematics of the Universe," Nature, **249**, 597 (1974).

[5] H. Cordes, A. Jensen, S. T. Kuroda, G. Ponce, B. Simon, M. Taylor, "Tosio Kato (1917-1999)," Notices Amer. Math. Soc., **47**, 650 (2000).

[6] E. Witten, "Some Questions for Constructive Quantum Field Theorists," Lect. Notes Phys., **446**, Springer (1995).

[7] ヤン–ミルズ問題の正確な定式化については，クレイ数学研究所のウェブサイト: http://www.claymath.org/millennium/Yang-Mills_Theory/yangmilles.pdf を参照。

[8] たとえば，C. F. Berger, et al., "Precise Predictions for W+3 Jet Production at Hadron Colliders," [arXiv: 0902.2760].

[9] ブラックホールの蒸発についてホーキングと賭けをしたジョン・プレスキルのホームページには，ホーキングの敗北宣言に関する興味深いエッセイがある: http://www.theory.caltech.edu/~preskill/jp_24jul04.html

[10] たとえば，ジャレッド・ダイアモンド,『銃・病原菌・鉄』，倉骨彰訳，草思社 (2000 年) を参照.

[11] エルビン・シュレディンガー,『自然とギリシャ人』，河辺六男訳，工作舎 (1991 年).

第18章
重力のホログラフィー

IPMUの広報誌『IPMU News』の2009年9月号に，重力のホログラフィー原理の解説記事を書きました。編集担当者から，文科系の大学生にもわかるようにとの依頼を受けたので，できるだけ噛み砕いて書いたつもりです。 (難易度: ☆)

18.1 マックスウェル理論と電磁波の発見

19世紀の後半にマックスウェルは，それまで別々の現象と考えられていた電気と磁気を統一的に記述するマックスウェル方程式を発見しました。この方程式は，電場が変化すると磁場が生まれ，逆に磁場の変化が電場を引き起こすことを表現しています。マックスウェルはこの方程式を解くことで，電場と磁場が絡み合いながら光の速さで伝わっていく波，すなわち電磁波の存在を理論的に予言しました。その15年後にヘルツは電磁波を実験的に確認し，20世紀のはじめにはマルコーニが大西洋を横断する無線通信に成功するまでになりました。今日の情報産業があるのは，マックスウェルによる電磁気力の統一のおかげだといえます。

18.2 時間と空間の幾何学

マックスウェルの理論では電場や磁場が電磁気力を伝えるのに対し，アインシュタインの一般相対性理論で重力を伝えるのは時間や空間の曲がり具合です。アインシュタインは友人の数

学者グロスマンの協力により，当時最新の数学であったリーマン幾何学を使うことで，物質が時空間を曲げる様子を表すアインシュタイン方程式に到達しました。そして，マックスウェルが電磁波を予言したように，アインシュタインは時空間のさざ波が光の速さで伝わっていく重力波を予言しました。その60年後に，ハルスとテイラーは，連星パルサーが重力波を放出している間接的証拠を発見しました。現在日本を含む世界各地で重力波を直接捉えることを目指す測定機が稼動しています。

アインシュタインの重力理論は，ブラックホールの存在を予言し，ビッグバン理論の基礎となるなど，宇宙の研究に欠かせない道具となっています。また，私たちの日常生活にも影響を与えています。カーナビなどに使われているGPSは，人工衛星に搭載されている原子時計からの信号を受けて現在地を決めますが，人工衛星が重力の弱い上空を高速で運動しているため時計に微妙な進みが生じ，相対性理論を使って補正をしないと使い物にならないのです。

18.3 くりこみ理論

一般相対性理論とならぶ20世紀の物理学のもう1本の柱は，ミクロの世界を記述する量子力学です。私たちが知っている自然界の力は，重力の他はすべて量子力学の枠組みに取り入れられています。たとえば，マックスウェルの電磁気理論と量子力学の統合は，ハイゼンベルクとパウリによって試みられ，ファインマン–シュビンガー–朝永の「くりこみ理論」によって一応の完成を見ました。

量子力学の記述する世界では，私たちが日常経験しないような不思議な現象が起きます。たとえば，ハイゼンベルクの不確定性原理によると，物体の位置や速度といった量も，量子力学

の世界では常にゆらいでいます。そこで，マックスウェルの電磁気理論を量子力学と組み合わせると，電場や磁場の状態もミクロな世界でゆらぐことになります。電場や磁場の方向や強さは場所ごとに変わることができるので，そのゆらぎの効果をすべて勘定に入れようとすると，いろいろな計算に無限大が現れて意味をなさなくなります。この問題を解決したのが，くりこみ理論なのです。

18.4 量子重力のパラドックス

　さて，アインシュタインの重力理論を量子力学と組み合わせようとすると同じような理由で無限大が現れますが，これは電磁気の場合よりたちの悪い無限大で，くりこみの方法で解決することができません。また，アインシュタインの理論では，重力を伝えるのは時間や空間の曲がり具合なので，これに量子力学の考え方を当てはめると，時間や空間の構造自身がミクロな世界でゆらぐことになります。これが様々なパラドックスのもととなり，物理学者を悩ませてきました。

　その中でも有名なのは，ブラックホールが量子力学的効果で熱をもち，蒸発してしまうというホーキングの計算です。ホーキングはこの過程が決定論と矛盾すると主張しました。決定論

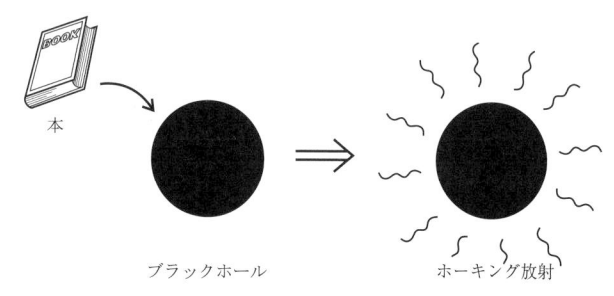

図 18.1　ブラックホールの情報問題

とは，いま起きていることを全部知っていれば，自然界の基本法則によって未来や過去が完全に決定されるという，自然科学の基礎となる考え方です。

図 18.1 のように，ブラックホールに本を投げ入れることを考えてみましょう。ブラックホールの質量は本の分だけ一時的に増えますが，それは熱放射によって散逸してしまいます。ホーキングの計算によると，別な本を投げ入れても，本の質量が同じなら，まったく同じ放射が返ってくることになります。放射を観測しても，過去にどちらの本を投げ入れたのかが判別できなければ，過去の情報が再現できないので決定論に反していることになるのです。これがブラックホールの情報問題です (本書第 19 章参照)。

18.5　超弦理論

重力理論と量子力学の統合は，過去半世紀以上の理論物理学の最も重要な課題の 1 つであり，無限大の問題を解決するために，様々なアイディアが試みられてきました。その中で，理論として整合性をもち，また現実的な素粒子模型を再現する見込みがあるのは，これまでのところ超弦理論だけです。超ひも理論と呼ばれることもありますが，同じものです。名前が示すように，物質の基本単位が，ひものように拡がったものであるとし，これによって量子重力の無限大の問題を解消しようとします。

このひもは，バイオリンの弦のように振動し，その音色の 1 つ 1 つが様々な素粒子に対応すると考えられています。米谷民明は大学院に在学中に，この振動の 1 つが重力を伝えることを発見し，超弦理論が重力理論を含んでいることを示しました。これを独立に発見したシャークとシュワルツは，超弦理論

を使ってすべての力を説明する究極の統一理論を構成することを提案しました。

しかし，超弦理論はその後 10 年ほど素粒子論の傍流に留まりました。その理由の 1 つは，素粒子の世界に特徴的な「鏡像対称性の破れ」を超弦理論に組み込むことができなかったからです。私たちが日常経験する現象は，鏡に映しても実現可能なように見えます。これを鏡像対称性と呼びます。しかし，この対称性はミクロのレベルで破れています。鏡像対称性の破れは，K 中間子と呼ばれる素粒子の崩壊現象を説明するために，李政道 (リー・ジュヨンダオ) と楊振寧 (ヤン・ジェンニーン) によって予言され，呉健雄 (ウー・ジエンシオーン) の実験によって確認されました。

シュワルツはその後 10 年間，人気のなかった超弦理論をこつこつと研究し続け，グリーンとの共同研究で鏡像対称性の問題を解決して，超弦理論から素粒子の模型をつくる道筋をつけることに成功しました。今日，超弦理論は素粒子論の主要な研究分野の 1 つとなっています。

18.6 ホログラフィー原理

グリーンとシュワルツが突破口を開いてから 25 年間に超弦理論は大きな発展を遂げてきました。ここでは，その中で発見された「ホログラフィー原理」について解説しましょう。

量子力学には，「粒子と波の双対性」という考え方があります。たとえば，電磁波はマックスウェルの方程式にしたがう波ですが，マックスウェルの理論に量子力学を当てはめると，電磁波は 1 つ 1 つ数えられる粒子としての性質をもつようになります。逆に，電子は粒子と考えられてきましたが，量子力学ではシュレディンガーの方程式にしたがう波でもあります。量子

力学史の初期には，電子は粒子なのか波なのかをめぐって論争がありましたが，今日ではこの2つの見方は矛盾するものではなく，これらが補い合って電子の全体像を表していると考えられています。これが粒子と波の双対性です。

　図 18.2 はルビンの壺と呼ばれる錯視図形です。この絵では，白い部分に着目すると壺があるように，黒い部分に着目すると2人が向かい合っているように見えますが，どちらの解釈が正しいということはありません。これも双対性の例です。

　ホログラフィー原理も双対性の例です。ホログラフィーというのは，もともと光学の用語で，3次元の立体像を2次元面上の干渉縞に記録し再現する方法のことです。超弦理論では，量子重力のすべての現象は，空間の果てにおいたスクリーンに投影することができ，その上の重力を含まない量子力学理論によって記述できると考えられています。これを表現するのに光学の用語を借用して，ホログラフィー原理と呼ぶのです。

　たとえば私たちは，縦，横，高さで指定される3次元の空間を実在のものだと感じています。しかし，空間の果てにおかれたスクリーン上の理論から見ると，3次元の空間も，そこに働く重力も幻影だということになります。ホログラフィー原理によると，この2つの見方のどちらがより本質的かという問いに

図 18.2　ルビンの壺

は意味がなく，これらは量子重力の異なる側面を表していることになります。

ホーキングのパラドックスのような量子重力の深い謎も，ホログラフィー原理を使って，重力を含まない量子力学の問題に翻訳することで，解決できるようになりました (本書第 19 章参照)。これにより，重力を含む究極の統一理論の完成に向けた研究が大きく進みました。

また逆に，量子力学の難しい問題を重力理論に翻訳して，幾何学的な方法で解くこともできるようになりました。これは超弦理論の応用の範囲を大きく拡げ，クォーク–グルーオン・プラズマの熱力学的性質やハドロン物理，さらには物性物理学の量子相転移や量子流体などの強相関現象の研究にも新しい視点を与えています。このような研究が，20 年来の謎である高温超伝導の仕組みの手がかりになるかもしれないとの期待もあります [1]。

このように超弦理論には，素粒子の統一理論の候補としての側面と，素粒子物理学の枠を超えた物理学の様々な分野の問題を解く数学的道具としての側面があり，この 2 つはホログラフィー原理で結びつけられています。IPMU では，気鋭の数学者や物性物理学者も巻き込んで，超弦理論の両方の側面について研究を押し進めています。

参考文献

[1] S. Hartnoll, Lectures on holographic methods for condensed matter physics, arXiv:0903.3246.

第19章
量子ブラックホールと創発する時空間

　スティーブン・ホーキングによるブラックホールの蒸発機構の発見は，重力の量子論の研究に重要なパラドックスを投げかけました．丸善出版の雑誌『パリティ』の 2009 年 6 月号に書いたこの記事では，ホーキングのパラドックスの意義と，それを超弦理論がどのように解決したかについて説明しました．　　　　　　　　　　　(難易度: ☆)

　一般相対性理論と量子力学が統一されるプランク・スケールでは，自然界の階層構造が終焉し，時間や空間ですら，より根源的な構造から創発されると考えられている．量子ブラックホールについての思考実験によって，謎に包まれたプランク・スケールの物理を理解する試みを解説する．

19.1　宇宙のたまねぎはどこまでむけるか

　英国の素粒子物理学者クローズのベストセラー『宇宙のたまねぎ』[1] は，自然界の階層構造をたまねぎにたとえて解説する．いちばん外側の皮は私たちが日常経験する世界，一皮むくと原子の世界，もう一皮むくと原子核の世界，そして原子核は陽子と中性子に分解される．さらに陽子や中性子の皮をむくと，その中にクォークの世界があるという具合である．では，クォークの中には何かあるのか．このたまねぎの皮は限りなく重なっているのか．それともどこかで芯にたどりつくのか．

　クォークがそれ以上分解することのできない "素" の粒子なのか，それともまだ知られていないより基本的な物質から構成されているのかは，実験によって決着すべき問題である．しか

し，宇宙のたまねぎに芯があるのかどうかという究極の問いには，理論的に答えることができる。たまねぎの皮には限りがあり，皮をむき続けるといつかは芯にたどりつくと考えられているのである。

量子力学によると，すべての粒子は波の性質をもち，より高いエネルギーの粒子はより短い波長をもつ。そして，より短い波長を使うことで，より高い分解能が達成できる。高エネルギーに加速した粒子を使って，微小な世界が探究できるのはそのためである。エネルギー E の粒子を使って観測できる最短距離は，その粒子のド・ブロイ波長

$$\lambda_{\mathrm{dB}} = \frac{2\pi\hbar c}{E} \tag{1}$$

である。ここで，$\hbar$ はプランクの定数，c は光の速さである。ただし，エネルギーが十分大きいとして，粒子の質量を無視した。たとえば，2008 年度から欧州原子核研究機構 (CERN) で稼働を始めた大型ハドロン衝突型加速器 (LHC) では，陽子ビームの正面衝突によって約 14 テラ電子ボルト (TeV) のエネルギーが達成できる。このエネルギーを (1) 式に代入すると，ド・ブロイ波長は 10^{-20} メートルとなる[*1]。

このような進歩はいつまでも続くのであろうか。思考実験として，経済的・技術的障害を無視して，いくらでも大きな加速器をつくることができるとしよう。エネルギーが大きくなると，重力の効果が無視できなくなる。ニュートンの重力定数を G とすると，質量 M をもつ半径 R の球の表面からの脱出速度は

[*1] 陽子は 3 つのクォークからできているので，個々のクォーク間の衝突エネルギーはこれより低く，LHC で実際に探索できる距離は 10^{-19} メートル程度と見積もられている。

$$v = \sqrt{\frac{2GM}{R}} \tag{2}$$

で与えられる。したがって，質量 M が半径

$$R_s = \frac{2GM}{c^2} \tag{3}$$

の球面の中にあるときには，この球面からの脱出速度が光の速さになること ($v = c$) がわかる[*2]。このように光すら発することのできない暗黒の球面は事象の地平線，その半径はシュバルツシルト半径と呼ばれる。相対性理論では，$E = Mc^2$ であるので，エネルギーがある領域に集中すると時間や空間が曲がり，これが重力の原因になる。時空間の曲がりが極端になると，事象の地平線が生じ，地平線の内側にある情報は，外部の者には観測することができなくなる。これがブラックホールである。粒子衝突のエネルギーが E のときには，(3) 式に $E = Mc^2$ を代入して，シュバルツシルト半径が

$$R_S = \frac{2GE}{c^4} \tag{4}$$

となる。

　LHC のエネルギーでは，ド・ブロイ波長が 10^{-20} メートルであるのに対し，シュバルツシルト半径は 10^{-50} メートルなので，LHC 実験では重力効果は無視できる[*3]。しかしエネルギーを上げると，ド・ブロイ波長 (1) 式は短くなり，シュバルツシルト半径 (4) 式は逆に長くなる。そして，プランク・エネルギーと呼ばれる 10^{28} 電子ボルトに到達する加速器では[*4]，

[*2] これは 18 世紀後半に，英国のミッチェルとフランスのラプラスが指摘していた。一般相対性理論のシュバルツシルト解の予言と，係数まで含めて一致している点が興味深い。

[*3] 余剰次元のある模型の特別な場合には，LHC のエネルギーでも，ド・ブロイ波長とシュバルツシルト半径が同程度になることも考えられる。その場合には，以下に述べる宇宙のたまねぎの芯に予想より早く到達することになる。たまねぎに芯があるという主張には変わりない。

第 19 章　量子ブラックホールと創発する時空間

ド・ブロイ波長とシュバルツシルト半径が一致する。これがプランクの長さ (10^{-35} メートル) である。これよりさらにエネルギーを上げると，事象の地平線が広がって，観測すべき領域を覆い隠してしまう。

ハイゼンベルクは思考実験によって，位置 x の測定が必然的に運動量 p の測定に影響を与えることを示し，不確定性原理 $\Delta x \Delta p \geq \hbar/2$ を導いた。同様に，プランク・エネルギーを超える加速器を使った上記の思考実験では，位置の測定が時空間の構造自身に影響を与えるので，プランクの長さより短い距離の観測に原理的な限界があることがわかる。短距離物理のフロンティアはプランクの長さで終焉する。科学の基礎である還元主義が，少なくともいままで考えられてきた意味では完結する。これが宇宙のたまねぎの芯である。

プランク・エネルギーの衝突実験で自然界の階層構造が打ち止めになる理由は，衝突領域に小さなブラックホールができるからである。そこで，小さなブラックホールの量子力学的性質を探ることで，宇宙のたまねぎの芯がどのようなものであるかを，かいま見ることができると期待できる。これを考えることがこの解説の目的である。

19.2 華氏451度

ブラックホールの名づけ親であるホイーラーは，ボーアから学んだといわれる急進的保守主義を標榜していた。既存の物理学理論をそのまま極限状況にあてはめて，理論がどのような反

---

*4 プランク・エネルギーの加速器を建設するために，LHCと同じ強さの磁場の円形加速器の設計を採用すると，シンクロトロン放射の影響を無視しても，銀河系の厚み程度の半径が必要である。また，スタンフォード大学のSLACと同じ強さの電場を使う線形加速器の設計では，銀河系の半径程度の直線距離が必要となる。

応をするのかを観察しようというのである。ホーキング放射の発見は，この考えの理想的な実践例といえる。一般相対性理論と量子力学を変更することなくブラックホールにあてはめると，驚くべき事実が明らかになった。

相対性理論では空間と時間を同等に扱うといわれる。しかし，量子力学では，空間と時間の扱いに1つの重要な違いがある。粒子の空間方向の運動量は正の値も負の値もとりうるのに対し，時間方向の運動量にあたるエネルギーの値は正に限られる。粒子のエネルギーが正の値をとることは，真空の安定性のために必要である。量子力学的真空は物質のまったくない状態ではなく，粒子の対生成と対消滅がつねに起きている。対生成した2つの粒子のエネルギーがいずれも正であるとすると，粒子のエネルギーの和は真空のエネルギーよりも大きい。そこで，エネルギー保存則を破らないためには，不確定原理で許される短い時間のうちに対消滅が起きなければいけない。これによって真空の安定性が保たれるのである。もし粒子が負のエネルギーをもつことができると，対生成した粒子がエネルギー保存則をみたしたまま，別々の方向に飛び去ることができる。これが次々に起こると，真空が崩壊してしまうのである。

ミンコフスキー空間の真空のうえでは粒子のエネルギーはつねに正の値をとるが，ここにブラックホールが加わると状況が変わる。エネルギーの概念は時間の方向と関係があるので，ブラックホールの外側にいる観測者にとっての時間の流れに注目してみよう。ブラックホールの時空を不変に保つように時間の流れを選ぶと，事象の地平線に近づくにつれて流れが速くなり，地平線のうえではついに光の速さになる。そして，地平線の内側では流れの速さが光速を超え，その向きは空間方向にな

る (図 19.1(a))[*5]。このために，地平線の中に落ちた粒子のエネルギーは，運動量のように正の値も負の値ももつことができるのである。

(a)　　　　　　　　　　(b)

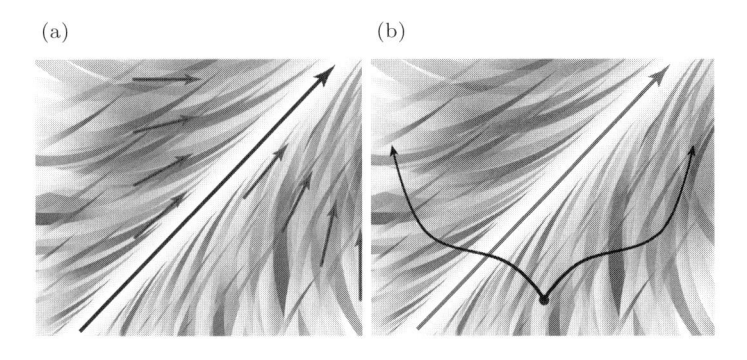

図 19.1　ホーキング放射の原理 (a) ブラックホールの時空間における時間の流れ。図の上下は時間方向，左右は空間方向，また図を対角状に横切る矢印はブラックホールの事象の地平線を表している。対角状に横切る矢印の左右にある短い矢印は，ブラックホール時空間の並進対称性のベクトルである。このベクトルは，事象の地平線の外側では時間方向を向いており，無限遠点で観測されるエネルギーの定義に使われる。しかし，このベクトルは，事象の地平線の内側では空間方向を向く。　(b) 対生成された粒子の 1 つが事象の地平線の内側に落ちたとしよう。地平線の内側ではエネルギーを定義する流れが空間方向を向いているので，粒子のエネルギーは運動量のように負の値をもつことができる。このとき，もう 1 つの粒子は，正のエネルギーをもったまま，無限遠点に飛び去ることができる。対生成された粒子が，対消滅することなくブラックホールからわきあがってくる。これがホーキング放射の原理である。

[*5] これは事象の地平線からの脱出速度が光速であり，これより半径が小さい球面からの脱出速度が光速を超える，すなわち速度ベクトルが空間方向を向くことと関係がある。

地平線の近くで粒子の対生成が起きて，そのうちの 1 つの粒子が地平線の内側に落ちたとしよう (図 19.1(b))。地平線の中に落ちた粒子は負のエネルギーをもつことができるので，正のエネルギーの粒子と対消滅を起こさなくても，エネルギーの保存則には矛盾しない。したがって，地平線の外にとり残された粒子は，正のエネルギーをもったまま，ブラックホールから飛び去ることができる。上の段落で恐れていた真空の崩壊が起こるのである。この場合，真空の崩壊とは，ブラックホールの蒸発を意味する。ホーキングは 1974 年に，ブラックホールから放出される正のエネルギーをもつ粒子が，温度

$$T = \frac{\hbar c^3}{8\pi k_B G M} \tag{5}$$

の熱分布に正確に従うことを示した [2]。ここで M はブラックホールの質量，k_B はボルツマン定数である。

　ホーキングの発見によって，科学の基礎である因果的決定論は危機に直面した。決定論とは，いま起きていることを全部知っていれば，物理学の基本法則によって，未来や過去が完全に決定されるという考え方である。ブラックホールに本を投げ入れることを考えてみよう。ブラックホールの質量は一時的に増えるが，それはホーキング放射によって散逸してしまう。別の本を投げ入れても，本の質量が同じなら，まったく同じホーキング放射が返ってくる。ホーキング放射を観測しても，過去にどちらの本を投げ入れたのかが判別できなければ，過去の情報が再現できないので，決定論に反していることになる。これが，ブラックホールの情報問題である。

　本に書いてあった情報はどこに行ってしまったのであろうか。比較のために，ブラッドベリの小説『華氏 451 度』(*Fahrenheit 451*) のように，本を燃やすことを考えてみよう。燃焼の過程は通常の物理法則に従うので，原理的には時間反転可能で

ある。炎から放射された物や残された灰を完璧に記録して，それから過去の状態を逆算できる"ラプラスの悪魔"を雇用できれば，本の内容を再現できるはずである。しかしホーキングの計算によると，ブラックホールからの放射は正確な熱分布であり，投げ入れた物の情報は完全に失われてしまうことになる。ホイーラーの急進的保守主義にのっとって，一般相対性理論と量子力学を変更することなくブラックホールにあてはめると，決定論と矛盾するという結論が得られた。決定論は放棄しなくてはいけないのか。それとも，一般相対性理論と量子力学を統合する新しい理論では，ブラックホールの情報問題は解消するのか。

19.3 ホーキングとラプラスの悪魔の対決

本を燃やす場合に，燃焼の様子を大まかに巨視的に見ているだけでは，本の情報がどこに行ったのかはわからない。本の情報を再現するには，本の原子の行方を1つずつ追跡していかないといけない。ラプラスの悪魔が必要になるわけである。同様に，ブラックホールの蒸発で情報が失われるかどうかを知るためには，ブラックホールの量子状態を微視的に理解しなければいけない。これは，ブラックホールを巨視的に扱うホーキングの方法では答えられない問題である。保守主義を捨てて，新しい理論を考える必要がある。

点粒子を基本的な自由度とする場の量子論に対し，超弦理論はバイオリンの弦のように振動する弦を最小単位とする理論である。超ひも理論，また英語をカタカナ書きしてスーパーストリング理論と呼ばれることもある。接頭辞の"超"は，理論のもつ超対称性をさす。素粒子の標準模型を構成するために必要なすべての材料を含んでおり，さらに重力相互作用も記述する

ので，一般相対性理論と量子力学を統合し，すべての素粒子とその相互作用を記述する究極の理論の最有力候補とされている[*6]。ブラックホールの情報問題を解決できるかどうかは，超弦理論の真価が問われる"真実の瞬間"[3]であった。

ブラックホールに投げ込まれた本の情報は，ホーキングの主張するように失われてしまうのか，それともラプラスの悪魔によって回復することができるのか。超弦理論が一般相対性理論と量子力学の統合に成功しているのなら，答えられるはずである。

ここで一息ついて，何を示す必要があるかを考えてみよう。問題は，ブラックホールの蒸発が，本を燃やすのと同じなのか違うのかということである。本を燃やすときの熱は，統計力学的なエントロピー，すなわち状態数の多さによって説明できる。そこで，ブラックホールが非常に多くの量子的状態数をもつことを示すことができて，その統計的な性質からブラックホールの熱力学が説明できれば，ブラックホールの蒸発過程が，本を燃やすことと同様に，決定論に従う過程である証拠となる。もちろん，本に書いてあった情報がどこに行ってしまったのかがきちんと追跡できるほうが望ましい。これについても後で議論する。まずは，エントロピーの大きさを理解しよう。

クラウジウスの熱力学的エントロピーの定義によると，温度 T とエントロピー $S(E)$ は以下の関係式に従う。

$$\frac{1}{T} = \frac{\partial S}{\partial E} = \frac{1}{c^2}\frac{\partial S}{\partial M} \tag{6}$$

[*6] バイオリンには，G，E，A，D の 4 本の弦がある。これは重力相互作用 (Gravity)，電磁相互作用 (Electromagnetism)，強い相互作用 (Asymptotic Freedom)，弱い相互作用 (β-Decay) の 4 つの相互作用を表し，4 本の弦が奏でるハーモニーがこれらの力の統一を象徴している，というのは冗談である。

この右辺では $E = Mc^2$ を使った。左辺にホーキング温度の公式 (5) を代入すると，(6) 式を積分することができて，

$$S = 4\pi k_B \frac{GM^2}{\hbar c^5} \tag{7}$$

となる。一般のブラックホールについては，この式は

$$S = \frac{k_B}{4} \frac{A}{G\hbar/c^3} \tag{8}$$

と書くことができる。ここで A はブラックホールの事象の地平線の面積であり，分母に現れた $G\hbar/c^3$ はプランクの長さの 2 乗，およそ $10^{-70}\,\mathrm{m}^2$ である。(8) 式はベケンシュタイン–ホーキングのエントロピー公式として知られている[*7]。ブラックホールの蒸発が本を燃やすことと同じであれば，ブラックホールの量子的状態数 Ω を数えてボルツマンの公式

$$S = k_B \log \Omega \tag{9}$$

に代入することで，ベケンシュタイン–ホーキングのエントロピー公式 (8) が再現できるはずである[*8]。

19.4　D はディリクレの D

この解説記事では，輪のように閉じた弦を基本的な自由度とする II 型の超弦理論を考える。この理論は 10 次元の時空間に

[*7] ベケンシュタインは，アインシュタイン方程式の古典解についての一般的考察に基づいて，ブラックホールが事象の地平線の面積に比例するエントロピーをもつはずであると予想していた。ホーキングの計算はこの予想を確認し，さらに比例係数まで定めた。

[*8] たとえば，恒星の重力崩壊でできるブラックホールの質量はおよそ $10^{31}\,\mathrm{kg}$ であり，これを (7) 式に代入すると $S \simeq 10^{78} k_B$ となる。したがって，もし (9) 式が正しければ，ブラックホールの状態数は $\Omega \simeq e^{10^{78}}$ となる。このような膨大な状態数があれば，本の情報をブラックホールに書き込むことは容易である。

定義されているので，我々の経験する 4 次元の時空間を再現するために，余分の 6 次元が観測できないほど小さいと仮定する。これを余剰次元のコンパクト化と呼ぶ。このとき，4 次元時空間には様々なゲージ場が現れることになる。ゲージ場とは電磁場を一般化したものであり，これについて電荷をもった粒子があると考えるのは自然である。

1995 年にロサンゼルスで開催された超弦理論国際会議で，ウィッテンは超弦理論の理解を深化させる画期的な構想を発表し，これが"双対性革命"の発端となった。ウィッテンの構想においては，ゲージ場について電荷をもつ粒子が本質的な役割をはたす。しかし，II 型の超弦理論の閉じた弦は，ゲージ場について中性である。ウィッテンの講演の半年後に，ポルチンスキーは，電荷をもつ粒子が D ブレーンでできていることを示した [4]。D ブレーンについては，すでに一般向けに日本語の立派な解説書が出版されているので [5, 6]，ここでは簡単に説明する。

粒子の相互作用を表すファインマン図では，電荷をもった粒子が，電磁場の量子である光子を放出したり吸収したりする様子が描かれる。これは，荷電粒子がその周りの電磁場を変化させることを表している。

超弦理論では，閉じた弦が振動し，その振動状態の 1 つ 1 つが光子などの粒子に対応すると考える。したがって，電荷をもつ粒子があると，閉じた弦が，2 次元の円筒の形の軌跡を描いて，粒子から放出・吸収される (図 19.2(a))。この描像では，円筒の軸方向に沿って閉じた弦が運動していると考える。しかし，開いた弦が筒の周回方向に運動しても，同じ図が描かれる。この場合，開いた弦の端点の 1 つは荷電粒子の軌跡の上を走ることになる (図 19.2(b))。そもそも II 型の超弦理論は閉じた弦をもとにした理論であるが，電荷をもつ粒子があると，その

(a) (b)

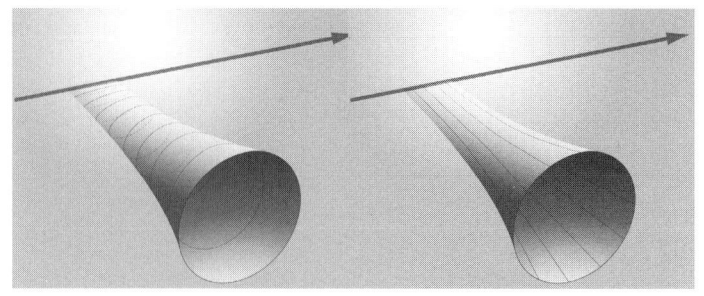

図 19.2 Dブレーンと開いた弦 (a) II型の超弦理論を4次元にコンパクト化すると，様々なゲージ場が現れる。このゲージ場について電荷をもった粒子があると，閉じた弦が円筒状の軌跡を描いて放出・吸収される。 (b) 開いた弦があって，その端点の1つが粒子の軌跡の上に密着しているとしよう。このような開いた弦が周回運動をすると，(a) と同じ円筒状の軌跡が描かれる。このため，閉じた弦の放出・吸収を，開いた弦の周回運動と再解釈することができる。

粒子の軌跡の上に端点をもつ開いた弦が現れる。これがDブレーンの考え方である[*9]。

日本古来の楽器である箏を演奏するときには，箏柱と呼ばれる可動式の支柱を立て，柱の位置でディリクレ型の境界条件(固定端境界条件)を課すことで弦の音を調節する。Dブレーンとは，この箏柱のようなものである[*10]。DブレーンのDは

[*9] 一般には空間方向に広がりをもっているものもDブレーンとして考えるが，ここでは4次元時空間の点粒子となるDブレーンのみを考える。

[*10] ただし，箏柱は弦を押しているだけであるが，Dブレーンがあるとそこで弦が切れて，弦の端点がDブレーンの上に拘束されることになる。3次元空間のブラックホールの例では，弦の端点は3次元空間方向にはディリクレ型の境界条件に，時間方向にはノイマン型の境界条件 (開放端境界条件) に従う。

ディリクレの頭文字からとった。箏柱を移動させると音の高さが変わるので，逆に弦の振動の仕方から柱の位置がわかる。同様に D ブレーンの運動は開いた弦の性質に支配される。

D ブレーンの基底状態 (質量のいちばん低い状態) の質量はその電荷で決まる。電荷を大きくしていくと，D ブレーンの質量も比例して大きくなる。そして，質量がプランク質量より十分大きくなると，D ブレーンをブラックホールとみなすことができるようになる[*11]。このようにして D ブレーンとブラックホールが関係づけられる。D ブレーンの基底状態に対応するブラックホールは，極限ブラックホール[*12]と呼ばれている。

D ブレーンの基底状態が極限ブラックホールと同じものであるとする主張は，厳密にいうと作業仮説である。質量が小さいときに，粒子から閉じた弦が放出・吸収される様子が D ブレーンによって正しく記述されることは計算で示すことができる [4]。しかし，質量が大きくなって時空間がミンコフスキー空間から大きく変わってきたときに，D ブレーンによる記述が依然として正しいかどうかは自明ではない。この証明に向けた最近の進歩についての解説は別な機会にゆずることとし，ここでは，この仮説が正しいものとして話を進める。

D ブレーンとブラックホールの対応関係を認めると，D ブレーンの状態数を数えれば，ブラックホールの状態数が微視的

---

*11 質量がプランク質量より大きな粒子では，シュバルツシルト半径が，量子的なゆらぎのスケールであるコンプトン波長よりも長くなる。このときには，ボーアの対応原理によって，古典的なブラックホール解としての記述が適用できる。

*12 extremal black hole の和訳。電荷を決めたときに，ブラックホールの質量を最小にする "極限" という意味である。一般相対論の文献では，この逆に，質量を決めたときに最大限許される電荷をもつという意味で，最大荷電ブラックホールと呼ばれることもある。極限ブラックホールは，質量による引力と電荷による斥力がぎりぎりでつり合う状態にある。

に決定できることになる。Dブレーンの性質は開いた弦に支配されるので，Dブレーンの状態数も開いた弦の力学で計算できる。閉じた弦の振動状態の中に光子などの粒子があったように，開いた弦にも様々な振動状態があり，それに対応した粒子がある。その中で，エネルギーの振動数が最も低い状態に対応するのは，ゲージ場である[*13]。ポルチンスキーが論文を発表したわずか1週間後に，ウィッテンは，開いた弦の理論をゲージ理論で近似しても，Dブレーンの基底状態の数が正しく計算できる場合があることを示した。

ストロミンジャーとバッファはこの考えを極限ブラックホールにあてはめ，Dブレーン上のゲージ理論を使って，ブラックホールの状態数を計算した。そして，質量がプランク・エネルギーより大きく，古典的なブラックホール解としての記述が適用できるときに，Dブレーンの状態数の数え上げが，ベケンシュタイン–ホーキングのエントロピー公式を正しく再現することを示した[7]。すなわち，ブラックホールの熱力学的性質が，通常の統計物理系の場合と同様に，ボルツマン流の微視的状態数の数え上げで説明できたのである。

この計算が極限ブラックホールという特別な場合になされたことは，その重要性を減じることにはならない。ここで問題になっているのは，ブラックホールの蒸発が，本を燃やすのと同じなのか違うのかである。ブラックホールに投げ入れた本の情報が完全に失われてしまうというホーキングの主張に，特別な例であっても抜け穴が見つかれば，情報問題の解決につながるのである[*14]。

[*13] この節の最初に登場したゲージ場と異なり，このゲージ場はDブレーンの上だけに定義されている。Dブレーンに固有な自由度と考えてもよい。

[*14] 恒星の重力崩壊でできるブラックホールのホーキング放射の温度は，(5)

19.5 ホログラフィー原理と決定論の勝利

　ストロミンジャーとバッファの成功を，極限ブラックホールの特殊性であると片づけることは容易である。マルダセナは，ゲージ場が D ブレーンの性質を正しく記述する理由はもっと深いところにあると考え，その本質を抽出して AdS/CFT 対応を発見した [8]。

　前節では，D ブレーンとブラックホールの対応を仮定した。また，D ブレーンの開いた弦の力学が，ゲージ理論で近似できる場合があると述べた。マルダセナは，このゲージ理論による近似が厳密になる極限をとると，対応するブラックホールの時空間が反ドジッター空間 (AdS) [*15]になることを示した。そして，ゲージ理論が，この AdS の中の超弦理論と，完全に等価であると主張したのである。この対応は AdS/CFT 対応と呼ばれる[*16]。D ブレーンとブラックホールの対応を仮定して導かれたので，あくまで予想であるが，最近この予想が証明される可能性が高くなってきた。AdS の中の弦の運動の理解，特に

　　式で $M \simeq 10^{31}$ kg とおくと，$T = 10^{-7}$ K である。このように低温の放射は，ビッグバンの残り火である 3 K の宇宙マイクロ波背景放射に圧倒されて観測できない。宇宙で実際に見つかっているブラックホールの状態数を計算することは興味深い問題であるが，このようなブラックホールについて計算をするほうがより現実的であるとはいい難い。

[*15] anti-de Sitter space の和訳。AdS と略される。球面が正の曲率をもつ，最も対称性の高い空間であるのに対し，AdS は負の曲率をもつ，最も対称性の高い空間である。ユークリッド幾何学の平行線の公準の反例であるボヤイ–ロバチェフスキーの双曲平面を，高次元の時空間に拡張したものである。厳密には，ブラックホールの時空間は，いま考えている極限では，AdS とコンパクトな空間との直積になる。

[*16] CFT とは共形対称性をもつ場の量子論 (Conformal Field Theory) のことである。共形対称性とは，角度を保つ変換のもとでの不変性のことである。AdS 上の超弦理論に対応するゲージ理論は共形対称性をもつので，AdS/CFT 対応と呼ばれる。

関連する共形場の理論や可解模型の技術が急速に進歩し，Ｄブレーンとブラックホールの対応関係の理解が深まってきたからである。これについては，別の機会に紹介したい。

　AdS/CFT 対応を仮定すると，AdS の中で起こるすべての重力現象は，対応する CFT(共形場の理論) を使って記述することができる。これは，ある時空間の量子重力理論が，その時空間の境界に定義された重力場を含まない理論と等価であるという，"ホログラフィー原理"の一例である。たとえば，AdS の中にブラックホールがあって，そこに粒子が飛び込んでいく状態を考えよう。AdS/CFT 対応によって，CFT にはこれに対応する量子状態がある。CFT は重力場を含まない普通の量子力学系であり，その時間発展は因果的決定論に従うことが知られている。したがって，ブラックホールが粒子を飲み込んだ後にホーキング放射を起こす過程が，決定論と矛盾しないことが原理的に保証される。ブラックホールの蒸発を追跡するラプラスの悪魔の正体は，CFT だったのである。ホーキングは 2004 年の一般相対性理論と重力の国際会議で，ブラックホールの蒸発によって情報が失われないことを公式に認めた [9]。

19.6　時空間のアトム

　紀元前 300 年ごろに書かれたユークリッドの『原論』の第 1 巻が「点は部分をもたないものである」という定義から始まるように，幾何学の基礎は大きさや構造をもたない"幾何学的点"であった。超弦理論は 1 次元に広がった弦を基本単位とするものであり，幾何学に新しい見方をもたらしつつある。この解説の締めくくりとして，超弦理論の示唆する時空構造の変革の一端を紹介する。

　最初の節でみたように，プランク・エネルギーより低いエネ

ルギーの加速器では，重力の効果は重要ではない．逆に，プランク・エネルギーより高いエネルギーの加速器では，ブラックホールの事象の地平線が大きくなって，量子現象を覆い隠してしまう．そこで，一般相対性理論と量子力学の緊張関係は，プランク・エネルギーにおいて最も先鋭化する．プランク・スケールのブラックホールの量子状態を理解することで，"宇宙のたまねぎ"の芯をかいま見ることができると期待される．このように小さいブラックホールの近くでは，重力場の量子的ゆらぎが大きく，古典的な一般相対性理論を使って導かれたベケンシュタイン–ホーキングのエントロピー公式 (8) は大きな変更を受ける．この量子効果を計算できる理論は，超弦理論しか知られていない．

超弦理論を使った量子効果の計算には，大がかりな道具立てが必要である．まず 6 次元のカラビ–ヤウ多様体を使って，10 次元空間を 4 次元にコンパクト化する．カラビ–ヤウ多様体は複雑な空間で，その上の計量テンソルの具体的な形すら知られていない．計量テンソルもわかっていない空間の上で，どうしたら量子効果が計算できるのであろうか．それだけではない．コンパクト化して得られた 4 次元空間の中には，ブラックホールがある．このようなブラックホール時空の中の超弦の運動は，もしそれが理解できれば AdS/CFT 対応が証明できるというほど，難しい問題である．

幸いにして，極限ブラックホールのエントロピーの量子補正を計算する方法は，すでに 1990 年代の前半に開発されていた．ただ，最近になるまで，それが答えであることに気がつかなかったのである．その鍵となったトポロジカルな弦理論は，1988 年にウィッテンによって，超弦理論を簡単化した模型として考え出された．この，いわば"おもちゃの模型"を，究極理論としての超弦理論を理解するための練習問題にしようと考

えたのである。

筆者は 1992 年から 1993 年の 1 年間をハーバード大学で過ごし，その期間，ベルシャドスキー (現在ヘッジファンド会社の社員) とバッファ (現在ハーバード大学教授)，またイタリアのトリエステにある国際高等研究所のチェコッティ (現在フリウリ自治州ウディネ市の市長，以前はフリウリ自治州の知事でもあった) とともに，トポロジカルな弦理論の量子効果の計算に没頭した。弦の相互作用の大きさを支配する結合定数が小さいときには，量子効果は結合定数についてのべき展開，すなわち摂動展開で計算できる。筆者らは，トポロジカルな弦理論の量子効果を摂動展開で計算するために，展開の次数についての漸化式を導き，さらにその一般解を与えた [10]。この漸化式は BCOV 方程式として知られている。BCOV 方程式とその一般解の発見によって，複雑なカラビ–ヤウ多様体についても，トポロジカルな弦理論の量子効果が厳密に計算できるようになった[*17]。また，BCOV 方程式からは，様々な数学的予想が生まれた。摂動展開の初項についての予想は，この数年の間に数学者によって厳密な証明が与えられている[*18]。

筆者らはこの研究の過程で，トポロジカルな弦理論が，単なる"おもちゃの模型"ではなく，超弦理論のある種の散乱振幅の計算に応用できることに気がついた。しかし，当時はこの計算が何の役に立つのかはわからなかった。筆者はその後 10 年

[*17] BCOV 方程式を解く方法は現在活発に研究が進められており，最近では摂動展開の 20 次の項までの計算がなされた例もある。また，コンパクトでない多様体の多くでは，BCOV 方程式を使うことで，摂動展開のすべての次数についての量子効果の計算が可能になっている。

[*18] 吉川謙一は，解析的トーションの性質を解明し BCOV 予想を部分的に証明したことに対し，2007 年度に日本数学会より幾何学賞を受賞している: http://geom.math.metro-u.ac.jp/prize/citation_dir/citation_yoshikawa.html

間にわたってこの計算の意味を考え続け，2003年から2004年の1年間には，ストロミンジャーとバッファと共同で，この課題に集中的にとり組んだ。そして，トポロジカルな弦理論を使って，ブラックホールのエントロピーの量子補正を計算する公式を発見した[11]。トポロジカルな弦理論とブラックホールのエントロピーを関係づけるこの式は，OSV公式として知られている。これをBCOV方程式と組み合わせることで，時空間の量子的ゆらぎが大きく，ベケンシュタイン–ホーキングの公式が使えない，プランク・スケールのブラックホールについても，エントロピーの計算ができるようになった。

この10年ほどの間の物理学者と数学者の協力によって，トポロジカルな弦理論とDブレーン上のゲージ理論は，それぞれ著しい進歩を遂げた。OSV公式は，ブラックホールの量子力学を通じて，この2つの大きな流れを結びつけ，カラビ–ヤウ多様体の幾何学とゲージ理論を融合する新しい数学体系を示唆している。これは一般相対性理論と量子力学を統一する究極の理論の原型であると考えられる。

最初の節では，ハイゼンベルクの不確定性原理を導いた思考実験と，時空概念の限界を示すプランク・エネルギーの加速器を使った思考実験の類似点を指摘した。不確定原理の起源は，位置座標と運動量の非可換性，

$$[x,p] = xp - px = i\hbar \tag{10}$$

である。量子重力では，時間や空間が量子化されるので，位置座標自身がプランク・スケールで何らかの非可換性をもつのではないかと考えるのは自然である。

2003年にオクンコフ，レシェティキンとバッファは，カラビ–ヤウ多様体の最も簡単な例である6次元のユークリッド空間の場合に，トポロジカルな弦理論の分配関数が結晶の融解模

型を使って記述できることを指摘した．筆者は，彼らの論文を読んで，融解した結晶の状態が，トポロジカルな弦理論ではなく，超弦理論においてどのような意味をもつかに興味をもった．そして，それを解明するための研究が，前述の OSV 公式の発見につながった．しかし，結晶の状態の超弦理論における意味は何かという最初の疑問は未解決のままであった．

昨秋 (2008 年)，筆者と東京大学の大学院生の山崎雅人は，オクンコフらの結晶融解模型をトーリック型と呼ばれるカラビ–ヤウ多様体に拡張した．このカラビ–ヤウ多様体を使って超弦理論を 4 次元にコンパクト化すると，4 次元時空間に様々な極限ブラックホールが現れる．筆者らは，ある種の極限ブラックホールの量子状態が，図 19.3 のように結晶の融解状態と 1 対 1 に対応していることを証明した [12]．これは，プランク・スケールのブラックホールにおいて，時空間の非可換化が実際に起きている証拠である．

筆者らの結晶融解模型では，カラビ–ヤウ多様体の幾何が格子のように離散化され，3 次元の結晶の構造をもつようになっている．結晶を構成する原子が，カラビ–ヤウの幾何を量子化して現れる，いわば "時空間のアトム" ともいうべきものになっているのである．ブラックホールのない時空間はまだ融けていない結晶に対応し，結晶が融けるほどブラックホールは大きくなる．さらにより最近の論文では [13]，この原子の数が多くなり，結晶の離散構造が見えなくなる熱力学極限において，図 19.3(c) のように，連続的な時空間の構造が再現されることが確認された．この結晶融解模型は，プランク・スケールを超えるより根源的な構造から，どのようにして時空間が創発されるかを理解するための手がかりになると期待している．

トポロジカルな弦理論は，ここで解説したブラックホールの量子状態のほかにも，ゲージ理論と弦理論の間のトフーフト対

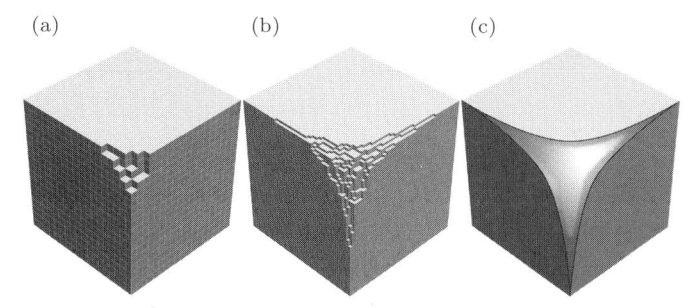

図 19.3 ブラックホールの結晶模型 (a), (b) ある種の極限ブラックホールの量子状態は，3 次元の結晶の融解状態と 1 対 1 に対応する。このとき，結晶の原子は，ブラックホール時空の最小単位と考えることができる。結晶が溶けるほど，ブラックホールの質量は大きくなる。 (c) ブラックホールの質量がプランク・スケールより大きい半古典極限は，結晶模型では熱力学的極限に対応する。熱力学的極限では，融解した結晶の表面は滑らかな形になる。これは，離散的な構造から，ブラックホールの連続的な時空間が創発される様子を表している。

応 (AdS/CFT 対応はその例である) が微視的に導出できる例を与え [14]，超対称性ゲージ理論とランダム行列模型の関係を明らかにする [15] など，様々な応用をもつ。これらの話題については，本書第 15 章が物理学者には読みやすいかもしれない。また，雑誌『数理科学』のトポロジカルな弦理論特集号 [16] にも，優れた解説が掲載されている。トポロジカルな弦理論の数学的な側面についての入門としては，筆者が日本数学会で行った「高木貞治記念レクチャー」の講義録 [17] がある。

この分野の物理学者と数学者との交流は双方向的であり，数学が物理学の理論的手法の開発に役立つとともに，物理学の発見が数学の新たな進展を促している (本書第 4 章参照)。その一方で，物理学と数学との連携は，超弦理論やゲージ場の量子論の数学的定式化がなされていないために，その力を出し切っ

ていない。トポロジカルな弦理論をめぐる数学者と物理学者の協力が数々の実を結んだのは，トポロジカルな弦理論に厳密な定式化が存在するからである。

この10年間の発展から考えると，超弦理論とゲージ場の量子論は独立に存在する理論ではなく，この2つを止揚したより大きな枠組みの中に位置づけられることになるかもしれない。物理学者と数学者の努力によって，プランク・スケールの物理を記述する究極の理論が構築されることを期待している。

謝辞

この解説の原稿に有益なコメントをいただいた大川祐司，高柳匡，立川裕二，中山優，夏梅誠，橋本幸士，山崎雅人の各氏に感謝します。

参考文献

[1] F. Close, "The New Cosmic Onion: Quarks and the Nature of the Universe," Taylor & Francis; revised edition (2006); 旧版の邦訳は『宇宙という名の玉ねぎ—クォーク達と宇宙の素性』, 井上健, 九後汰一郎訳, 吉岡書店 (1996年).

[2] S.W. Hawking, Nature **248**, 30 (1974).

[3] E. ヘミングウェイ,『午後の死』, ヘミングウェイ全集第5巻, 三笠書房 (1969年), 原典1932年.

[4] J. Polchinski, Phys. Rev. Lett. **75**, 4724(1995), hep-th/9510017.

[5] 橋本幸士,『Dブレーン—超弦理論の高次元物体が描く世界像』, 東京大学出版会 (2006年).

[6] 夏梅誠,『超ひも理論への招待』, 日経BP社 (2008年).

[7] A. Strominger, C. Vafa, Phys. Lett. **B379**, 99 (1996), hep-th/9601029.

[8] J. M. Maldacena, Adv. Theor. Math. Phys. **2**, 231 (1998), hep-th/9711200.

[9] ホーキングの敗北宣言に関する興味深いエッセイが，プレスキル (J. Preskill) のウェブページにある: `http://www.theory.caltech.edu/~preskill/jp_24jul04.html`

[10] M. Bershadsky, S. Cecotti, H. Ooguri, C. Vafa, Commun. Math. Phys. **165**, 311 (1994), hep-th/9309140.

[11] H. Ooguri, A. Strominger, C. Vafa, Phys. Rev. **D70**, 106007 (2004), hep-th/0405146.

[12] H. Ooguri, M. Yamazaki, IPMU preprint-08-0087 (2008), Commun. Math. Phys. 292, 179 (2009).

[13] H. Ooguri, M. Yamazaki, IPMU preprint 09-0025 (2009), Phys. Rev. Lett. 102, 161601 (2009).

[14] H. Ooguri, C. Vafa, Nucl. Phys. **B641**, 3(2002), hep-th/0203213.

[15] R. Dijkgraaf, C. Vafa, Nucl. Phys. **B644**, 3 (2002), hep-th/0206255.

[16] 数理科学 特集「トポロジカルな弦の世界」，サイエンス社 (2008年9月号).

[17] H. Ooguri, "Geometry As Seen By String Theory," 第4回高木レクチャー (2008年6月21日), Japan. J. Math. 4, 95(2009).

第 20 章
素粒子論と宇宙論の現在—リサ・ランドール教授，村山斉教授との鼎談

　雑誌『科学』の 2009 年 7 月の特集「宇宙はどんな言葉で書かれているか—IPMU の挑戦」には，第 17 章の「宇宙の数学とは何か」の記事のほかに，ハーバード大学のリサ・ランドールさんと IPMU (現カブリ IPMU) の村山斉機構長との鼎談 (三人による座談会) も掲載されました。

　この鼎談は，ランドールさんがカリフォルニア工科大学のゴードン・ムーア栄誉客員教授としてパサデナに半年間滞在されていた機会に行われました。ランドールさんは素粒子論と宇宙論の研究者で，「ワープした余剰次元」を使った素粒子模型を提唱されたことで有名です。ハーバード大学から理学博士の学位を授与された後，プリンストン大学とマサチューセッツ工科大学の教授を経て，現在はハーバード大学教授。アメリカ物理学会のリリエンフェルド賞を受賞し，全米科学アカデミーの会員に選ばれるなど，数々の栄誉に輝いています。科学の啓蒙活動にも熱心で，日本でも，科学解説書『ワープする宇宙—5 次元時空の謎を解く』の出版や，NHK のドキュメンタリー番組『未来への提言』の出演などでよく知られています。

　対する村山さんは，1986 年に東京大学の大学院に入学されました。ちょうど私が同校の助手となった年で，入学されたばかりの村山さんと一緒に文献講読をしたことを憶えています。その後しばらく別々の道を歩みましたが，8 年後に私がバークレイ校に教授として赴任したときに，ポストドクトラル・フェローとして滞在されていた村山さんと再会しました。村山さんも翌年には同校の助教授になられ，私がカリフォルニア工科大学に移籍するまでの 5 年間，同僚としてお互いに切磋琢磨しました。現在はバークレイ校のマクアダムス冠教授。2007 年に IPMU の機構長に就任され，私も主任研究員としてお手伝いしています。

　村山さんは，ロサンゼルス空港からそのまま鼎談の会場に現れましたが，暗黒物質や LHC の話題になると，東京からの長時間の飛行の疲れを感じさせない丁々発止の議論を繰り広げられました。この鼎談の記録でも，LHC で何が発見されるかをめぐるランドールさんとの緊迫したやり取りに，その一端を見ることができます。

　鼎談の最初に，ランドールさんが「(日本は) ニュートリノや B 中間

> 子の物理では，高い国際競争力がある」とおっしゃっているのは，東京
> 大学の神岡宇宙素粒子研究施設や東北大学のニュートリノ科学研究セ
> ンターにおけるニュートリノ実験と，高エネルギー加速器研究機構の
> Bファクトリー実験を指しています。ニュートリノ実験では，大マゼラ
> ン星雲で起きた超新星爆発 (SN1987A) からのニュートリノを世界で
> 初めて検出し，この業績に対し，小柴昌俊さんが 2002 年度ノーベル物
> 理学賞を受賞されたことは記憶に新しいところです。またニュートリ
> ノ振動の観測により，ニュートリノが質量をもつことが示され，標準模
> 型の修正が必要になりました。Bファクトリーでは，加速器によって
> B 中間子を大量につくり出し，これを使って CP 対称性の破れを直接
> 観測しました。2008 年度ノーベル物理学賞の受賞対象となった小林−
> 益川理論は，これによって実証されたのです。
>
> 　ランドールさんの姓は，第一音節にアクセントを置き，履物の「サン
> ダル」と韻を踏むように発音するのが，米国では標準的です。しかし，
> 日本では「ランドール」という表記が広まっているので，混乱を避ける
> ために，この記事でもその例に従うことにしました。　　（難易度: ☆）

大栗　日本には何度かいらっしゃっていますね。『ワープする宇宙』の日本語訳も評判のようです。本屋で平積みになっているのを拝見しましたよ。

ランドール　あの本が出る前に，宇宙飛行士 (若田光一氏) との対談がテレビ番組として放送されて，その記録が別な小冊子 [1] として出版されていました。おかげで，本が出版されたときには，宣伝が行き渡っていたのです。日本の人々が科学にとても興味をもっているということに，強い印象を受けました。

大栗　日本の基礎科学，特に素粒子物理学の現状について，どう思われますか。

ランドール　IPMU ができて，とてもうまくいっていると思います。これだけ高いレベルの研究活動が行われるようになったのは，大きな出来事です。素粒子実験における成果もすばらしいと思います。特に，ニュートリノや B 中間子の物理では，高い国際競争力があります。もちろん，超弦理論の研究も活発

です。村山さんはどう思いますか。

村山　まず，ランドールさんにも，ぜひ IPMU を訪問していただきたいと思います。世界トップレベル研究拠点計画では，日本に真の国際研究機関をつくることが当面の目標です。IPMU では，研究者の過半数が外国国籍になるところまできました。

ランドール　日本国内ではどう見られているのでしょうか。日本に着いたときの第一印象は，どちらを見ても日本人しかいないということです。そのような環境で，うまくいっていますか。

村山　IPMU が立ち上がったとき，日本の若い研究者の間には，これは彼らの雇用対策のためだという誤解もあったようでした。ですから，外国からの研究者をたくさん雇って，日本人にそれほど職がいきわたらなかったときには，がっかりした人たちもいたようです。しかし，IPMU ができて，海外からの多くの研究者と交流する機会が増えたことには，大いに刺激を受けているようです。

　IPMU に海外から来た研究員はみんなとても楽しそうにしていますよ。その中にドイツ人とイタリア人の夫婦がいるのですが，ブログ [2] を書いていて，日本での生活を冒険として楽しんでいる様子がわかります。

ランドール　発信塔ですね。

大栗　このブログは海外から研究者を雇うときに役に立っています。海外から来る人は，日本に住むのはどういうものか不安に思っている人も多いのですが，このブログでは彼らが銀行口座を開いたり，アパートを見つける様子が書いてあって……。

ランドール　日本を訪問したときには，日本人はとても親切だという印象をうけました。親身に対応してくれるという。

大栗　それでも，言葉の壁や習慣の違いといった問題はあります。村山さんがIPMUのある千葉県柏市で市民講演会をしたときに，研究所のボランティアを募りました。そうしたら，英語のできる人たちがたくさん応募してくださったので，海外からの研究者が日本で生活を始めるためのお手伝いをしていただいています。

村山　もしランドールさんが日本で職に就くことになったとしたら，どんなことが気になると思いますか。

ランドール　研究者をばらばらに雇うのでなく，同じような興味の人をまとめて雇うようにしたほうがよいと思います。研究会を開くなどして，常に刺激的な環境にすること。研究者が孤立しないように，海外出張が簡単にできることも大切です。

村山　さて，素粒子論や宇宙論では，最近どのようなことに興味をおもちですか。

ランドール　暗黒物質にはまだ理論的にも調べられていないことがたくさんあり，また様々な実験が結果を出し始めているので，これから大きな発展があるように思います。これが1つ。

　もう1つは，数学的な超弦理論と素粒子の模型との関連です。超弦理論にはいろいろな側面がありますが，私が興味があるのは，素粒子の模型をつくるうえで考えたことがなかった可能性を超弦理論が示唆してくれるという点です。低次元の見方

からは不自然で，対称性などを使ってもうまく説明できない現象でも，高次元(余剰次元)の理論からは自然に理解できることがあります。

　たとえば，私が現在興味のあるF-理論を使うと，クォークやレプトンにどうして世代があるのか，またその質量行列がどうしてこのような形をしているのかが説明できます。

大栗　何が自然かというのは見方によりますね。

ランドール　ブレーンなどは本質的に新しい考え方で，低次元の見方では考えつかなかったものです。それによって，まったく新しい理論的手法やアイディアが生まれました。

　暗黒物質に関しては，私はDAMA実験に興味があります。

大栗　DAMA実験で暗黒物質が検出されたという発表を真剣に受け取っているのですか。

ランドール　私はただの理論屋なので，それが本当かどうかは判定できません。しかし，この実験結果には理論的な説明ができて，それに基づいて将来の実験についての予言をすることができるので，科学者として追及すべき問題だと思います。

　検出器の精度が上がってきたので，何かが見つかると期待で

きます。大型ハドロン衝突型加速器 (LHC) が再起動[*1]するのを待っている間に，考えるにはよい問題でしょう。

村山　では，そちらの方面について話をしましょう。これは何度も聞かれたことだと思いますが，LHC では何が見つかると思いますか。

ランドール　何が見つかるかは予想できません。ヒッグス粒子は見つかるでしょう。何が見つかるかを語るより，できる限り広い可能性を考えておくことが大切です。思いもよらない現象が起きたときに，それを探す手立てを講じなかったから見逃したということのないようにしておかないといけません。何が見つかるかについては，賭けをする気はありません。

村山　「ワープした余剰次元」もですか。

ランドール　可能性はありますが，5%以上の確率があるとは思いません。あり得ないといってるわけではありませんよ。かつては，何か思いがけない実験結果が見つかると，最初の1〜2年の間，本当にそれが何であったかがわかるまでは，何が見つかっても超対称性が発見されたと騒いだ時期がありました。そういうことが起きたときに，「いや，何があるかわからない」ということができることは大切なことです。偏見のない目で何が起きているのかを見て，それから考えるのです。

　村山さんなら，LHC では絶対に超対称性が見つかるというのではないですか。

村山　そうはいいません。超対称性が見つかるとよいと思いますし，昔からその可能性を追求してきました。しかし，LHC の到達領域にあるという保証がないことも事実です。

ランドール　これまで，超対称性があるという実験的証拠が

[*1] 鼎談当時，LHC は電気系統の事故の後で保守点検作業中であったが，現在は復旧して実験も再開している。

まったく出ていないので，超対称性は少し分が悪くなっていますね。

村山　それは認めます。特に，B 中間子の実験は，超対称性を使わなくても，小林−益川理論で完全に説明できてしまいます。

ランドール　私が余剰次元の理論を好む理由の1つは，これがフレーバーの物理に説得力のある説明ができる初めての理論だからです。ニュートリノの混合角が大きくて，クォークの混合角が小さいということには，何かの意味があると思います。小林−益川行列が単位行列に近いのはなぜでしょうか。余剰次元の理論は，このような構造に説得力のある説明を与えます。

村山　では最後に，これからこの分野に進む若い人たちにメッセージをお願いします。

ランドール　日本を訪問して，特に感銘を受けたことは，人々が科学に強い興味をもっていること。宇宙のこと，この世界が何からできているのかを知ることができるということは，大切なことだと理解してくれていることです。科学とは発見の過程です。私が強調したいことは，多くの人が科学の進歩に貢献できるということです。あなたたちが日本でこの新しい研究所を始めたので，海外の私たちも日本に注目するようになっています。このような研究所ができたことは画期的なことです。これは，日本の人たちが，物理学に興味をもち，尊重していることの表れです。科学の発展は一朝一夕に起きることではありません。宇宙についての深遠な問題は，多くの研究者を結集し，たっぷり時間を与えることで，ようやく解けるものです。これは重要なことで，日本の人がそれをわかってくれていることは，すばらしいと思います。

参考文献

[1] リサ・ランドール, 若田 光一, 『リサ・ランドール—異次元は存在する』, 日本放送出版協会 (2007 年).

[2] http://chipango.wordpress.com/

用語解説

■ ADHM 構成法

線型代数を使って，4 次元のヤン–ミルズのゲージ理論のインスタントン解を構成する方法。

■ AdS/CFT 対応

反ドジッター空間上の量子重力理論と，重力を含まない共形場の理論とが，量子理論として等価であるという主張。超弦理論のブラックブレーンの事象の地平線近傍の様子を，D ブレーンの低エネルギー有効理論と比較することで発見された。量子重力のホログラフィー原理の例である。

■ BCS 理論

超伝導現象を電子間の相互作用を使って説明する微視的理論。この理論に使われたゲージ対称性の自発的破れの考え方は，素粒子の標準模型のヒッグス機構にも応用されている。

■ BPS 状態

超対称性をもつ理論では，粒子の状態は超対称性代数の表現をなす。拡張された超対称性の場合に，表現の次元が特に小さいものを BPS 状態と呼ぶ。BPS 状態の粒子は，質量が量子効果による補正を受けないなどの特別な性質をもつ。

■ B ファクトリー

B 中間子を大量につくり出すことのできる加速器。日本の KEK にある KEKB 加速器を使った Belle 実験と米国の SLAC の PEP-II 加速器を使った BaBar 実験は，CP 対称性の破れを直接観測し，2008 年度ノーベル物理学賞の受賞対象となった小林–益川理論を実証した。

■ CPT 定理

C(粒子と反粒子の入れ替え: **C**harge conjugation), P(鏡像反転: **P**arity), T(時間: **T**ime reversal) を続けて行う対称性は決して破れることはないという，相対論的場の量子論の基本定理。

■ CP の破れ

素粒子の世界では，C(粒子と反粒子の入れ替え) と P(鏡像反転) を続けて行う対称性が破れていること。CPT 定理が成り立つ場合には，T (時間反転) の破れと等価である。

■ DAMA

イタリアのアペニン山脈の山塊グランサッソの地下で行われている暗黒物質検出実験。太陽系は，銀河系内の暗黒物質の分布に対して，一定の相対速度をもって運動していると考えられている。さらに，地球は太陽の周りを公転するために，地球を突き抜ける暗黒物質の風の強さは季節によって変化するはずである。この季節変化を観測したと発表しているが，種類の異なる原子を標的として使用した他の施設における実験では，同様のシグナルは観測されていない。

■ D ブレーン

超弦理論において，開いた弦の端点が移動できる空間。超弦理論の双対性の理解や，ブラックホールの情報問題の解決に使われ，また AdS/CFT 対応の発見にも重要な役割をした。

■ F-理論

超弦理論の 10 次元時空間を 6 次元のコンパクトと 4 次元の時空間の直積として，4 次元の素粒子模型を構成する方法の 1 つ。仮想的な 8 次元空間を考え，それを使って余剰次元である 6 次元のコンパクトな空間の上の物質場やゲージ場の状態を記述するものである。

■ LHC

Large Hadron Collider(大型ハドロン衝突型加速器) の略。ジュネーブの CERN(欧州原子核研究機構) にある高エネルギー物理学実験のための円形加速器。周囲 27 km のトンネルの中で 7 TeV(陽子質量の約 1 万倍) まで加速した 2 本の陽子ビームを正面衝突させる

ことで，標準模型で予言されるヒッグス粒子の存在を確認しその性質を調べることと，標準模型を超える新しい物理を発見することを目的とする。

■ MACHO
Massive Astrophysical Compact Halo Object の略。通常の物質からできている暗い天体 (たとえば褐色矮星やブラックホール) で暗黒物質を説明しようとするもの。最近の重力レンズ効果の観測の結果，暗黒物質の主要な部分を占めているのではないと考えられている。

■ M 理論
IIA 型の超弦理論は，結合定数が大きくなる極限で 11 次元の超重力理論の古典極限と一致すると予想されている。IIA 型理論の結合定数が有限の場合には，対応するのは 11 次元の超重力理論を古典極限とする量子理論であり，これを M 理論と呼ぶ。1995 年にエドワード・ウィッテンによって予想され，第 2 次超弦理論革命 (双対性革命) の始まりとなった。

■ WIMP
Weakly Interacting Massive Particle の略。通常の物質との相互作用が弱く大きな質量をもつ未知の粒子で，暗黒物質の候補である。

■ XMASS
東京大学の神岡宇宙素粒子研究施設で行われている暗黒物質探索実験。

■ アクシオン
クォークを結び付けて陽子や中性子をつくる強い相互作用には，CP 対称性を大きく破る相互作用を付け加えることができる。このような相互作用の効果を消して，素粒子の世界の近似的な CP 対称性を説明するために導入された粒子。暗黒物質の候補でもある。

■ 暗黒エネルギーと暗黒物質
宇宙に満ち溢れているが，まだその正体がわかっていないエネルギー

や物質。銀河系の回転運動や宇宙の構造形成の時間発展の様子，重力レンズの観測による質量分布の観測，遠方の超新星爆発の観測による宇宙膨張の加速度の測定，さらに宇宙マイクロ波背景放射の温度分布の精密観測などにより，宇宙の96%は原子以外の何かでできていることが明らかになった。これらは光を発しないので，暗黒エネルギー，暗黒物質と呼ばれている。暗黒物質は，宇宙の22%をなし，個々の銀河をまとめる働きをする。残りの74%をなす暗黒エネルギーは，逆に，銀河たちをばらばらに引き離そうとしている。

■ インスタントン
4次元のゲージ場の曲率に自己双対条件を課すと，ヤン–ミルズ理論の運動方程式の解となる。このような解をゲージ場のインスタントンと呼ぶ。一般の古典力学系についても，時間を虚軸に解析接続した場合の運動方程式の解をインスタントンと呼び，対応する量子力学系の準古典近似の計算に使われる。

■ インフレーション宇宙論
宇宙の初期に，暗黒エネルギーによって宇宙の大きさが指数関数的に膨張した時期があったとする理論。佐藤勝彦とアラン・グースによって独立に提唱された。宇宙が統計的に高い精度で一様かつ等方であること，空間方向がほとんど平坦であること，磁気単極子(モノポール)の密度が低いことなどを説明する。また，インフレーションの時期に物質場や時空間のゆらぎが生成され，これが宇宙全体と共鳴することで宇宙マイクロ波背景放射温度に高低のパターンができることが，理論的に予言されていた。この10年ほどの間にこのゆらぎのパターンが正確に測定され，インフレーション理論の証拠となった。

■ ウィッテン指数
超対称性をもつ量子力学模型で，基底状態のうち，ボゾン的な状態とフェルミオン的な状態の次元の差。量子力学模型の連続変形で不変な量である。

■ 宇宙マイクロ波背景放射
宇宙を一様等方に満たしているマイクロ波。宇宙のビッグバンの残

り火が，宇宙の膨張によって絶対温度 3 K まで冷やされたものと考えられている。

■ エニオン

量子力学では，多粒子系の状態関数は同一粒子の入れ替えで位相係数 $e^{i\theta}$ を除いて不変であるとされる。ボゾンとは入れ替えで状態関数が不変であるような粒子 ($e^{i\theta} = 1$)，フェルミオンとは入れ替えで状態関数に (-1) の係数がかかるような粒子 ($e^{i\theta} = -1$) である。通常はボゾンかフェルミオンしかありえないが，空間の次元が 2 次元の場合に限っては，同一粒子の入れ替えで一般の位相係数 $e^{i\theta}$ が波動関数にかかる場合が考えられる。そのような粒子のことをエニオン (any-on) と呼ぶ。分数量子ホール効果の説明などに使われる。

■ カラビ–ヤウ多様体

丘成桐 (シン・トゥン・ヤウ) によって証明されたカラビ予想によると，第 1 チャーン類が自明なケーラー多様体には，リッチ・テンソルがゼロとなる計量テンソルがただ 1 つ存在する。このような多様体を，カラビ–ヤウ多様体と呼ぶ。超弦理論のコンパクト化に使われる。

■ 共形場の理論

共形変換のもとで不変な場の量子論。2 次元の相対論的場の量子論では，スケール不変であれば共形不変なことが知られているが，高次元での状況は不明。2 次元の共形場の理論は，弦理論の世界面を記述するのに使われる。

■ 鏡像対称性

カラビ–ヤウ多様体の対 (M, W) について，M を標的空間とする A 型のトポロジカルな弦理論が W を標的空間とする B 型のトポロジカルな弦理論と等価であるとき，(M, W) を鏡像対と呼び，この対応を鏡像対称性と呼ぶ。この場合，M を使った IIA 型の超弦理論のコンパクト化で得られる 4 次元の素粒子模型と，W を使った IIB 型の超弦理論のコンパクト化で得られる素粒子模型もまったく同じものになる。

■ クォークの閉じ込め
量子色力学 (QCD) によるクォークと反クォークの間の引力は長距離で減衰することがなく，その間のポテンシャルは距離に比例して増加するという主張。QCD の漸近的自由性と表裏の関係にある。クォークは陽子，中性子，中間子などの複合粒子の中に閉じ込められていて，単体では検出されていないという実験事実を説明する。

■ グリーン–シュワルツ機構
10 次元の超弦理論やその低エネルギー極限の超重力理論の量子異常を相殺する機構。この発見により，カイラル・フェルミオンをもつ超弦理論の構成が可能になり，超弦理論から素粒子の標準模型を導出する道筋ができた。

■ くりこみ
場の量子論の計算に現れる無限大の問題を解消する方法。場の理論の有限個のパラメータを調節することで無限大を相殺することができる場合，その理論はくりこみ可能であると呼ぶ。

■ グロモフ–ウィッテン不変量
2 次元面からシンプレクティック多様体への擬正則写像を数える不変量。超弦理論では，カラビ–ヤウ多様体を使ったコンパクト化によって得られる 4 次元低エネルギー有効理論の導出に使われる。

■ 経路積分
量子力学の振幅を，(運動方程式を満たすとは限らない) 可能なすべての経路の和として計算する方法。ポール・ディラックによって発想され，リチャード・ファインマンによって定式化された。

■ 小林–益川理論
第 3 世代のクォークを使って，CP の対称性を破る相互作用を導入する理論。

■ ザイバーグ–ウィッテン解
4 次元の $N = 2$ 超対称性をもつゲージ理論の低エネルギー有効理論は，プレポテンシャルと呼ばれる関数で定まる。ネーサン・ザイバー

グとエドワード・ウィッテンは，プレポテンシャルがリーマン面の周期積分を使って計算できることを示した。プレポテンシャルの数学的定義は，ニキータ・ネクラソフによって与えられた。

- 指数定理
多様体上の楕円型の微分作用素の指数などの解析的不変量と，特性類や曲率を使って計算される幾何不変量との関係を表す公式。

- **質量行列**
素粒子の質量や世代間の混合の様子を1つの行列によって表す数学的記法。小林–益川理論では，CPの破れに重要な役割を果たす。素粒子の世代のことをフレーバー，素粒子の世代間の混合などの現象をフレーバー物理と呼ぶこともある。小林–益川理論では3世代のクォークの混合を3×3行列で表現する。1962年に牧二郎，中川昌美，坂田昌一は，ニュートリノに質量があると，ニュートリノの世代間にも混合が起こりうることを理論的に予言していた。ニュートリノの混合角はこの現象の大きさを表す指標である。神岡鉱山での実験を中心とする近年のニュートリノ振動の観測により，ニュートリノにも混合が起こることが確認された。これにより，ニュートリノが質量をもつことがわかった。

- 重力のホログラフィー
ホログラフィーとはもともと光学の用語で，3次元の立体像を2次元面上の干渉縞に記録し再現する方法のことである。超弦理論では，量子重力のすべての現象は，空間の果てにおいたスクリーンに投影することができ，その上の重力を含まない量子力学理論によって記述できると考えられている。これを表現するのに光学の用語を借用して，ホログラフィー原理と呼ぶ。AdS/CFT対応はホログラフィーの例。

- シュバルツシルト解
第1次世界大戦中の1915年に，ドイツの東方戦線に従軍していたカール・シュバルツシルトが発見した，アインシュタインの重力方程式の厳密解。球対称なブラックホールの時空間を表す。

■ シュレディンガーの猫

量子力学の創始者の一人であるエルビン・シュレディンガーが，量子力学の確率解釈 (コペンハーゲン解釈) を批判するために考えた思考実験。外界から隔離された箱の中に，数時間に 1 個の放射線を発する微量の放射性物質，放射線を引き金に致死量のシアン化水素を発する装置，そして生きた猫を入れる。箱の中身全体が量子力学の法則に従うとしよう。コペンハーゲン解釈によると，箱を開けるまでは，猫の生きている状態と死んでいる状態が量子力学的に重ね合わされており，箱を開けたとたんにその生死が決定されることになる。

■ 漸近的自由性

量子色力学 (QCD) によるクォーク間の力が短距離になると弱くなり，高エネルギー粒子衝突実験ではクォークが自由粒子のように振る舞うという性質。

■ 素粒子の標準模型

現在知られているすべての素粒子とその間の相互作用を支配する法則をまとめたもの。標準模型で説明のできない素粒子現象は，これまでのところ，ニュートリノの種類が変化するニュートリノ振動だけである。この現象は，ニュートリノが質量をもつことを意味するが，狭義の標準模型ではニュートリノは質量をもてない。このために，標準模型の修正が提案されている。

■ チャーン–サイモンズ理論

3 次元空間上の非可換ゲージ場のチャーン–サイモンズ汎関数を作用とするゲージ理論。3 次元のトポロジカルな場の量子論の基本的な例である。物性物理学の分数量子ホール効果の理解にも使われる。

■ 超弦理論

すべての素粒子と，その間の重力を含む相互作用を統一的に記述する究極の理論の最有力候補。バイオリンの弦のように振動する弦を最小単位とし，その振動状態から，素粒子やその間の相互作用を媒介するゲージ場や重力場が現れるとする。超弦理論は 9 次元の空間と 1 次元の時間を使って定義されている。そこで，我々が経験している縦・横・高さの 3 次元のほかに，6 次元の空間が余剰次元として

隠されていると考える。

■ 超対称性
ボーズ粒子とフェルミ粒子を入れ替える変換を含む対称性。相対論的場の量子論では，スピンと統計の関係のためにボーズ粒子とフェルミ粒子とは必ず異なるスピンをもつので，超対称性の生成子自身もスピンをもちローレンツ変換の生成子と交換しない。したがって，超対称性はローレンツ対称性の非自明な拡張になる。逆に，3次元以上の時空間の場の量子論で非自明なS行列をもつものについては，ローレンツ対称性の非自明な拡張は超対称性に限られていることが証明されている。標準模型の典型的なエネルギーと一般相対論と量子力学が統合するプランク・エネルギーが，なぜ17桁も違うのかを説明するのが，超対称性を考える主要な動機である。また，超対称性をもつように素粒子の標準模型を拡張すると，3種類の力 (電磁相互作用，強い相互作用，弱い相互作用) の強さを表す結合定数が，高エネルギーで見事に一致することも魅力である。

■ トフーフト予想
ゲージ理論のゲージ群が $U(N)$ で，すべての場が $U(N)$ の随伴表現に従うときに，その量子振幅を N の関数として $1/N$ について漸近展開をすると，展開の各項が閉じた弦理論の摂動振幅で与えられるであろうとする予想。トポロジカルな弦理論のラージ N 双対性や，超弦理論の AdS/CFT 対応は，トフーフト予想が実現している例である。

■ トポロジカルな弦理論
超弦理論にトポロジカルなひねりを入れて，世界面上の局所的な自由度が観測可能でなくなるように簡単化した弦理論。特に，標的空間がカラビ–ヤウ多様体の場合は，トポロジカルな弦理論にはA模型とB模型の2種類があり，A模型はカラビ–ヤウ多様体のグロモフ–ウィッテン不変量を，B模型はカラビ–ヤウ多様体上の周期写像やその量子化を与える。

■ 人間原理
知的生命の存在が可能となることを条件として，自然界の基本法則

のパラメータの値を説明する考え方。たとえば，太陽と地球との距離は，人間原理によって説明される。

■ 非可換ゲージ理論
電磁場の概念の拡張。電磁場は，4次元ベクトルポテンシャルの $U(1)$ ゲージ対称性のもとで不変である。楊振寧 (ヤン・ジェンニーン) とロバート・ミルズ，またこれと独立に内山龍雄は，一般のコンパクトなリー群をゲージ群とするゲージ理論を考えた。ゲージ群が非可換な場合に，これを非可換ゲージ場と呼ぶ。素粒子の標準模型の基礎となる概念である。

■ ヒッグス粒子
素粒子の標準模型のもつ $SU(2) \times U(1)$ のゲージ対称性を電磁場の $U(1)$ ゲージ対称性にまで自発的に破り，クォークやレプトンに質量を与える役割をもつ素粒子。標準理論の中で唯一発見されていない粒子であり，この模型が正しければ，スイスのジュネーブにある欧州原子核研究機構 (CERN) の大型ハドロン衝突型加速器 (LHC: the Large Hadron Collider) を使った実験で，発見されるはずである。

■ ブラックホールのエントロピー
ヤコブ・ベケンシュタインは，アインシュタイン方程式の古典解の一般的な性質と熱力学の基本法則との類似から，ブラックホールが事象の地平線の面積に比例するエントロピーをもつことを 1973 年に予想した。翌年，スティーブン・ホーキングは，事象の地平線の近傍での量子場の振る舞いから，ブラックホールが温度をもつことを発見した。これに通常の熱力学公式を当てはめることで，ブラックホールのエントロピー公式が得られた。こうして得られたエントロピー公式を微視的状態数の数え上げとして説明することは，量子重力理論の長年の課題であった。1996 年にアンドリュー・ストロミンジャーとカムラン・バッファは，ある種のブラックホールについて，D ブレーンの集団座標を量子化することでエントロピー公式を微視的に導出した。

■ プランクの長さ
ニュートン定数 G，プランク定数 $\hbar$，光速 c の組み合わせ $\sqrt{\hbar G/c^3}$

によって決まる長さのこと。およそ 1.6×10^{-35} メートルである。

■ ブレーン・ワールド (膜世界)
　素粒子の標準模型の自由度は，我々の 3 次元の空間の中に拡がって存在しているが，余剰空間の中では局在していると考える。高次元の空間の中に，我々の 3 次元世界が膜のように拡がっているとするのである。ランドールとサンドラムの「ワープした余剰次元」の模型もこの例である。

■ ホーキング放射
ブラックホールの事象の地平線の近傍で対生成された粒子と反粒子のどちらか一方が地平線の中に落ちて，残されたほうが実体のある (反) 粒子として無限遠点に飛び去る現象。半古典近似の計算では，放射は有限温度の分布に従うことが示される。

■ 余剰次元
我々が経験する縦・横・高さの 3 次元のほかに隠された次元があるという考えのこと。

■ ランドスケープ
超弦理論には膨大な数の安定もしくは準安定な真空状態があるとの予想がある。たとえば 10 次元の時空間を 4 次元にコンパクト化する場合に，余剰次元としてのカラビ–ヤウ多様体やその上の様々な場の配位に様々な選択肢があり得る。その各々について，4 次元の低エネルギー有効理論が導出される。ランドスケープとは，このような有効理論の総体のこと。素粒子や宇宙の模型の説明に人間原理を当てはめる根拠とされることもある。

■ 量子異常
古典力学系のもつ対称性が，量子効果によって破られること。特に対称性がゲージ変換に使われる場合には，量子異常があると，量子力学的に計算した確率が負の値になったり，くりこみの方法が破綻するなど，理論に様々な矛盾が起きる。

■ 量子色力学
素粒子の強い相互作用の基本理論。クォークは3つの「色の自由度」をもつと考えられており，この色が電磁気学における電荷に対応する役割を果たしている。**Q**uantum **C**hromodynamics の頭文字をとって QCD と呼ばれる。

■ 量子コンピュータ
量子力学的状態の重ね合わせや絡み合いなどの性質を利用して計算を行う機械。素因数分解などのある種の問題については，古典的コンピュータよりも素早く解くことができるとされる。

■ 量子電磁気学
電磁気理論を量子化して得られる相対論的場の量子論。荷電をもつ粒子と光子との相互作用を記述する。**Q**uantum **E**lectrodynamics の頭文字をとって QED と呼ばれる。

■ 量子ホール効果
2次元電子系のホール伝導率が，e^2/h を単位に量子化される現象。ここで，e は電子の電荷，h はプランク定数である。ホール伝導率が e^2/h の整数倍になる場合を整数量子ホール効果，分数倍になる場合を分数量子ホール効果と呼ぶ。整数量子ホール効果は電子の1粒子状態の波動関数の様子から理解できるが，分数量子ホール効果では電子間の相互作用による集団効果が重要になる。

■ ワープした余剰次元をもつ模型
リサ・ランドールとラマン・サンドラムとが提唱した素粒子模型。余剰次元空間の場所によって我々の3次元の長さの基準が変わってくると考える。これによって，標準模型の典型的なエネルギーと一般相対論と量子力学が統合するプランク・エネルギーが，なぜ17桁も違うのかを説明しようとする。また，その特別な場合として，ヒッグス粒子が存在しなくても対称性が自発的に破れる模型を考えることもできる。

人名索引

あ 行

アティヤー (Michael Atiyah) 66–67, 69

アルバレツ・ゴーメ (Luis Alvarez-Gaume) 175

アンダーソン (Philip Anderson) 31, 104, 113

アンドレーエフ (Alexander Andreev) 120

稲見武夫 193, 240

井上健 45

ウィグナー (Eugene Wigner) 107

ウィッテン (Edward Witten) 19, 41, 68, 71, 126, 157, 159, 160, 175, 192, 201, 221, 228, 244, 248, 287, 293, 310, 314

ウィルソン (Kenneth Wilson) 86, 88

ウィルソン (Robert Wilson) 261

ウィルチェック (Frank Wilczek) 40, 64, 87, 244

ウェン (Xiao-Gang Wen) 117, 141

内山龍雄 317

呉健雄 (ウー・ジエンシオーン) 42, 274

梅沢博臣 78, 85, 88

江口徹 67, 258

エリス (George Ellis) 258

オクンコフ (Andrei Okounkov) 295

押川正毅 138

オリーブ (David Olive) 126

か 行

ガイガー (Hans Geiger) 28

加藤敏夫 17, 258

亀淵迪 78, 86, 88

ガモフ (George Gamow) 243, 261

ガリレオ・ガリレイ (Galileo Galilei) 24–25, 62–63, 153, 256, 267

キタエフ (Alexei Kitaev) 117, 141

ギベンタール (Alexander Givental) 73, 200

グース (Alan Guth) 261, 311

クーパー (Leon Cooper) 30,

131
クラウジウス (Rudolf Clausius) 285
グリーン (Michael Green) 16, 114, 175, 248, 274
グリーン (Brian Greene) 199
クローズ (Frank Close) 11, 277
グロス (David Gross) 40, 64, 87, 175, 242
クローニン (James Cronin) 44, 47
ケプラー (Johannes Kepler) 4, 10, 62, 153
ゲルマン (Murray Gell-Mann) 46, 98
コッククロフト (John Cockcroft) 28
小沼通二 145
小林誠 29, 78
コペルニクス (Nicolaus Copernicus) 4, 62
ゴールドバーガー (Marvin Goldberger) 37
コールマン (Sidney Coleman) 68, 246
コンツェビッチ (Maxim Kontsevich) 73, 200, 228

さ 行

ザイバーグ (Nathan Seiberg) 41, 71, 161, 201, 266, 313
坂田昌一 45, 78, 146, 314

サチデフ (Subir Sachdev) 111
佐藤勝彦 261, 311
サハロフ (Andrei Sakharov) 51–52
サンドラム (Raman Sundrum) 319
シャーク (Joël Scherk) 16, 172, 273
シュビンガー (Julian Schwinger) 18, 32, 60, 174
シュリーファー (Robert Schrieffer) 30
シュレディンガー (Erwin Schrödinger) 5, 31, 60, 315
シュバルツシルト (Karl Schwarzschild) 314
シュワルツ (John Schwarz) 16, 114, 172–173, 175, 248, 273–274
シンガー (Isadore Singer) 66
ジンガー (Aleksey Zinger) 73
ステレ (Kellogg S. Stelle) 193
ストロミンジャー (Andrew Strominger) 73, 160, 190, 217, 219, 290–291, 295, 317
ズミノ (Bruno Zumino) 69, 210
スムート (George Smoot) 261
セーガン (Carl Sagan) 261
セン (Ashoke Sen) 127

た 行

ダイソン (Freeman Dyson)　65
ダイン (Michael Dine)　161
高柳匡　138, 141, 267, 298
ダフ (Michael Duff)　193
チェコッティ (Sergio Cecotti)　73, 200, 219, 294
チャドウィック (James Chadwick)　28, 145
ディラック (Paul Dirac)　42, 313
ドナルドソン (Simon Donaldson)　67
トフーフト (Gerardus 't Hooft)　64, 87, 111, 231, 266, 296
朝永振一郎　18, 32, 60, 78, 146, 271
トリーマン (Sam Treiman)　37
ドリンフェルド (Vladimir Drinfeld)　67
ドルトン (John Dalton)　5, 27

な 行

長岡半太郎　28, 120
中川昌美　314
中島啓　20, 70, 127, 201, 203
南部陽一郎　29–45, 54, 64, 77, 88, 106, 156, 266
丹生潔　46
西島和彦　46, 89
ニュートン (Isaac Newton)　25, 57, 62, 91, 153, 257
ヌブー (André Neveu)　173

ネクラソフ (Nikita Nekrasov)　41, 71, 314
ノイマン (John von Neumann)　17, 187, 258, 288

は 行

ハイゼンベルク (Werner Heisenberg)　14, 17–18, 36, 60, 64, 88, 109, 259, 271, 280, 295
ハウ (Paul S. Howe)　193
パウリ (Wolfgang Pauli)　18, 30, 64, 259, 271
バッファ (Cumrun Vafa)　19, 70, 73, 127, 164, 166, 190, 200–201, 290–291, 294–295, 317
ハッブル (Edwin Hubble)　258
ハーディ (Godfrey Harold Hardy)　65
バーディーン (John Bardeen)　30
ハーベイ (Jeffrey Harvey)　175
原康夫　46
ハンソン (Andrew Hanson)　67, 258
ヒッチン (Nigel Hitchin)　67
ファインマン (Richard Feynman)　18, 32, 60, 97–99, 313
ファデーフ (Ludvig Faddeev)　66
ファラデー (Michael Faraday)　91

フィッチ (Val Fitch) 44, 47
深谷賢治 200
藤本聡 140
ブラーエ (Tycho Brahe) 4, 62
ブラッドベリ (Ray Bradbury) 283
プレッサー (Ronen Plesser) 199
ベケンシュタイン (Jacob Bekenstein) 111, 190, 203, 286, 317
ベス (Julius Wess) 69, 210
ベルシャドスキー (Michael Bershadsky) 73, 200, 219, 294
ベルトマン (Martinus Veltman) 64, 87
ペンジアス (Arno Penzias) 261
ペンローズ (Roger Penrose) 63, 258
ボーア (Niels Bohr) 211, 258, 280, 289
ホイーラー (John Wheeler) 280, 284
ホーキング (Stephen Hawking) 63, 111, 143, 190, 203, 214, 258, 264, 272–276, 282–285, 290–292, 317
ボゴリューボフ (Nikolai Bogoliubov) 31
ポパー (Karl Popper) 123
ポポフ (Victor Popov) 66
ポリツァー (David Politzer) 40, 64, 87
ポルチンスキー (Joseph Polchinski) 74, 202, 287, 290

ま 行

牧二郎 46, 314
マザー (John Mather) 261
益川敏英 29, 44–46, 53, 54, 78, 88
マースデン (Ernest Marsden) 28
マックスウェル (James Clerk Maxwell) 3, 58–59, 270, 271
マニン (Yuri Manin) 67
マルダセナ (Juan Maldacena) 74, 191, 266, 291
マルチネック (Emil Martinec) 175
マンデュラ (Jeffrey Mandula) 68
ミッチェル (John Michell) 7, 279
ミルズ (Robert Mills) 317
モントーネン (Claus Montonen) 126

や 行

ヤウ・シン・トゥン (丘成桐) 312
楊振寧 (ヤン・ジェンニーン) 42, 274, 317

湯川秀樹　　28, 45, 64, 145–146, 176, 259
吉岡康太　　127, 201
吉田直紀　　262
吉村太彦　　51
米谷民明　　16, 172, 273

　ら　行

ラグランジュ (Joseph-Louis Lagrange)　　257
ラザフォード (Ernest Rutherford)　　28
ラプラス (Pierre-Simon Laplace)　　7, 257, 279
ラフリン (Robert Laughlin)　　122
ラモン (Pierre Ramond)　　173

ランダウ (Lev Landau)　　87, 140, 259
ランドール (Lisa Randall)　　300, 319
李政道 (リー・ジュヨンダオ)　　42, 274
笠真生　　138, 267
ルービン (Vera Rubin)　　154
レヴィン (Michael Levin)　　117
レシェティキン (Nicolai Reshetikhin)　　295
ローム (Ryan Rohm)　　175

　わ　行

ワインバーグ (Steven Weinberg)　　35, 89, 134
ワルトン (Ernest Walton)　　28

事項索引

☆ボールド体の数字は「用語解説」のページを表す。

英数字

ADHM 構成法　　67, **308**
AdS/CFT(対応)　　74, 111, 114–116, 124–128, 137–143, 155, 158, 191, 204, 218, 224, 237–238, 266, 291, 293, 297, **308**
A 模型　　72–73, 316
BCS 理論　　30–36, **308**
BPS 状態　　192, **308**
B ファクトリー　　48, 49, **308**
B 模型　　72–73, 316
CERN(欧州原子核研究機構)　　6, 9, 40, 95, 121, 129
CPT 定理　　43–44, 52, **309**
CP の破れ　　45–50, **309**
DAMA(暗黒物質検出実験)　　304, **309**
D ブレーン　　77, 110–111, 185–190, 192, 202–203, 216–218, 224–230, 238, 287–292, 295, **309**
　　——構成法　　74, 156–217
F-理論　　162–167, 304, **309**
GSO 射影作用素　　174

IPMU(数物連携宇宙研究機構)　　138, 250, 301
J/Ψ(中間子)　　46, 121, 134
KEK(高エネルギー加速器研究機構)　　48
KITP(カブリ理論物理学研究所)　　242, 249–250
K 中間子　　42, 44–50, 274
LEP(電子・陽電子衝突装置)　　121
LHC(大型ハドロン衝突型加速器)　　6, 9, 12, 40, 95, 101, 120, 121, 268, 305, **309**
MACHO　　**310**
M 理論　　143, 159, 193, **310**
NP 困難　　143
N 無限大極限　　227, 229, 237
p ブレーン　　186–187, 190
QCD (量子色力学)　　40–41, 101, 115, 125, 192, 213, 235, 237, 246–247, 267, **319**
RNS 形式　　173, 176
SLAC(スタンフォード線型加速器センター)　　48
Theory of everything　　99, 103, 109

325

T-デュアリティ　183, 192
WIMP　**310**
XMASS　**310**

　あ　行

アインシュタイン
　—の関係式　17, 60
　—の重力理論　8, 15, 272
　—方程式　63, 67, 134, 214, 271
　—・モード　106
アクシオン　**310**
　—場　162
暗黒エネルギー　94, 261, **310**
暗黒物質　94, 303, **310**
インスタントン　67–70, **311**
　—解　19–21, 258
　—効果　181, 228
インフレーション理論 (宇宙論)　9, 23, 261, **311**
　永久—　23
ウィッテン指数　69–70, **311**
ウィルソン理論　88–89
宇宙マイクロ波背景放射　77, 159, 249, 261, 291, **311**
エニオン　116, 119, **312**
エントロピー
　—増大の法則　42
　熱力学的—　285
　ブラックホールの—　73, 111, 190, 214, 224, 239, 293–295
　ベケンシュタイン–ホーキングの—公式　215, 286, 290
オイラー数　19, 22, 183, 233

おもちゃの模型　210, 221–223, 228, 240, 293–294
オリエンティフォルド　188–189
　—プレーン　189

　か　行

カイラリティ (カイラル対称性)　37–39, 42, 172–174
ガウス (ガウシアン) 積分　78–83, 196
神岡宇宙素粒子研究施設　52, 301
カラビ–ヤウ
　—空間　216–217, 219–222, 225, 228–231, 235–237
　—多様体　160–161, 164, 179–185, 198–200, 203, 248, 293–296, **312**
共形場の理論　158, 177, 196, **312**
凝縮系物理　104
鏡像 (反転) 対称性　42, 274, **312**
行列模型　229–230, 236–237
曲率　66, 179–180
クォーク　5, 10, 12, 22, 28, 39–41, 45–52, 66, 92–93, 101, 108, 160, 165, 169, 183, 192, 194–195, 199, 211–212, 237, 247, 263, 266, 277–278, 304, 306
　—数　52
　—の閉じ込め　41, 237, 247, 266, **313**

クォーク–グルーオン・プラズマ　111, 124, 155, 209, 267, 276

クライン–ゴルドン方程式　82, 171

くりこみ　18, 32, 60–61, 64–65, 88, 105, 128, 132, 137, 196, 271, **313**

　—可能性　64, 76, 83–86, 89, 259

　—群　92–93, 104, 122, 124

グリーン関数　82–83, 125

グリーン–シュワルツ機構　175, **313**

グルイーノ場　225, 230

グルーオン　108

グルーボール場　225–226

クレイ数学研究所　18, 65, 213

グロモフ–ウィッテン不変量　20, 72, 73, 185, **313**

経路積分　65, 120, 143, 196, **313**

ゲージ対称性　32, 35, 39–40, 92, 157, 159, 165, 169–171, 173, 181, 184, 188–189, 194, 212

ゲージ場　29, 39–40, 47, 66–67, 87, 92, 165, 190–191, 194–195, 203, 225–226, 228, 230, 232, 234, 260, 263, 287, 288, 290–291, 297

　R-R—　186–188

　非可換—　92, 94, 117, 201, **317**

ゲージ変換　32

ゲージ理論　29, 39, 64–67, 70–74, 77, 87, 111, 114, 115, 125–128, 159, 189–192, 201–203, 210–213, 217, 224–228, 230–235, 238, 259, 290–291, 295, 296

　$N=2$—　70, 202

　$N=4$—　70, 189, 192

　強結合の—　125

　格子—　39, 125, 213

　超対称(性)—　70, 72, 175, 191, 211, 227–228, 297

　非可換—　71, 246, **317**

結晶融解模型　296

ケーラー多様体　179

ケーラー・モジュライ　199

弦理論

　閉じた—　191, 228, 231, 234–238

　トポロジカルな—　21, 72–73, 185, 210–211, 213–214, 219–220, 223–230, 235, 237–239, 293–298, **316**

　ヘテロティック—　157, 160, 164, 175, 177–178, 180–181, 184, 192

　ボゾン的—　171–173, 175–176

高温超伝導　103, 112, 131, 134

小平–スペンサー理論　228, 237

小林–益川理論　45–50, 53, 55, 306, **313**

コンパクト化　144, 157–160, 164, 166, 177–184, 192, 219,

事項索引　327

287, 288, 293, 296
カルツァ–クライン型の—
177, 184, 193
ブレーン・ワールド型の—
177

さ 行

ザイバーグ–ウィッテン
　—解　71, 202, **313**
　—不変量　71
坂田・梅沢・亀淵の定理　85
作用関数　67
ジオメトリア　255
時間反転対称性　43, 142
磁気双極モーメント　88
四元模型　46
指数定理　69, **314**
シーソー機構　135
質量行列　304, **314**
質量次元　85–86
自明な模型　83
自由場　80, 83, 196
重力子　172
シュバルツシルト
　—解　**314**
　—時空　63, 258
　—半径　12, 279, 289
シュレディンガー
　—の猫　31, **315**
　—方程式　11, 274
初期宇宙　8, 14, 50, 261
真空　29, 156
シンプレクティック構造　20, 72
数理解析研究所　56

スーパーポテンシャル　225–231
スピン・ホール効果　142
正則異常 (アノマリー) 方程式
　73, 222
接続　66–68
摂動展開　80, 84, 170, 197
ゼロ質量　34, 37
漸近的自由性　40–41, 64, 87,
　115, 246, 259, **315**
漸近展開　79, 84, 87, 128, 196,
　197, 201, 231, 234–235, 238
相関関数　81–84, 199
相互作用
　強い—　5, 28, 38–41, 45–48,
　　51, 66, 87, 92, 101, 103, 121,
　　125, 211, 246–247, 249, 266,
　　285
　電磁—　32, 35, 39–40, 51,
　　66, 285
　—の結合定数　83
　弱い—　28, 39, 42–43, 47,
　　51, 66, 92, 178, 248, 285
相対性理論　12, 92, 271, 279
　一般—　7, 41, 58, 71, 86,
　　152, 155, 158, 195, 212,
　　257–258, 262–264, 270, 277,
　　281, 285
　特殊—　17, 29
双対性　19, 67, 70, 110,
　126–128, 157–159, 163–164,
　187, 192, 198, 200, 211, 234,
　274–275, 287
　S-—　70
　—予想　192, 202–203

素粒子
　—の質量　29, 36, 39
　—の世代　160

た 行

対称性の(自発的)破れ　29, 32, 36–40, 45, 53
大統一模型　92–94
大統一理論　51, 92, 135
チャーン–サイモンズ
　—ゲージ場　103
　—(ゲージ)理論　68, 228, 230, 235–237, **315**
中間子論　28, 64, 78, 146, 259
超弦理論　15–17, 20–25, 41, 70–74, 93, 99–102, 109–114, 124–128, 137–141, 143, 152–156, 159, 161–162, 169, 173–178, 180, 185, 187–192, 194–204, 210–228, 235–240, 248, 263–267, 273–276, 284–288, 291–298, 301–303, **315**
　I 型—　188
　IIA 型—　185
　IIB 型—　163, 185, 191
超固体　119
超対称性　19, 41, 68–70, 121–122, 126, 159, 163, 173–174, 177–180, 182, 188–192, 201, 221, 225, 266, 284, 305, **316**
　$N=2$—　174, 201
　$N=4$—　72, 177, 188, 201

超流動　120, 131
低エネルギー有効理論　86–88, 158–159, 211–213
ディラック
　—方程式　36
　—・モード　106, 113
ディラトン　172
　—場　161–163
電荷の量子化　92, 186
ドナルドソン
　—不変量　71, 201
　—理論　70, 201
トフーフト
　—結合定数　128, 226, 234
　—予想　226, 234, 237, **316**
ド・ブロイ波長　278–280
トーラス　81, 163–164
トーリック多様体　181

な 行

長岡模型　28
ナビエ–ストークス方程式　55, 58–60, 213
南部–ゴールドストーン粒子　34–36, 38, 39
南部–後藤の作用汎関数　171
南部とイオナ・ラシニオの模型　39
ニュートリノ
　—振動　155, 301, 314–315
　—の混合角　306
ニュートン
　—定数　14, 190, 218
　—力学　61, 195, 257

―理論　7, 16, 92

人間原理　23–24, 118, 134, **316**

は　行

パウリの排他律　30

ハドロン　5, 101, 213

場の量子論　18, 64, 77

　相対論的―　43

パリティ

　―の破れ　16, 169

　―変換　175, 188

反クォーク　51–52

反交換子を含む代数　69

反証可能性　122

反ドジッター (AdS) 時空間
　139, 158, 291

反粒子　43–44, 50

ヒッグス

　―機構　39, 160, 212

　―場　93, 160, 199

　―粒子　40, 121, **317**

ビッグバン　9, 50, 261

　―宇宙論　8

　―観測機　15

ひもの幾何学　20, 25

標準模型　5, 10–11, 16–18, 22–25, 29, 39–40, 44–47, 50, 52–53, 66, 88, 92–94, 134, 153, 155, 159–162, 166, 169–170, 178, 182, 194, 196, 212, 263, 265, **315**

ファインマン図　43–44, 68, 71, 78, 80, 86, 88, 99, 170, 176, 197, 220, 227, 231–235, 246, 260, 287

フェッシュバッハ共鳴　119

フォノン　117

不確定性原理　14, 17, 109, 261, 264, 271, 280, 295

不可能性定理　47

複素構造　20, 72, 176

負符号問題　143

ブラックホール　7–8, 12–15, 21, 61, 63, 73, 111, 122, 125, 143, 156, 190–191, 203, 210–212, 214–219, 223–224, 238–240, 257, 264, 265, 269, 271–273, 277–296

　極限―　215, 217, 224, 289–291, 293, 296, 297

　―のエントロピー　**317**

　―の蒸発　191, 283–286, 290–292

プランク

　―・エネルギー　109, 166, 212, 262, 279–280, 290, 292, 295

　―定数　101, 170, 214, 218

　―の長さ（・スケール）　14, 101, 102, 109, 122, 212, 218, 249, 250, 277, 280, 286, 293, 295–297, **317**

プレポテンシャル　185, 219

ブレーン・ワールド (膜世界)
　318

分数量子ホール効果　96, 122

ポアンカレ群　68

ホーキング放射　　122, 191, 281–283, **318**
ボーズ–アインシュタイン凝縮　119
ボーズ–ハバード模型　　118
ホッジ双対操作　　186
ホログラフィー
　—原理　139, 265–267, 274–275, 291–292
　重力の—　　22, 270, **314**

　　ま　行

マイスナー効果　　32, 36, 41
マックスウェル
　—方程式　58–59, 91, 270
　—理論　4, 66, 92, 270
マヨラナ–ワイルスピノル　173, 174, 177–178
ミューオン　　45, 53
ミラー対称(性)　20, 72, 73, 77, 184, 198–202, 264
ミンコフスキー時空(間)　68, 157, 163, 170, 178–179, 216, 221
モジュライ空間　　67, 70, 176, 197, 221–222
　—のオイラー類　　70, 72
モット絶縁体　　143

　　や　行

ヤン–ミルズ理論　　18, 65–67, 87, 260
湯川結合　　199, 248
湯川モード　　106
ユニタリティ三角形　　48–50
陽子崩壊　　52
余剰次元　102, 110, 122, 166, 262, 279, 304, 306, **318**
　ワープした—　　305, **319**

　　ら　行

ラプラスの悪魔　　284–285, 292
ランドスケープ　3, 23–24, 118, 122, 134, 153, 158, 159, 162, 166, **318**
粒子 ↔ 反粒子対称性　　43
量子異常　　171, 175, 189, **318**
量子色力学　　**319**
量子コンピュータ　　117, 133, 143, **319**
量子電磁力(気)学　　78, 87–88, **319**
量子ホール効果　　96, 103, 142, **319**
臨界次元　　172, 173
レーザー干渉型宇宙アンテナ (LISA)　　262
ローレンツ不変性　　43, 173
ローレンツ変換　　43, 68

初出一覧

● 第Ⅰ部　素粒子論の展望 ●

第1章　素粒子論のランドスケープ (『現代思想』, 2010年9月号)

第2章　素粒子物理学の50年——「対称性の破れ」を中心に (『科学』, 2009年1月号)

第3章　一般相対論と量子力学の統合に向けて——素粒子物理学と現代数学の新しい関係 (『大学への数学』, 1994年7月号)

第4章　幾何学から物理学へ, 物理学から幾何学へ (『数理科学』, 2009年4月号)

第5章　場の量子論と数学——くりこみ可能性の判定条件 (掲載時タイトル：未開の大地への招待——くりこみ可能性の判定条件, 『この定理が美しい』, 2009年6月刊)

第6章　力は統一されるべきか (『数理科学』, 2010年8月号)

第7章　多様性と統一——2つの世界像についての対話 (掲載時タイトル：物性と素粒子——多様性と統一の物理的世界像の対話, 『固体物理』, 2007年8月号)

第8章　IPMUシンポジウム「素粒子と物性との出会い」の報告 (掲載時タイトル：「物性物理学と素粒子物理学の対話」IPMUフォーカス・ウィークの報告, 『日本物理学会誌』(Vol.65, No.8, 2010))

第9章　素粒子論ことはじめ——『湯川秀樹日記』書評 (『数学セミナー』, 2008年6月号)

● 第Ⅱ部　超弦理論の現在 ●

第10章　超弦をめぐる冒険 (掲載時タイトル：物理っておもしろい？——超弦をめぐる冒険, 『パリティ』, 2010年11月号)

第 11 章 素粒子の統一理論としての超弦理論 (『別冊数理科学』「量子重力理論」, 2009 年 10 月刊)

第 12 章 超弦理論 (『丸善数理科学事典第 2 版』, 2009 年 12 月刊)

第 13 章 数理物理学, この 10 年 (1991 年 − 2001 年) ―超弦理論からの展望 (掲載時タイトル：超弦理論からの展望, 『数学セミナー』, 2002 年 3 月号)

第 14 章 超弦理論, その後の 10 年 (2001 年 − 2011 年)(書き下ろし)

第 15 章 トポロジカルな弦理論とその応用 (『日本物理学会誌』(Vol.60, No.11, 2005))

第 16 章 ディビット・グロス教授に聞く (『IPMU ニュース』, 2010 年 1 月号)

● 第 III 部　宇宙の数学 ●

第 17 章 宇宙の数学とは何か (『科学』, 2009 年 7 月号)

第 18 章 重力のホログラフィー (『IPMU ニュース』, 2009 年 9 月号)

第 19 章 量子ブラックホールと創発する時空間 (『パリティ』, 2009 年 6 月号)

第 20 章 素粒子論と宇宙論の現在―リサ・ランドール教授, 村山斉教授との鼎談 (掲載時タイトル：鼎談：素粒子論と宇宙論の展望, 『科学』, 2009 年 7 月号)

大栗博司
おおぐり・ひろし

略 歴
1962 年生まれ.
京都大学理学部卒業.
京都大学大学院理学研究科修士課程修了.
東京大学理学博士,専門は素粒子論.
東京大学助手,プリンストン高等研究所研究員,
シカゴ大学助教授,京都大学数理解析研究所助教授,
カリフォルニア大学バークレイ校教授などを歴任した後,
現在 米国カリフォルニア工科大学フレッド・カブリ冠教授
 およびウォルター・バーク理論物理学研究所所長.
 東京大学カブリ数物連携宇宙研究機構教授.
 米国アスペン物理学センター理事長, 終身名誉理事.
受賞 紫綬褒章, 仁科記念賞, 中日文化賞,
 アメリカ数学会アイゼンバッド賞,
 フンボルト賞, ハンブルク賞, サイモンズ賞,
 アメリカ芸術科学アカデミー会員,
 グッゲンハイム・フェローシップなど多数.

著書 『重力とは何か』『強い力と弱い力』『真理の探究』(ともに幻冬舎新書)
 『大栗先生の超弦理論入門』(ブルーバックス,講談社科学出版賞受賞)
 『数学の言葉で世界を見たら』(幻冬舎)
 『探究する精神』(幻冬舎新書)
 『素粒子論のランドスケープ 2』(数学書房) など.

 監修を務めた科学映像作品『9 次元からきた男』(日本科学未来館) は
 国際プラネタリウム協会の最優秀教育作品賞を受賞.

素粒子論のランドスケープ

2012 年 4 月 20 日　第 1 版第 1 刷発行
2023 年 11 月 25 日　第 1 版第 4 刷発行

著者　　　大栗博司
発行者　　横山 伸
発行　　　有限会社　数学書房
　　　　　〒101-0051　東京都千代田区神田神保町 1-32-2
　　　　　TEL　03-5281-1777
　　　　　FAX　03-5281-1778
　　　　　mathmath@sugakushobo.co.jp
　　　　　振替口座　00100-0-372475

印刷
製本　　　モリモト印刷
組版　　　アベリー
装幀　　　岩崎寿文
編集協力　黒田健治・藤野 健

©Hirosi Ooguri 2012　Printed in Japan
ISBN 978-4-903342-67-2

数学書房

素粒子論のランドスケープ2
大栗博司 著
『素粒子論のランドスケープ』の続編.その後,科学的アウトリーチの一環として雑誌への寄稿や対談・座談会の中から厳選をしてまとめた.
素粒子物理学はどこへ向かうのか!
四六判／2900円＋税／978-4-903342-87-0

連接層の導来圏に関わる諸問題
戸田幸伸 著
この20年間のめざましい現象を解説し,問題・予想,今後の方向性を提示する.
A5判／3000円＋税／978-4-903342-41-2

幾何光学の正準理論
山本義隆 著
数理物理学の先端につながる豊饒な内容.
A5判／3900円＋税／978-4-903342-77-1

教室からとびだせ物理　物理オリンピックの問題と解答
江沢 洋・上條隆志・東京物理サークル 編著
国際物理オリンピックの問題の中から精選をして,詳細な解答と考察を加えた.
問題の立て方や解答,とりわけ考察,解説は大学生にも興味があるに違いない.
A5判／2800円＋税／978-4-903342-66-5

この定理が美しい
数学書房編集部 編
「数学は美しい」と感じたことがありますか?
数学者の目に映る美しい定理とはなにか? 熱き思いを20名が語る.
A5判／2300円＋税／978-4-903342-10-8

この数学書がおもしろい〈増補新版〉
数学書房編集部 編
数学者・物理学者など51名が,お薦めの書,思い出の一冊を紹介.
A5判／2000円＋税／978-4-903342-64-1

この数学者に出会えてよかった
数学書房編集部 編
16人の数学者が,人との出会いの不思議さ・大切さを自由に語る.
A5判／2200円＋税／978-4-903342-65-8